鼓楼史学丛书·海外中国研究系列

中古中国的孝子和社会秩序

Selfless Offspring:
Filial Children and Social Order in Medieval China

[美] 南恺时（Keith Nathaniel Knapp） 著
戴卫红 译
马 特 校

中国社会科学出版社

图字：01-2016-7650号
图书在版编目（CIP）数据

中古中国的孝子和社会秩序／（美）南恺时著；戴卫红译．—北京：中国社会科学出版社，2021.10（2022.6重印）
（鼓楼史学丛书·海外中国研究系列）
书名原文：Selfless Offspring: Filial Children and Social Order in Medieval China
ISBN 978-7-5203-8112-3

Ⅰ.①中… Ⅱ.①南…②戴… Ⅲ.①孝—文化—中国—中古②社会秩序—中国—中古 Ⅳ.①B823.1②D668

中国版本图书馆CIP数据核字（2021）第058801号
@ 2005 University of Hawai'i Press

出 版 人	赵剑英
责任编辑	宋燕鹏 马 熙
责任校对	李 硕
责任印制	李寡寡

出　　版	中国社会科学出版社
社　　址	北京鼓楼西大街甲158号
邮　　编	100720
网　　址	http://www.csspw.cn
发 行 部	010-84083685
门 市 部	010-84029450
经　　销	新华书店及其他书店

印刷装订	北京君升印刷有限公司
版　　次	2021年10月第1版
印　　次	2022年6月第2次印刷
开　　本	710×1000 1/16
印　　张	19.25
字　　数	269千字
定　　价	136.00元

凡购买中国社会科学出版社图书，如有质量问题请与本社营销中心联系调换
电话：010-84083683
版权所有　侵权必究

中文版自序

早在1989年，我就开始研究中国早期中古的孝子故事。从那时起，我对儒学的了解主要来自于阅读哲学著作，如《论语》《孟子》《荀子》，然而我很惊讶地发现，这些简单的、有时超自然的故事显然是在倡导儒家价值观。更令人困惑的是，传播这些故事的著作《孝子传》在早期中古（220—589）最受欢迎，而这个时期被认为是儒家思想最薄弱的时期。当我告诉学术界的朋友们，我对这些故事及其能体现的儒家思想和早期中古的情况很感兴趣时，他们中的大多数人都不以为然，只表达了不温不火的口头支持，一个常见的回答便是"每个人都知道孝道在中国历史上很重要"。这自是当然，但考虑到孝道在中国人思想和社会生活中长期占据的中心地位，我觉得奇怪的是，它没有得到更多的学术关注。随着时间的推移，"孝"这个概念发生了怎样的变化？它在不同的时代是如何定义的？哪些确切的行为被认为是孝顺的，这些行为会随着时代的不同而变化吗？是什么促使著名的士人、文人创作和传播孝子们的合传呢？为什么《孝义传》被纳入早期中古的正史记载？正是基于这些问题，我对这些引人入胜的故事进行了考察。

在伯克利极好的东亚图书馆（它收藏的东亚资料在美国排名第三）寻找有关孝道的书籍时，我发现，关于这一主题的书籍为数不多，其中有一本最晚在1936年被借出，借阅者是费迪南德·莱辛教授

（1882—1961）。此外，令人惊讶的是，这方面的中文学术研究很少。少数撰写过孝道故事文章的西方学者对此不屑一顾：他们认为孝道故事不过是嘉年华杂耍或连环画。这让我想起了罗伯特·达尔顿（Robert Darnton）在《屠猫记：法国文化史钩沉》（1984年）（*The Great Cat Massacre and Other Episodes in French Cultural History*, 1984）中所说的，"看不懂一句格言、一个笑话、一个仪式或一首诗时，我们就知道其中必有通幽的曲径。在着眼于资料的最隐晦之处时，或许会发现一个全新的意义系统。这样的线索甚至可能引出令人啧啧称奇的世界观"。尽管孝道故事在中国已经流行了近2000年，但由于没有严肃认真地对待它们，也没有关注它们背后的逻辑和吸引力，西方历史学家无法彻底理解它们的重要性。幸运的是，我在伯克利的博士导师姜士彬教授和博士论文委员会成员斯坦福大学的丁爱博教授确实看到了这项研究的价值。在他们的帮助和指导下，我在1996年完成了博士论文，这也是《中国中古的孝子和社会秩序》的基础。

当我开始对孝道故事这一主题进行初步探索时，对这些资料感兴趣的学者只有日本的东亚文学研究者和中国的考古学家。这可能是因为日本人敏锐地意识到他们人口的老龄化，这比北美人、欧洲人和中国人在他们各自的社会中意识到这一现象要早。日本学者意识到孝道的意义是深远的，因为它有助于解决一个人应该如何对待和服侍年迈父母的问题。另一方面，中国考古学家有时会在坟墓的墙壁、棺椁和陪葬品上发现孝道故事，他们对这些故事在阴间的意义很感兴趣。2000年，我获得了美国学术团体协会（American Council of Learned Societies）"中国高端学习与研究国家计划"（National Program for Advanced Study and Research in China）的资助，有机会在中国花5个月的时间调查装饰有图画形式的孝道故事的文物。在当时的宁夏文物考古研究所所长罗丰博士的帮助和引导下，我的研究主要在银川展开。罗丰博士是第一个对孝道故事及其图像感兴趣并鼓励我研究它们的中国学者。同年晚些时候，我有幸结识了中国社会科学院考古研究所的赵超研究员。

就在我认识他之前不久,他就对辽金宋墓葬中的孝子图像进行了开创性的研究。通过赵超研究员,我在京都与日本佛教大学的黑田彰教授见面,在我看来,他是中国孝道故事和图像研究领域的世界级权威。从那时起,我有幸经常与赵超研究员和黑田彰教授一起工作。能够认识并与两位如此博学、友好、慷慨的学者共事是我莫大的荣幸。

如今,在《中古中国的孝子和社会秩序》出版十六年后,孝道已经成为一个热门话题。现在,中国、欧洲、日本、韩国和北美的许多学者都在研究前现代中国的孝道;因此,关于前现代孝道的著作十分丰富。此外,在亚洲和北美都举行过几次专门讨论孝道及其对东亚文明影响的学术会议。孝道研究的分支领域发展得比我想象的要更加宽广。我认为这是因为现在中国、北美、欧洲和韩国都在努力应对年轻人越来越少、老年人越来越多的社会现象。这使得照顾老人的道德成为这些地方的核心社会问题之一。我一直相信,自20世纪20年代新文化运动以来被批驳的"二十四孝"迟早会再次出现。2012年,中国妇联和老龄办发布了新版二十四孝行为标准,我对此丝毫不感到惊讶。对我来说,这进一步证实了孝道的日益重要。

《中古中国的孝子和社会秩序》的价值在于,它是第一部由西方学者书写的、正式研究孝道故事的学术著作。这本书展示了这些看似简单的故事如何揭示了中国早期中古知识分子的心态。这些故事清晰地描绘了家庭生活、社会关系、社会阶级、政治权威和宗教观念。在我的研究生生涯中,姜士彬教授曾对我说过:"一个人不可能同时做思想史和社会史。"我希望,这本书能证明他是错的:对我来说,把文化与社会历史分开,即使不是不可能,也是很难的。这本书的第二个目的,是证明孝道故事原本不是儿童文学,这与流行的观点相反。事实上,在六朝时期,它们的目标受众是成年男性士人,他们将这些故事编纂成名为《孝子传》的作品,然后传播给其他学者。而后来的《二十四孝》是真正为儿童和成年平民准备的。该书提出的第三个论点是,尽管包括一些早期中古作家在内的所有人都认为儒家思想在这一时期正在急剧衰落，但孝道故事的活力有力地证明，这种印象在某些方面是错误的。虽然儒学在专事"清谈"的士人中不再流行，但它仍然是士族文人谈论历史、国家政事、家庭时的常用词汇。我后来了解到，儒家孝道观念在早期中古社会无处不在的最好证据来自佛教。为了成功地传播他们的宗教，佛教僧侣和信徒不得不花费大量的时间和精力来制定他们自己的孝道观念。如果儒家对孝道的解释在中国社会不是如此普遍和根深蒂固，他们为什么要这样做呢？因此，在早期中古，儒家思想早已经深入中国社会和思想。

让我非常高兴的是，中国社会科学院戴卫红博士提议将我的书翻译成中文。这本书会被翻译成中文，而且是由一位我非常尊敬的杰出学者翻译，这真是令人欣喜的好消息。我衷心感谢她和中国社会科学出版社使我的梦想成为现实。我真诚地希望，通过这本书，你也可以一窥由这些孝道故事所传达的、引人入胜、信息丰富的儒家世界观。

目录 CONTENTS

致 谢 ·· 1

绪 论 ·· 1
    故事的意义 ·· 4
    方法论和写作目的 ·· 8
    原始资料 ·· 14

第一章　扩展家庭和儒家的胜利 ·································· 1
    第一节　扩展家庭的增长 ··· 3
    第二节　基础家庭的持续 ··· 8
    第三节　儒家思想对早期中古士族生活的渗透 ············ 13

第二章　孝子故事：起源及用途 ·································· 21
    第一节　孝道故事的结构 ··· 22
    第二节　教化的虚构作品 ··· 26
    第三节　孝道故事的口头表达 ····································· 30
    第四节　士族家庭的叙事 ··· 31
    第五节　对杰出孝道的物质奖励 ································· 34
    第六节　通过阴德获得合法性 ····································· 37

第七节　向更广阔的世界传播 …………………………………… 39
　　小结 ……………………………………………………………… 43

第三章　《孝子传》：仿效的楷模 ……………………………… 45
　　第一节　刘向《孝子图》的伪造 ……………………………… 46
　　第二节　《孝子传》早期图像证据 …………………………… 54
　　第三节　《孝子传》最早的文学证据 ………………………… 60
　　第四节　《孝子传》和《孝子列传》 ………………………… 61
　　第五节　南北朝时期的《孝子传》 …………………………… 65
　　第六节　孝子故事图像的受众 ………………………………… 72
　　第七节　使用典范创建典范 …………………………………… 77
　　第八节　《孝子传》：孝道的表现 …………………………… 86
　　小结 ……………………………………………………………… 89

第四章　孝感奇迹与汉代阴阳儒学残存 ………………………… 91
　　第一节　孝感奇迹故事的出现 ………………………………… 95
　　第二节　《孝经》和纬书中孝的力量 ………………………… 100
　　第三节　上天的赏赐 …………………………………………… 105
　　第四节　拯救孝子于危难之中的奇迹 ………………………… 109
　　第五节　带来吉祥征兆的孝道奇迹 …………………………… 114
　　第六节　等级制度的神圣性 …………………………………… 119
　　第七节　对任人唯贤的强调 …………………………………… 121
　　第八节　吉兆产生者转移的合法性 …………………………… 125
　　小结 ……………………………………………………………… 128

第五章　供养 ……………………………………………………… 130
　　第一节　"供养"一词的创造 ………………………………… 131
　　第二节　供养的缺乏 …………………………………………… 133
　　第三节　自我牺牲的多重层次 ………………………………… 138

第四节　社会高于国家 ………………………………… 150

　　第五节　养育债的偿还 ………………………………… 152

　　第六节　母亲和父亲 …………………………………… 158

　　小结 ……………………………………………………… 161

第六章　过礼：服丧和丧葬主题 …………………………… 163

　　第一节　践行丧礼 ……………………………………… 166

　　第二节　历史幻影？西汉的三年服丧 ………………… 170

　　第三节　毁瘠成疾和悲痛致死 ………………………… 174

　　第四节　居丧无期 ……………………………………… 177

　　第五节　事死如事生 …………………………………… 183

　　第六节　亲营殡葬 ……………………………………… 185

　　第七节　三年服丧的胜利 ……………………………… 187

　　第八节　对抗冷漠 ……………………………………… 192

　　小结 ……………………………………………………… 198

第七章　孝女或儿子的替身 ………………………………… 200

　　第一节　早期中国孝女故事的稀少 …………………… 201

　　第二节　竭尽全力的必要性 …………………………… 208

　　第三节　孝女的危险 …………………………………… 214

　　第四节　儿子的替身 …………………………………… 219

　　第五节　顺从或不顺从？ ……………………………… 223

　　小结 ……………………………………………………… 226

结　论 ………………………………………………………… 229

附录　丁兰故事的不同版本 ………………………………… 233

词汇表 ………………………………………………………… 237

参考文献 ……………………………………………………… 256

译后记 ………………………………………………………… 282

致　　谢

从 1989 年开始，这本书经过了一段很长时间的酝酿。许多人和机构为此付出了很多努力，使之能够完成。

还在论文阶段，姜士彬（David Johnson）就提出了犀利的、具有建设性的批评意见，让我加强每一章节的论述。丁爱博（Albert Dien）和柯嘉豪（Johu Kieschnick）给予了宝贵的建议和鼓励。Carlton Benson，Susan Glosser，何复平（Mark Halperin），Madeline Hsu，Chris Reed，Tim Westin，Bruce Wiuiams，Mei-ling Williams 和 Marica Yonemoto 都提供了有益的意见。外国语言和区域研究（Foreign Language and Area Studies）奖学金、中国时报文化基金会青年学者奖（China Times Young Scholar Award）和安德鲁·梅隆学位论文奖（Andrew Mellon Dissertation Grant）的资助，使我能够完成这个项目。

拙稿的研究，很大程度上得益于与东亚研究同行的交流。日本佛教大学的黑田彰教授是少数几位比我更了解孝子故事的学者之一，他极富洞察力，学识丰富；我们曾多次去探访孝子故事的艺术品，这大大丰富了我对孝子故事的理解。宁夏考古研究所的所长罗丰，中国社会科学院考古研究所研究员赵超，告诉了我许多孝子故事的图像及其考古背景。

堡垒学院基金会提供了最慷慨的经费资助，它资助我多次前往东亚地区进行研究考察，并让我购买了许多只有在主要研究中心才能找到的参考书。尽管不是这个项目的主要目的，在国家人文学科捐赠基金（the National Endowment of the Humanities）资助下，美国学术团体协会对华学术交流理事会（American Council of Learned Societies' Committee on Scholarly Communication with China Grant）也给了我一个机会，让我用五个月时间在中国北方地区搜寻孝子故事的图例。

准备本书稿的过程中，Anne Behnke Kinney，Michnel Nylan，Lynthia Chennault，Kyle Sinisi 和夏威夷大学出版社的匿名评审人提出了宝贵意见，这些意见使本书得到了极大的改进。各章的阅读者，如 Roger Ames，Lynda Coon，Kathy Haldane Grenier，Joshua Howard，Sarah Schneewind，Aida Yuen-Wang，以及东南早期中国圆桌会议（Southeast Early China Roundtable）的成员们也做出了巨大的贡献。Susan L. B. Corrado 对本书进行了细致的审校，提高了本书的可读性和准确性。Jenn Harada 十分专业地引导了本书的出版过程。Patricia Crosby 是一位极为负责的执行主编，每次都耐心解答我的询问，并将每个细节处理得很妥帖。

最后，我要深深感谢来自家人的耐心和支持。我的妻子 Jade 听到了很多很多孝子故事，这一数量是常人难以承受的。女儿 Melissa，牺牲了很多与她心爱玩伴在一起的时间。我的父母等待了多年，终于看到了他们的儿子在对历史的热爱所激发下的旅程的最终成果。作为论述孝道的著作，这本书正好献给他们。

绪　　论

　　孝子故事讲述的是那些孩子们极尽所能照顾他们父母的故事。因为这些故事为朴素古板的儒家思想增添了奇异的因素，也体现了儒家逻辑的极端含义，中国现代文学家和西方汉学家看起来对此很难接受，更不用说理解它们了。① 著名的现代散文大家鲁迅（1881—1936）在听完二十四孝的故事之后，"才知道孝有如此之难，对于先前痴心妄想，想做孝子的计划，完全绝望了"，同时他也讥讽这些孝子故事不仅将孝道纯化到普通人无法实现的地步，还鼓励残忍的不人道的行为。他对郭巨，这位宁愿埋葬自己的亲生儿子来保证母亲存活的孝子典范，做出了最严厉的评判。鲁迅在读完这个故事后说：

　　　　我最初实在替这孩子捏一把汗，待到掘出黄金一釜，这才觉得轻松。然而我已经不但自己不敢再想做孝子，并且怕我父亲去做孝子了。家景正在坏下去，常听到父母愁柴米；祖母又老了，倘使我的父亲竟学了郭巨，那么，该埋的不正是我么？如果一丝

---

① 为了避免单调，在指代这些资料时，我使用了"stories（故事）""tales（传说）""narratives（叙事）"或"anecdotes（轶事）"等词语。近代以前绝大多数的中国人都相信它们便是历史事实，应该将它们视为"描述"或"叙事"。晚至18世纪60年代，传教士卢公明（Justus Doolittle）仍被中国人相信这样的故事是真实的这一点所震惊。详见Justus Doolittle, *Social Life of the Chinese*, 1：453, New York：Harper and Brothers, 1865。然而，使用"传说""故事"这样的词语的好处在于提醒我们，这些材料十之八九不是真实事件的描写，而是虚构的。

不走样，也掘出一釜黄金来，那自然是如天之福，但是，那时我虽然年纪小，似乎也明白天下未必有这样的巧事。①

自此之后，鲁迅对他的老祖母便怀有某种憎恶和怀疑。实际上，就连晚期帝国的儒家学者都很难认同郭巨的行为是孝行。② 尽管这个孝子故事打消了鲁迅立志成为一个孝子的念头，但值得注意的一点是，《二十四孝图》是鲁迅拥有的第一本书，而这本书的故事给他留下了不可磨灭的印象。

这些奇异的儒家故事同样也使世纪之交的基督教传教士和西方学者惊慌沮丧，他们对这些故事的批评比20世纪早期的中国知识分子更尖刻。一部分传教士发现这些故事很怪异，令人震惊，以至于在翻译这些故事时省略那些他们认为令人反感的内容。③ 西方学者的态度也没有比之更友好。著名的法国社会学家葛兰言（Marcel Granet）认为，它们更像孩子的童话故事，"所有这些不自然的、幼稚的奇闻轶事都散发着老学究的味道"④。历史学家侯恩孟（Donald Holzman）认为这些孝子故事中的插图是一种"原始的连环画"，并把这些书中描述的行为视为"荒诞的""怪异的""残忍的""令人震惊的""令人厌恶的"和"罕见的"；实际上，他花费了更多的精力来强调为什么这些故事很奇怪，而不是去解释为什么中国人觉得它们如此引人入胜。⑤ 另一位历史学家牟复礼（Frederick W. Mote）将这些记录称为"中国历史奇观嘉年

---

① 鲁迅：《朝花夕拾》之《二十四孝图》，北京：人民文学出版社，1973年，第25—26页。英译本见"The Picture-book of the Twenty-four Acts of Filial Piety", in *Dawn Blossoms Plucked at Dawn*, trans. Gladys and Hsien-yi Yang, Peking: Foreign Languages Press, 1976, 34–35。

② 徐端荣：《二十四孝图》，台湾文化大学硕士论文，1981年，第191页。

③ 这样的事例又见季理斐（Donald Macgillivray），"The Twenty-four Paragons of Filial Piety", *The Chinese Recorder* 31.8 (1900): 392–402; Ivan Chen, *The Book of Filial Duty*, London: John Murray, 1908, 58.

④ Marcel Granet（葛兰言），*Chinese Civilization*, New York: Meridian Books, 1958, 421.

⑤ Donald Holzman（侯恩孟），"The Place of Filial Piety in Ancient China", *The Journal of the American Oriental Society* 118.2 (1998): 185–200.

华的附带表演",并认为中国人觉得它们很有趣,主要是因为它们很奇异。① 这些批评与基督教传教士的批评相似,应该提醒我们注意他们的文化偏见。其他的西方学者仅仅选择忽略这些故事。尽管《二十四孝》可能是晚期中华帝国最被人熟知并最容易被读到的书籍之一,但它很少被翻译成西方语言。②

与此同时,西方和日本的学者将这些故事作为了解中国人日常生活的原始材料,而没有考虑到它们人为说教的本质。如果一个人相信"这些自我牺牲的奇异故事和为了满足利己主义的父母或公婆的古怪可笑的举动是……东汉生活的真实材料"③,那么他有可能将虚构的事件视为一种历史现实。例如,一位学者便将孝孙原谷的故事当成是早期中国实行安乐死的证据,在这个故事中,原谷的父亲将年老的祖父抛弃在山中。④ 由于大多数证据表明,至少在古代中国人尊敬老者,这个故事的创造者可能并没有反映历史事实,而是试图强调孝行的互惠性质使读者震惊。而这些传说可能起源于印度。⑤ 总而言之,由于这些孝子故事的目的是为了宣扬作者们对事情应该如何发展的看法,他们描述社会现实时便将之歪曲了。也就是说,故事中体现出来的"事实",是从属于它们所传递的信息。正如著名的欧洲中世纪史学者雅克·勒高夫(Jacques Le Goff)在谈到这些说教文本时所警告的那样,"那些

---

① Frederick W. Mote(牟复礼),"China's Past in the Study of China Today—Some Comments on the Recent Work of Richard Solomon", *Journal of Asian Studies 32.1* (1972):115.

② David K. Jordon 在他的书中观察到了这一点。详见 David K. Jordon, "Folk Filial Piety in Taiwan", in *Psycho-Cultural Dynamics of the Confucian Family*, ed. Walter H. Slote, Seoul: International Cultural Society of Korea, 1986, 63. 除他之外,基本上所有的《二十四孝》的翻译者都是 19 和 20 世纪西方的传教士。

③ Holzman(侯恩孟),"*place of Filial Piety*", 196.

④ James C. H. Hsu(许进雄),"Unwanted Children and Parents: Archaeology, Epigraphy and the Myths of Filial Piety," in *Sages and Filial Sons: Mythology and Archaeology in Ancient China*, ed. Julia Ching and R. W. L. Guisso, Hong Kong: The Chinese University Press, 1991, 29.

⑤ 关于原谷的故事及其可能的中国以外起源的讨论,可参见德田进《孝子说话の研究—二十四孝を中心にー》,第三卷 1:36—40,东京:井上书房,1963 年,高桥盛孝:《弃老说话考》,《国语国文》7.9, 1938, 90—98 页;王晓平:《佛典·志怪·物语》,南昌:江西人民出版社,1990 年,第 56—57 页。

使用这些文本的历史学家们有可能把虚构的现实误认为是真实的材料，并歪曲这些文本的意义，这些文本并不是为了提供给学者们所追求的那种证据"①。

善意的亚洲学者将这些故事列入儿童文学的领域，实际上也对它们产生了误解。因为孝子故事情节简单，以儿童为主人公，含有不可思议的神异内容，许多东亚历史学家认为，孝子故事集编撰目的是为了教育那些未受教育、年幼无知的孩子。②从中华帝国晚期某些文本来看，确实是这样的，但这并不适应于早期帝国时的那些文本。因此，这些历史学家错误地认为这些文本的目的是一成不变的，后期作品的性质和早期的一样。换句话说，他们并没有考虑到故事背景的不同如何改变了它们的作用和意义。

简而言之，到目前为止，学者们有的认为这些故事是无稽之谈而不予理会，有的简单地将它们当作透视过去的窗口，或是狭隘地将它们视为儿童文学。一些分析者甚至同时持有上述这三种观点。

故事的意义

不严肃对待这些孝子故事是错误的，因为从公元100年直到1949中国共产党执政，孝子故事在所有社会阶层非常受欢迎。它们之所以经久不衰，是因为这些故事有效地阐释了"孝"至高无上的文化价值，"孝"几乎影响了中国人社会生活的每一个层面：对权威的态度、居住方式、自我观念、婚姻习俗、性别偏爱、情感生活、宗教崇拜以及社会关系。

---

① Jacques Le Goff（雅克·勒高夫），*The Medieval Imagination*, trans. Arthur Goldhammer, Chicago: University of Chicago Press, 1985, 181.
② 郑阿财：《敦煌孝道文学研究》，台北：石门图书公司，1982，第483、501页；雷侨云：《敦煌儿童文学》，台北：学生书局，1985年，第85—92页；金冈照光：《敦煌の民众その生活と思想》，东京：评论社，1972年，第302-310页；川口久雄：《孝养谭の発达と变迁》，《书志学》15.5, 1940，第158页；道端良秀：《唐代佛教史の研究》，京都：法藏馆，1957，第293—295页，以及道端良秀《佛教と儒教伦理》，京都：平乐寺书店，1968，第126—128页。

事实上，在帝制时代，中国人在定义良好行为时，很大程度上取决于他（她）是否是一个好儿子或好女儿。① 孝对中国社会生活产生了巨大的影响，中国和日本学者都认为它是中国文化的基础。② 一位儒学推崇者甚至认为"孝"曾经是、而且现在依然是东亚宗教的基础。③

至少从战国时代（前481—前221）开始，那些践行这种孝之美德的历史人物的故事叙事便开始在中国流传开来。为了让人们理解这种抽象的价值，这些故事将其转化为其他人可以仿效的具体的行为。而且，因为这些故事既简单又令人印象深刻，人们可以很容易记住并复述这些故事。由于它们的普遍性和简单性，这些故事便成为宣教孝道的主要手段以及人们定义理想儿女的行为方式的标准。因此，这些故事不是"嘉年华的附带表演"，而是"主要的表演活动"，让我们得以深入探索中国前现代化的社会和道德世界。

尽管战国时期的作者们已经传播了孝道的奇闻轶事，但早期中古时期（100—600）才是这些故事的"黄金时代"。④ 正是在这个时期，孝子故事发展到它的成熟形式，在数量上也得以激增，比之前的任何时候都要繁荣。在这个时期，文人们又创造了孝道故事集的新种类，

---

① 这一点在蒙学书中十分明显，在这些书中，有一点始终不变，即对长者或位高者的孝顺和服从超过了其他所有的美德。可参见《千字文》，尤其是37—40、61—67和83—90行；《三字经》29—56、89—103、205—207、302—310行以及《弟子规》。所有这些文献被集中编辑于 Best books for Chinese Children 一书中。Best books for Chinese Children，台北：儒教出版株式会社，1987年，第3—27页。

② Hsieh Yu-wei（谢宇威）. "Filial Piety and Chinese Society," in the Chinese Mind: Essentials of Chinese Philosophy and Culture, ed. Charles A. Moore. Honolulu: University of Hawai'i Press, 1967, 174-183；桑原骘藏：《支那の孝道》，《殊に法律よりたる支那の孝道》，桑原骘藏全集第六卷，东京：岩波书店，1968年，3: 9-92.

③ 加地伸行：《儒教とは何か》，东京：中央公论社，1990年，第16—39页；又见他的 "Confucianism, the Forgotten Religion", Japan Quarterly, 38.1, 1991年，第57—62页。

④ 笔者使用"早期中古"来表示从东汉皇权衰落，到589年隋王朝的再次统一。因此这个时期包括东汉后半期和通常被称为"六朝"的时期或是分裂时期（220—589）。我将东汉的多半时间包含在这一时期中，因为不管是政治上、社会上，还是文化上，比起西汉来，它与六朝更相似。当我使用"东汉"或"六朝"，是因为要讨论的现象没有跨越中古早期这个时期。

它们通常被称为"孝子传"。① 在这些故事的基础之上，历史学家们在王朝正史中又增加了专门的篇章，如"孝德（孝义、孝感）列传"来记载这些孝子的生平。那个时代最优秀的诗人，如曹植（192—232）和谢灵运（385—433），都在他们的诗篇中述及了这些孝行轶事。② 甚至是皇帝，如梁元帝（552—555在位）以及中国第一位也是仅有的一位女皇帝武则天（684—704在位），编撰了《孝德传》《孝女传》这样的作品。③ 这些故事的场景被装饰在漆器、棺材、石棺、祠堂、政府建筑物甚至是宫殿里，这些故事因此在中国文化精英中享有后无来者的声誉。因此，由于尊敬那个时代的奇闻，理解它们的作用和主题思想将阐明早期中古中国的许多方面，如受到过教育的士族们如何定义德行和价值，他们怎样展望理想的家庭内、外的社会关系，怎样看待和调整社会阶层，怎样理解宇宙世界是一个互相依存的道德秩序，如何重视儒家价值和礼仪，以及他们看待美德的性别视角。

在早期中古之后，尽管这些故事不再享有之前它们在士族群中享有的崇高声誉，但它们仍被广泛流传。这些流传的作品中的一个新种类，便是最早出现在晚唐或五代时期、在一部分地位不太高的读者间传播的《二十四孝》。④ 二十四孝故事经常被装饰在辽（907—1125）、

---

① 笔者决定将中文"孝子"一词翻译成"filial offspring"而不是"filial children"，是因为前者在年龄上更中立。尽管很多孝子典范是孩子，但其他更多的是成年人。这是因为一个人应当贯穿一生地对他/她的父母孝顺，不管他们的父母是生或死。将"孝子"翻译成"filial children"会错误地引导很多人认为这些故事仅仅是为了儿童。

② 谢灵运写了一首《孝感赋》，参见欧阳询《艺文类聚》第2卷，京都：中文出版社，1980年再版，第20、374页。曹植做《鼙舞歌五首》，其二《灵芝篇》便记载了一部分的孝道故事，参见刘殿爵、陈方正、何志华主编《曹植集逐字索引》，香港：中文大学出版社，2001年，第106—107页。梁武帝萧衍（464—549）也写了一首《孝思赋》，赞扬了很多孝行典范。参见刘殿爵、陈方正、何志华主编《梁武帝萧衍集逐字索引》，香港：中文大学出版社，2001年，第21—23页。

③ 关于这些文献的收集，详见第三章。

④ 在敦煌出土的17种著名的《变文》中，有三种是关于有名的孝子的。最早出现的《二十四孝》之名的，是五代敦煌文献中《故圆鉴大师二十四孝押座文》这样的文献。参见王重民《敦煌变文》，第2卷，台北：世界书局，1980年重印，第835—841页. 虽然这个文献中只有8位孝子的名字，但它肯定参考了之前存在的《二十四孝》文本。参见郑阿才《敦煌孝道文学研究》，第493页。

金（1115—1234）、宋（976—1279）朝的坟墓或棺材之上，这表明了这些作品享有很高的评价。① 到了明朝（1368—1644），郭居敬（1295—1321）的《全相二十四孝诗》变成了"二十四孝"流派中最受欢迎的例子，它是一种教育孩子的蒙学教材。因为这些带有插图的蒙学读本的普及，到了中华帝国的晚期，几乎每个人，不管是识字的还是不识字的，都知晓这些故事。而且，这些故事中的一部分变成了大众文学的主题。② 然而，我们应该注意到作品集中的许多故事都可以追溯到早期中古时期。③鉴于大多数现代中国人仍然熟悉至少两三个来自《二十四孝》中的故事，可以说这些早期中古的作品有许多到现在依然流传。

孝子故事十分吸引人，以至于在海外也有它的读者。这些故事作品集在中古时期便已被传播到东亚各地。④ 这些故事家喻户晓，从而逐渐成为东北亚民俗文化的一部分。当罗杰·吉奈里（Roger L. Janelli）和任敦姬这两位人类学家在韩国进行实地田野调查时，目不识丁的老妇人也能告诉他们一个关于儿子想将他年迈的母亲遗弃在山中的故事，在这个故事中他最后没有做这种不孝的行为，仅仅因为他自己的儿子说当他年老体衰的时候同样的命运将等待着他。⑤ 这两位人类学家不知道的是，这个口述的"民间故事"实际上是早期中古时期原谷的故事。这些故事的吸引力十分巨大，甚至19世纪美国的传教士将这些故事传播到美国，试图给那些不守规矩、桀骜不驯的美国年轻人心中灌输孝

---

① 黑田彰：《孝子伝の研究》，京都：思文阁出版，2001年，第252—305页。
② 郑阿财：《敦煌孝道文学研究》，第398—406、434—456、501—522页。
③ 证明这些文献普遍存在的证据，可参见 H. Y. Lowe, *The Adventures of Wu: The Life Cycle of a Peking Man*, Princeton, N. J.: Princeton University Press, 1983, 1: 102. 鲁迅：《图画书》第30页。郭居敬书中的二十四个故事，仅仅只有3个故事是发生在早期中古之后的。
④ 关于孝子传故事传播至朝鲜、日本的研究，参见德田《孝子说话集の研究》，1: 279—368；川口：《孝养谭の発达》，15.5: 157—161, 16.1（1941）: 39—46, 16.3（1941）: 67—70. 川濑一马：《二十四孝诗研究》，《日本书志学の研究》，东京：讲谈社，1944年，第1483—1499页。
⑤ Roger L. Janelli（罗杰·吉奈里）、Dawnhee Yim Janelli（任敦姬），*Ancestor Worship and Korean Society*, Stanford, Calif.: Stanford University Press, 1982, 51–53.

顺的义务。① 简而言之，这些孝行轶事的表述方式引人入胜，超越了时间和空间。因此，对这些故事的研究，不仅可以帮助我们了解多数故事起源的早期中古时期，而且也将揭示为何强调等级制度的农耕文化认为这些故事如此具有不可抗拒的吸引力。

方法论和写作目的

　　这些故事最有趣的一个方面，是它们的全盛时期发生在中国动荡的早期中古时期，更确切地说是一个分裂时期。从公元100—600年，中国常遭受内部战乱、胡人叛乱、政变和农民起义。4世纪开始，内陆欧亚部族统治中国北方，这里是孕育中华文明的神秘摇篮；与此同时，原来在中原的政权退到人口稀少、发展迟缓、之前一直被轻视、瘴气弥漫的南方统治。在精神层面上，道教和佛教，而不是儒家思想，主导着中国最有才学的人的思想和对话。那么，当王朝政权和儒家思想跌落至低谷时，这些孝道故事恰好在此时出现，难道不奇怪其发生的原因吗？因此，本书首先要回答的一个问题便是，为什么这些故事会在这一特殊时期蓬勃发展？换句话说，为什么早期中古的人们如此着迷于阅读和传播这些孝子故事呢？

　　本书的研究方法，借鉴了近期欧洲圣徒传和圣徒故事的方法和视野。人们得注意一点，即为什么早期中古的人们严肃地对待这些故事，而不是去否定这些故事，把它们视为是陈腐和愚蠢的。正如最为著名的中世纪学者卡罗琳·沃克·拜纳姆（Caroline Walker Bynum）所说，应该"将很久以前的男人、女人的行为、象征和信念放置于他们所处的整体环境中。只有对中世纪行为与信仰的全部意义和功能加以考虑，

---

① 这些故事被翻译成 Filial Duty Recommended and Enforced, by a Variety of Instructive and Amusing Narratives, Wesleyan Methodist Convention of America, 1847。参见 Anne Scott MacLeod, A Moral Tale: Children's Fiction and American Culture 1820 – 1860 Hamden, Conn.: Archon Books, 1975, 73. 虽然 MacLeod 没有意识到这些故事起源于中国，但她对这些故事情节的描述清楚地表明，这些故事是基于二十四孝故事的。

我们才能在解释中世纪人的体验时不致忽略对于造物与造物尊位的体验"①。本书以同样的方式，对孝子故事创作的背景进行了全面的考察，包括作者的撰述目的、创作的背景、读者的身份、影响它们的意识形态以及塑造其内容的历史潮流。而且，不同于以往的研究那样仅关注一小部分的孝子故事，这部书囊括了超过 330 个故事以及同时代与之有相同目的和格式的文本，如其他著名人物的传记、家训、蒙学读物、别传、儒家纬书、变文。而且，由于这些孝子故事经常被描画或雕刻成图像，本书也运用考古学和图像学的证据来研究这些故事的受众以及这些图像的意义。只有通过早期中古的、而不是后现代西方的眼光来洞察孝子们的孝道故事，我们才能开始理解其意义。

最近的研究中讲得比较透彻的、重要的观点之一是，那些圣徒传和圣徒故事文本并不是透明的历史记录，相反的，它们是传播者为了实现特定的目的而进行的传道。② 最近的研究表明，这些文本的真实价值在于揭示产生这些文本的社会的文化价值。③ 也就是说，它们显示出这些文本作者想要发扬或阻止的行为以及价值观的类型。与此同时，由于故事的传播者也不得不迎合观众的胃口来调整信息，因此这些故事的文本也能反映观众们的兴趣。著名的古代晚期研究学者彼得·布朗（Peter Brown）曾经雄辩地指出：

> 通过研究任何社会中的最值得尊敬和最令人憎恶的人物，而

---

① Caroline Walker Bynum, *Holy Feast and Holy Fast*: *The Religious Significance of Food to Medieval Women*, Berkeley: University of California Press, 1987, 298.

② Richard Kieckhefer, "Imitators of Christ: Sainthood in the Christian Tradition," in *Sainthood and Its Manifestations in World Religions*, ed. Richard Kieckhefer and George D. Bond, Berkeley: University of California Press, 1988, 20 – 23.

③ Evelyne Patlagean, "Ancient Byzantine Hagiography and Social History," in *Saints and Their Cults*: *Studies in Religious Sociology*, *Folklore*, *and History*, ed. Stephen Wilson Cambridge: Cambridge University Press, 1983, 101 – 121; Jacques Le Goff（雅克·勒高夫）, "Mentalities: A History of Ambiguities," trans. David Denby, in *Constructing the Past*: *Essays in Historical Methodology*, ed. Jacques Le Goff and Pierre Nora, Cambridge: Cambridge University Press, 1974, 166 – 180; Claude Bremond（克洛德布雷蒙）et al., *L' "Exemplum"*, Brepols, Belgium: Institut d'études médiévales, 1982, 79 – 112.

不是其它依据，我们可以看到普通人对自己有何种期待和愿景。因此，历史学家有责任分析这一形象，它是圣徒所处其中的社会的产物。我们不应该仅仅认为圣徒本身的形象便已经足够解释他对一般晚期罗马人的吸引力，而应该把圣徒的形象当作一面镜子，从一个令人惊奇的角度来捕捉晚期罗马普通人的另一面。①

总之，尽管圣徒传和圣徒故事不能确切地告诉我们"它们真的是如何"，它们也包含了与其作者、读者的态度和设想息息相关的珍贵证据。②

运用同一种逻辑，便可以发现孝子故事是一种劝导的工具，通过它们，儒家那些理想的、完美的亲子关系的观点得以传播开来。在这种情况下，历史的准确性让位于故事的说教信息。因此，本书研究的

---

① Peter Brown, "The Rise and Function of the Holy Man in Late Antiquity," in his *Society and the Holy in Late Antiquity*, Berkeley: University of California Press, 1982, 106 – 107. 译者注：所谓"古代晚期"，是一个历史时期概念。狭义而论，指的是约公元300年至600年的300年时间，相当于从君士坦丁皇帝到查士丁尼统治时期，尤其指5、6世纪。广义而论，则向前可追溯到公元50年至150年不等，后及公元800年，总共约六百年时间；更有论者希望将其扩展至公元1100年左右。从地理上讲，古代晚期以地中海和欧洲为中心，包括古典文化所辐射到的地域，从不列颠的哈德良长城到中东的幼发拉底河流域；也可以延伸至南到印度河流域，北抵葱岭以西。核心区域是地中海沿岸，罗马人所谓的"内湖"，边缘地区则包括受到罗马文化影响的区域。从宗教文化的角度，涵盖地中海古代文化孕育的三大宗教信仰：犹太教、基督教和伊斯兰教。早在1901年，奥地利学者李格尔在其《罗马晚期的工艺美术》一书中就提到过"古代晚期"概念。但是，真正在广大学术界和读者之中产生深远影响，从而使之成为独立的历史研究领域的则是彼得·布朗。1966年，他在牛津大学发起成立"拜占庭与北方和东方的邻居们：公元500—公元700年"这一新专业，实际上标志着"古代晚期"系统研究的开始。1971年，布朗发表通俗读物《古代晚期世界》（Peter Brown, *The World of Late Antiquity*），标志着"古代晚期"成为一个专门的学术研究领域。参见李隆国《古代晚期研究的兴起》，《光明日报》，2011年12月22日11版；陈志强：《古代晚期研究：早期拜占庭研究的超越》，《世界历史》2014年第4期。

② 部分学者已经成功地运用这种方法来探究中世纪日本和欧洲的文化史。如 Hitomi Tonomura（殿材Vとみ），in "Black Hair and Red Trousers: Gendering the Flesh in Medieval Japan"（*The American Historical Review* 99.1 [1994]: 129 – 154），他用故事的主题来描绘中世纪日本人对婚姻、性和身体的性别态度。拜纳姆使用圣徒传记中的食物主题，来揭示中世纪的妇女把女性的身体和身体的痛苦视为接近上帝的一种方式，见 Bynum, *Holy Feast*, 294 – 296. Kieckhefer 利用圣徒传的传统主题，描述了14世纪圣徒的美德来重建中世纪晚期虔诚的神学愿景。详见 Kieckhefer, *Unquiet Souls: Fourteenth-Century Saints and Their Religious Milieu*, Chicago: University of Chicago Press, 1984.

绪 论

重点是孝子故事的作者认为孝道应该如何践行。为了有力地传达他们的信息，故事的作者从根本上改变了旧有主题的背景，同时介绍了不少新的故事。由于常见故事情节的变化可能会极大地改变它们的含义，同一个故事的不同版本可以揭示更多的创造这些故事的社会的价值观。① 因此，通过研究孝子故事不同版本的变体，并分析影响它们的意识形态，这本书将告诉我们，这些故事广为流传是因为它们回应了作者和读者所关心的内容。尽管这些主题并没有告诉我们早期中古时期孩子们的实际行为，但它们揭示了故事传播者想要孩子们怎样做，以及担忧孩子们正在做的行为的诸多信息。

这些孝道故事不仅在本质上是一种说教宣传，就像欧洲的圣徒传和圣徒故事一样；而且，儒家孝顺子女的楷模在很多方面都与基督教圣徒相类似：他们奉行禁欲主义，否认自己的普通乐趣，如美食佳肴、锦衣玉服、政府职位以及合法挣来的财富；他们还以一种积极的方式来生存，即尽心尽力地侍奉照顾自己的父母，并通过自己以身作则来改变周围人的行为方式；从神灵的世界降临奇迹支持他们以证实他们的圣洁。② 基督教圣徒和中国孝顺子女楷模的区别在于，他们虔诚孝顺的对象不同：前者侍奉超凡的上帝，而后者侍奉与生俱来的父母。③ 然而，我想两者的相似之处足以让我们有理由将这些孝子看成是儒家的圣人。这样做不仅能阐明典型的孝顺子女在中国人的想象中所扮演的角色，而且有助于让我们认清早期儒家思想中的宗教特质。

---

① Ruth B. Bottigheimer, *Grimms' Bad Girls & Bold Boys: The Moral & Social Vision of the Tales*, New Haven, Conn.: Yale University Press, 1987, chaps. 2, 15.
② 这种对基督圣徒特征的评价来自 Kieckhefer, "Imitators of Christ," 11 – 24. 事实上，我认为早期中古的孝子本质上更接近基督教圣人，而不是新儒家圣贤。关于将新儒家的先贤当作圣人，参见 Rodney L. Taylor, "The Sage as Saint: The Confucian Tradition," in *Sainthood and Its Manifestations*, ed. Kieckhefer and Bond, 218 – 242.
③ 两者之间的另一个区别是，孝顺的孩子通常不会被誉为是死后的奇迹和民间崇拜。但有一个例外，那就是对为了寻回父亲的尸体而投水自尽的孝顺女儿曹娥的祭拜。这种崇拜可以在邯郸淳的《孝女曹娥碑》中见到，这一碑文出现在严可均《全上古三代秦汉三国六朝文》第四卷，北京：中华书局，1958 年，2：第 1196 页。另一个罕见的死后孝道奇迹，可参见《太平御览》，台北：古新书局，1980 年重印，第 161、322 页。

将孝道故事视为一种说教宣传,将孝子当作圣人,也使我们能够以一种完全不同的视角来看待早期中古的儒学思想。早期中古这些故事的流行表明,尽管儒学可能已经失去对那些有哲学倾向的人的吸引力,但它仍和那些努力维持和提高其家庭名望的士族们有很多关联。这也就解释了虽然儒学失去了其哲学活力,却依然保持着对知识分子的价值观念和礼仪实践的全面掌握。而且,完成这一改变的儒家思想并不是战国时期儒家哲学教义,而是充满宗教色彩的汉代儒教思想。[①]

本书的论述是这样展开的:第一章通过描述两种相关的历史趋势,为之后的论述做好准备。这两种历史趋势有助于解释这些故事的普及流行,它们分别是扩展大家庭的成长和儒家思想日渐渗透到士族阶层的价值观和礼仪实践中。本章将论述在早期中古上层社会扩展大家庭日渐流行,因为这种亲属关系结构的形式对维持一个家族在当地的地位和权力十分重要。同时,为了防止这些脆弱的大家庭分崩离析,男性家长们发现接受儒家思想是一种权宜之计。第二章,以孝子故事本身为中心,探讨这些故事的结构、历史性、起源、作用及其传播。尽管少数一些最著名的故事始于民间传说,但大多数起源于世家大族的口述文化。为了纪念一位活着的或者已逝的亲人,增加这个家族的财富和正统性,亲属、庇护人、仆人讲述他/她的孝顺行迹。之后的别传和地理著作将这些家族崇拜所创造的故事传播到更大的群体。第三章将关注点从孝子故事本身转移到这些故事的合集《孝子传》上。尽管这些文本可能在东汉时期已经存在,但直到南朝(317—589)它们才在受到良好教育的士族阶层中广泛流传。这些合集的作者都来自世家大族的中、高级官员,他们为那些有着类似背景的青少年和成年男性而写作。编纂这些作品集的明确目的,便是给这些士族成员提供一个可以仿效的良好行为的楷模;而其隐含的目的便是暗示编纂者本身便

---

① 何肯(Charles Holcombe)在一篇文章中,将早期的帝国儒学描述为"绝对世俗的意识形态",详见 Charles Holcombe, "Ritsuryô Confucianism," *Harvard Journal of Asiatic Studies* 57.2 (1997): 551.

是一个孝顺的孩子。

第四章的关注点从文本分析转移到文本主题上。这些故事的奇迹源于汉代儒家的天人合一思想。因此，故事中许多奇迹也出现在汉代儒家纬书中，这些纬书是汉代阴阳儒学的文本体现。早期中古的男性家长们推崇这些故事，是因为这些故事中承载着重要的信息，诸如家族等级制度是上天认可的；神灵世界将厚赐那些好好侍奉父母的人；有德行的地方士人分享了皇权统治的合法性，而美德则能确保高位和财富。这些神迹故事的流行表明，在东汉灭亡很长一段时间后，这些故事中蕴含的意识形态依然对有知识的士族阶层有重要影响。

第五章和第六章探讨了早期中古孝子故事中最常见的两个主题的意义，这两个主题便是"供养"和"服丧以礼"。尽管早期儒家学派认为赡养父母是最基本的义务以至于几乎不提，但早期中古的那些故事却赞美典型的孝子如何为了供养他们的父母而走向极端。实际上，他们不仅仅是照顾、赡养父母，而且是在抬高父母的地位、降低自己的方式下，去践行"供养""生事奉养"的行为。早期中古的故事文本可能将孝行定义为赡养，因为在中央集权削弱的时代，孝道的这一具体方面恰恰可以最好地展示家庭团结和凝聚力。关于服丧，战国和西汉的文本中仅仅敦促人们服丧三年的行为，并严厉地斥责那些"过礼"的人。相反地，早期中古的孝道故事却对那些"过礼"的人大加赞美。造成这种差异的原因是，在东汉之前，践行服丧三年之礼是很罕见的，而在东汉的后半期，服丧三年成为士族阶层正常践行的礼制。因此，故事强调"过礼"——不是敦促民众一定去践行过礼，而是去诚挚地践行。换句话说，这些故事向伴随儒家丧礼制度化的冷漠挑战。

本书的最后一章，阐述了女性最大程度地践行了男性一样的孝行，她们通常这么做是因为他们没有兄弟来行孝。男性和女性行孝的唯一主要的区别，在于女性为了证明她们真挚的孝心，必须要为此付出更为极端的努力。因此，她们典型的孝道行为通常涉及暴力——孝女或孝媳经常自杀或杀婴。尽管在一些不是以暴力为特征的故事中，孝女或孝媳不得不遭受比男性孝子更大的剥夺或牺牲。总的来说，尽管孝女叙事非常少，然而关于贞洁的妻子故事数量却很多。再婚的流行和扩展家庭的新奇感可能造成了这种情况的发生。

原始资料

笔者的分析依赖于对超过330个不同的孝子传故事的考察。这些文本有三个来源：孝道故事的别传，王朝正史中篇名为孝友、孝感、孝义的孝子列传，以及唐（618—907）宋（960—1279）时期类书中的"孝"篇。

早期中古的文人通过那些我们通常称为《孝子传》的私人编纂的作品集来传播孝道故事，这些《孝子传》的长度从一章到三十章不等。不幸的是，所有这些记载在王朝正史列传章节中一个都没有保留下来，但是人们可以在唐宋时期的类书中发现它们的片断。[①] 敦煌石室中保留下来的珍贵的文本残卷，也为我们提供了可能为《孝子传》的残存片断，但是它们更像是类书中"孝"的篇章。[②] 尽管如此，使用这些文本的问题还是很多的：首先，类书保存的只是这些文本中故事的一小部分；第二，它们的编纂者经常简化记载这些故事，并且毫无疑问地删除了与分类不相匹配的故事因素，在这个分类下他们来安排故事；第三，编纂者还会把一些故事错误地归到《孝子传》，尤其是他们经常从其他类书中摘抄这些文章，而不是去引用原著。

幸运的是，有三种完整的《孝子传》得以流传至今。一种是明确

[①] 基于这些片断，中国传统学者煞费苦心地重构了《孝子传》的部分内容。如《黄氏逸书考》，怀荃堂，1865；《古孝汇传》，广州，聚珍印务局，1925；和《古孝子传》，上海：商务印书馆，1936年再版。

[②] 对于包含孝道故事的敦煌文本 S. 5776, S. 389, P. 3536, P. 3680 和 Leningrad D. 440，王三庆指出，这些文本大多只是类书中关于"孝"的章节，见王三庆《敦煌变文记中的孝子传新探》，《敦煌学》第14辑，1989年，第189—193页。敦煌文书中有很多来自类书中关于孝道的片断，有些相当长，见 P. 2621, P. 2524, P. 2502, P. 3871 和 P. 2537。为了方便获取这些片段的注释和索引转录，参见王三庆《敦煌类书》2卷，高雄：丽文文化事业，1993年。

绪 论

为六朝（220—589）时期的作品《孝传》，出自于著名诗人陶渊明（365—427）。① 另外两本是保存在日本、标题为"孝子传"的写本，一个为阳明本《孝子传》，另一个为船桥本《孝子传》。② 最近日本学者的研究表明，阳明本可上溯至六朝时期，而船桥本可上溯至唐朝。③ 这两个文本毫无疑问是相互关联的：每种都包含45个故事，它们的顺序完全相同、情节也完全相同。两者最主要的区别在于，船桥本在人名和地名上有一些错误，在语言上也更通俗化，并使用了佛教术语。④ 这三种文本都极有价值，相较于唐宋类书"孝"的篇章，它们让我们更为清楚的认识到《孝子传》的内容和形式。例如，这两个保存在日本文本中的许多冗长的故事，便从侧面突出体现了类书编纂者删节这些故事的程度和范围。

尽管本书主要基于《孝子传》中的故事，但也利用王朝正史中关于孝子的列传，它们使用不同的名字，经常包含那些践行与"孝"有密切关系的美德的人，如"义"或"友"。⑤ 我将这些王朝正史中的列

---

① 由于《孝传》首次出现在阳休之（生活在北齐时期）所编《陶渊明集》的版本中，而不是出现在萧统（501—531）编纂的、最早可能也是最可靠的《陶渊明集》中，清代《四库全书提要》的编者认为，《孝传》是阳休之在其版本中添加的伪托文本。他们还认为，由于其文学价值很平庸、浅薄，不可能是像陶潜这样的诗才的作品。这一论点，连同其他的有效性批评，可详见张心澂《伪书通考》，第二卷，台北：鼎文书局，1973年重印，2：1136 - 1138。另一方面，杨勇认为，陶渊明之所以写《孝传》，是因为他也写过训导式的、有关家庭教育的《与子俨等疏》，他在书中引用了历史上的例子来支持他的观点。详见杨勇《陶渊明集校笺》，台北：正文书局，1987年重印，第314—315页。无论作者是陶渊明还是阳休之，它都是一部无可争议的早期中古孝道故事集。

② 前者因在京都的阳明图书馆而得名。后者之所以得名，是因为在京都大学图书馆获得之前，它一直被船桥收藏。对于这个资料的复制、翻译和注释，详见吉川幸次郎编《孝子传》，京都大学附属图书馆，1959年。对于这两种文本的翻译和注释，详见幼学会编《孝子传注解》，东京：汲古书院，2003年。

③ 黑田彰：《孝子传の研究》，第151—186页；东野治之：《律令と孝子传—汉籍の直接引用と间接引用—》，《万叶集研究》，24，2000年，289—308页。

④ 西野贞治：《阳明本孝子传の性格并びに清家本との关系について》，《人文研究》7.6，1956年，第43—45页。

⑤ 在《宋书》《南齐书》《周书》《隋书》《南史》《宋史》《明史》中，这样的篇章名为《孝义传》；而在《晋书》《旧唐书》《新唐书》《元史》中篇名为《孝友传》。尽管在中古早期的四部断代正史中也有关于这些孝子的列传，如《梁书》《陈书》《北史》，它们的篇章名为《孝行传》，而《魏书》称其为《孝感传》。

15

传归类统称为"孝子列传"。整个六朝时期，正史编纂者们在撰修列传时，通常把"孝子列传"放在列传合集之首位，表明它们对孝子孝孙的敬重。"孝子列传"中的故事与《孝子传》中所见的绝大部分相同；实际上，前者许多故事中差不多逐字逐句地重复了后者的奇闻轶事。"孝子列传"的不同之处主要在于：（1）包含更多的奇闻轶事，这些故事中关注孝顺子女怎样对那些非亲非故的人施行孝行的典范。（2）罗列了政府给予孝子们职位或奖励的详尽清单，并提供他们逝世的相关信息。（3）更多地突出强调政府赐予孝子楷模的奖励，而不是孝子行为所产生的孝感奇迹。通过强调政府对孝子们所赐予的奖励和荣誉，这些列传鼓励其他人来践行孝道，这样他们也能得到政府的慷慨赠予；也许更重要的是，他们强调皇帝认可并奖励那些有道德的人，以此证明统治者自身的美德。

除了私人和官方的孝子故事作品集外，本书也利用唐宋类书中关于"孝"的篇章，其中的章节大部分是从早期中古作品中挑选出来的。虽然我们还不能断然地得出以下结论，即由于类书故事与其他孝道故事有着相同的格式和内容，唐宋类书中"孝"篇章中一些早期中古的奇闻轶事便包含在《孝子传》中，但有一个极大的可能性，即它们可能来自《孝子传》。例如，陆绩（187—219）曾在与割据军阀袁绍会面时偷偷拿走三个橘子给母亲（陆绩怀橘）的故事既没有出现在《孝子传》保存的片段章节中，也没有出现在现存的三种《孝子传》中。但是，在类书《初学记》和 8 世纪的历史入门书《蒙求》的"孝"篇中便有这个故事，这可以证明它在初唐时就被认为是一个为人所熟知的孝道故事了。[①]事实上，陆绩的故事很出名，被推崇为《全相二十四孝诗选集》（《二十四孝故事》）之一。我们假定早期中古的人们将其视

---

① 《初学记》第三卷，北京：中华书局，1962 年，1：17.421；《笺注蒙求校本》，京都：中文出版，1984 年，1.110；英译本见 Burton Watson（伯顿·沃森译），*Meng Ch'iu: Famous Episodes from Chinese History and Legend*，东京：讲谈社，1979 年，第 100 页。这个故事首先出现在《三国志》中，参见《三国志》卷五七，台北：鼎文书局，1983 年，第 1328 页。

为《孝子传》中的一个故事，也是公允的。

综上所述，通过仔细考察孝子故事的受众和主旨，本书提供了一个对早期中古中国的见解，这种看法挑战了根深蒂固的观念。在儒学被认为处于衰退的时期，士族们却正以前所未有的态度欣然接受它的礼制和价值观。在世家大族世代连续把持朝政的时代，这些故事提倡选官制度的基础应该是美德而非出身。人们认为，在那个时代男性家长用强硬的手段来管理他们家族成员，而这些故事表明，家长的权威是脆弱而有限的。因此，这本书在很大程度上展现了一个处于变化过程的中国，儒家思想正变成士族阶层的礼仪践行，家庭趋于变小并更易分解，忠诚的妻子比孝女孝媳更重要。总之，那些长期被汉学家嗤之以鼻为陈词滥调的故事，仍然还有很多方面值得我们学习。

第一章　扩展家庭和儒家的胜利

在我们开始分析孝子故事之前，有必要简单地讨论一下两个最重要的推动孝子故事流行的历史趋势，一种是在士族阶层中扩展大家庭的增长，一种是儒家思想逐渐渗透到上层社会的价值观和仪式中。尽管这两种趋势在理解早期中古是非常重要的，但西方学者对这两种趋势并没有给予足够的重视。

西方学者对中国早期中古的研究主要集中在世家大族上，他们的显赫地位和持续性赋予了这一时期独特的性质。最初的研究表明，数个世纪以来，那些大族中的少数群体，即高门大族在那个时代的社会和政治生活中发挥了与其数量不成比例的重要的作用。[1] 通过考察发现，这些高门大族中的少部分获得很高的官位，家世篡改的情况非常严重，最近的一些著作对这些高门大族的政治影响力及其稳定性提出了质疑。[2]

---

[1] Wolfram Eberhard（艾伯华）, *Conquerors and Rulers: Social Forces in Medieval China*, Leiden: E. J. Brill, 1965, 22 – 47; David Johnson, *The Medieval Chinese Oligarchy*, Boulder: Westview Press, 1977; Patricia Buckley Ebrey（伊佩霞）, *The Aristocratic Families of Early Imperial China*, Cambridge: Cambridge University Press, 1978.

[2] Dennis Grafflin（葛涤风）, "The Great Family in Medieval South China," *Harvard Journal of Asiatic Studies* 41.1 (1981): 65 – 74; Jennifer Holmgren, "Social Mobility in the Northern Dynasties: A Case Study of the Feng of Northern Yen," *Monumenta Serica* 35 (1981 – 1983): 19 – 32; Holmgren, "Lineage Falsification in the Northern Dynasties: Wei Shou's Ancestry," *Papers on Far Eastern History* 21 (1980): 1 – 16; Dušanka D. Miševiă, "Oligarchy or Social Mobility: A Study of the Great Clans of Early Medieval China," *The Museum of Far Eastern Antiquities* 65 (1993): 5 – 256; Cynthia L. Chennault（陈美丽）, "Lofty Gates or Solitary Impoverishment? Xie Family Members of the Southern Dynasties," *T'oung Pao* 85 (1999): 249 – 327.

东晋（317—420）之后，尽管这些名门望族仍构成社会精英阶层，但他们对国家政治的影响却微乎其微，很多学者现在同意这一观点。① 虽然如此，由于早期中古权力分散的政府的软弱以及官员任职回避规则的废除，地位较低的士族家庭对他们的家乡地区产生了深刻的社会、政治影响。② 当被问及为什么这些地位较低的士族在地方层面如此强大时，何肯指出，他们的影响力部分地与他们的亲属结构相关：

> 宗系（lineage）构成了早期中古中国社会制度的脊梁，相互义务的网络从核心家庭向外辐射到整个宗族甚至更远。在中古的地方社会等级制度中，地方士族扮演了保护者和供应者这样的家长角色，带有浓厚的儒家仁爱的道德内涵。③

换句话来说，父系宗族的凝聚力是世家大族强大的一个非常重要的因素。与此相反，Holgrem*指出，在提升世家大族的财富上，母系亲属及姻亲关系可能比父系宗族更为重要。④ 而这些研究都没有指出这些少数世家大族掌控他们所在的地方社会的能力，部分是因为家庭结构的重要转变。这些转变便是在这些士族中扩展家庭的出现——这种转变对于理解孝子故事的流行意义重大。

---

① Dennis Grafflin（葛涤风），"Reinventing China: Pseudobureaucracy in the Early Southern Dynasties," *in State and Society in Early Medieval China*, ed. Albert E. Dien (Stanford, Calif.: Stanford University Press, 1990), 139 – 170; Albert E. Dien（丁爱博），"Introduction," in *State and Society in Early Medieval China*, 1 – 18.

② Jennifer Holmgren, "The Making of an Elite: Local Politics and Social Relations in Northeastern China during the Fifth Century A. D.," Papers on *Far Eastern History* 30 (1984): 29, 36, 44 – 45, 53 – 54, 67.

③ Charles Holcombe（何肯），*In the Shadow of the Han: Literati Thought and Society at the Beginning of the Southern Dynasties* (Honolulu: University of Hawai i Press, 1994), 47. 又可见谷川道雄 "Prominent Family Control in the Six Dynasties," *Acta Asiatica* 60 (1991), 82 – 88.

* 译者注：英文原版"Holmgren"，误作"Holgrem"。

④ Holmgren, "The Making of an Elite," 9, 20, 34 – 35, 44, 56, 67 – 68, 70, 74; Holmgren, "Family, Marriage and Political Power in Sixth Century China: A Study of the Kao Family of Northern Qi, C. 520 – 550," *Journal of Asian History* 16.1 (1982): 1 – 50.

第一节　扩展家庭的增长

尽管中国家庭的形式和规模在西方相对被忽视，但这一课题长期以来便受到了东亚学术界的关注，尤其是在日本。尽管在中国家庭形态上是基础家庭还是主干家庭有不同看法，中国和日本学者似乎一致认为汉代典型的家庭形态，不分阶层，是比较小的，仅由四至五个人构成。① 在他们的父亲死后，兄弟通常成为他们各自家庭的户主，有时甚至在他们父亲活着的时候便分割家产。② 然而，在士族阶层中，扩展家庭越来越普遍，尤其在东汉时期（25—220）。为了支持这一观点，学者们引用了不同的证据，从户口统计、政府文书、文学作品甚至考

---

① 虽然有许多术语被用来描述不同类型的家庭，但我还是采用了武雅士（Arthur Wolf）提出的那些术语，因为它们似乎是最全面和最具描述性的。因此，一个基本家庭是由父母和他们的孩子组成的。换句话说，它是一个核心或简单的家庭。主干家庭是指儿子或女儿与父母、配偶和孩子生活在一起的家庭。通常所说的"复合家庭""扩展大家庭"或"共同家庭"分为大家庭和兄弟家庭。大家庭是指兄弟们与他们的配偶和孩子与他们的父母住在一起；兄弟家庭是指已婚兄弟共同生活的家庭。一个扩大的基本家庭是一个基本家庭加上一个相关的人。Arthur Wolf（武雅士），"Chinese Family Size: A Myth Revitalized," in *The Chinese Family: And Its Ritual Behavior*, ed. Hsieh Jih-chang and Chuang Ying-chang Taibei: Institute of Ethnology, Academia Sinica, 1985, 30 – 49.

② 五十多年前，牧野巽有力地指出，大多数家庭都是基础家庭（elementary families），详见《支那家族研究》，东京：生活社，1946年，第147—176、178—318页。另一方面，宇都宫清吉认为，大多数家庭都是三世同居型主干家庭，见宇都宫清吉《汉代社会经济史研究》，东京：弘文堂，1967年，第405—414页；宇都宫清吉《中国古代中世史研究》，东京：创文社，1977年，第234—265页。守屋美都雄提出了一个折中方案，他说有很多不同类型的家庭，详见其著《中国古代の家族と国家》，京都：东洋史研究会，1968年，第297—353页。日本学者关于汉代家庭的研究成果综述，见佐竹靖彦《中国古代の家族と家族の社会秩序》，《人文学报》，141，1980年，第14—21页。在中国方面，许倬云坚持认为，西汉时期基本家庭是常见的，但在东汉时期，主干家庭变得更加普遍——也许是对儒家思想传播的回应，见许倬云《汉代家庭的大小》，《求古篇》，台北：联经出版事业有限公司，1982年，第515—541页。杜正胜同样认为，西汉家庭有五六个成员，通常是基础家庭，但东汉时期主干家庭开始普遍存在，见杜正胜《编户齐民：传统的家族与家庭》，杜正胜、刘岱主编《吾土与吾民》，台北：联经出版事业有限公司，1982年，第23—27页，以及杜正胜《古代社会与国家》，台北：允晨文化实业股份有限公司，1992年，第786—800页。

古材料。① 从这些事实中显露出来的画面表明，尽管绝大多数的家庭依然保持较小的规模，但一部分世家大族的规模却越来越大、性质上也越来越复杂。

扩展家庭增加的更显著的迹象便是"累世同居"的家庭的出现，在这样的家庭中，他们共财、同爨（有些材料强调这一点时经常会说这个家庭只有一个灶），世代居住在一起，不分割财产。不管是政府还是民众都尊重这种家庭模式，这表明许多中国的上层阶级都视其为家庭结构的理想模式。然而，通过考察东汉时期"累世同居"家庭的事例，我们仍可以看到这一时期这种家庭模式仍然比较少、而且很短暂。例如，东汉和帝时魏霸（卒于111年）"少丧亲，兄弟同居，州里慕其雍和"②，我们可以注意到一点，魏霸与他的兄长同居足以赢得乡里的尊重。更令人钦佩的是，蔡邕（133—192）"与叔父从弟同居，三世不分财，乡党高其义"③。与后世"累世同居"的大家庭相比，魏霸、蔡邕这样的家庭还是短暂的。实际上，许多研究汉代家庭的学者都认为，这种规模较大的扩展家庭仍十分罕见。④ 即使如此，这些家庭还是存在，并受到同时代人的赞扬，这表明在东汉，扩展家庭变得越来越普遍、越来越受重视。

---

① 扩展大家庭在上层社会变得普遍的证据，包括以下几个方面：（1）居延汉简中粮仓记录显示，军官家庭比普通士兵要大得多——有 5.7 个成员，而普通士兵家庭成员为 3.44 个；（2）东汉村落发掘中突然出现的大型民居；（3）汉代指的是由父母、妻子和孩子组成的家庭；（4）王符（公元2世纪）认为一个家庭应该由祖父母两人、五个儿子和十个孙子组成；（5）根据官方的人口普查，东汉时期家庭的平均规模从0.1人增加到2人；崔寔（卒于170年）的假设是，一个地产所有者将与他的儿子、儿媳、孙子和曾孙生活在一起。为了讨论这些观点，可参见佐竹靖彦《中国古代的家族与家族的社会秩序》，第18—29页；饭尾秀幸《中国古代の家族研究をめぐる諸問題》，《历史评论》283，1985年，第73—74页；许倬云：《汉代家庭的大小》，第531页。
② 《后汉书》卷二五《刘宽传》，北京：中华书局，1965年，第886页。
③ 《后汉书》卷六〇《蔡邕传》，第1980页。
④ 有文献证明这种家庭在东汉仍不普遍，参见越智重明《累世同居家族のを出现めぐって》，《史苑》100，（1963），第123页；守屋美都雄：《累世同居起源考》，《东亚经济研究》26.3，（1942），第60—71页，26.4，（1942），第70—71页；瞿同祖：《汉代社会结构》，Jack L. Dull（杜敬轲）编，Seattle: University of Washington Press, 1972, 9；稻叶一郎：《汉代の家族形态と经济变动》，《东洋史研究》43.1，1984年，第110页。

第一章　扩展家庭和儒家的胜利

　　学界已经对士族阶层中扩展家庭的增长提出了多种解释。最流行的一种是，因为公元前1世纪代田法和牛拉犁的推行，农业生产力越来越高，劳动力也越来越密集。因此，为了利用这些革新，基础家庭开始增加成员以拥有更多的劳动力。最常见的情况是，成年的儿子开始和他们的父母同住。① 稻叶一郎认为，汉武帝（前141—前87）之后，儒家思想的重要性日益增长、商品经济逐步衰退，使得通过共同生活集中资源、节省开支成为一种有吸引力的策略，因此，一些家庭越来越大。② 另一方面，堀敏一认为为了生存，一些家庭认为拥有强大的内部领导是有利的，因此这些家庭规模越来越大，并把权利移交给家庭首领。③ 尽管对从东汉起主干家庭已经变成主要的家庭模式④这一观点仍有怀疑的余地，但是也有证据表明许多东汉士族家庭比普通家庭更大、更复杂，这些证据似乎是无可辩驳的。即使如此，这些学者大多数认为这样的扩展家庭主要是主干家庭类型，它们在家长死后不久就不复存在了。然而，这些稍大一些的家庭不一定像晚期帝制时代那些只有一个专权的家长统治着的、庞大而且极其复杂的家庭。根据宇都宫清吉的观点，汉代家庭的核心不是年迈的父母，而是身体强壮的儿子和他们的妻子，年老的父母不再是这个家庭中独裁的家长，而仅仅扮演着生活经验丰富的顾问的角色而已。⑤

　　然而，在六朝时期，扩展家庭在士族和平民中变得越来越普遍，

---

① 这一立场的倡导者包括许倬云，见其著《汉代家庭的大小》，第531—538页；黎明钊（Ming Chiu Lai），"Familial Morphology in Han China: 206 BC – AD 220," Ph. D. Dissertation, University of Toronto, 1995, 163 – 165；越智重明：《汉代の家をめぐって》，《史学杂志》86.6（1977）：18—20；佐竹靖彦《中国古代の家族》23—24；黄金山：《论汉代家庭的自然构成与等级构成》，《中国史研究》1987年第4期，第84—89页。
② 稻叶一郎：《汉代の家族形态と经济变动》，第88—117页。
③ 堀敏一：《中国古代の家と集落》，东京：汲古书院，1996年，第98—99页。
④ 罗彤华的观点认为，自东汉以来的生活水平远远不如的西汉，父母还活着的时候便分割遗产的风俗盛行，同时东汉主干家庭可能会比西汉时期的多，基础家庭仍然是绝大多数的家庭的构成方式。详见罗彤华《汉代分家原因初探》，《汉学研究》11.1，1993年，第153—154页。
⑤ 宇都宫清吉：《中国古代中世史研究》，第8—9、250—251页。

尤其是在北朝。一些史料表明，许多家庭正变得越来越大、越来越复杂。首先，与秦朝（前221—前206）明令父亲和儿子析产分居不同，曹魏（220—265）禁止父亲和成年儿子分割财产，《晋书》卷三〇《刑法志》中规定"除异子之科，使父子无异财也"①。由于一个人经常与他共同居住的人分享财富并一起开支消费，这个禁止析产的法律明显地意味着鼓励，或者说是更加明显地承认主干家庭和扩展家庭的合法性。由于没有法律限制家庭规模的大小，一些士族家庭变得非常庞大。因此，一些士族家庭的成员经常用"百口"来指代他们的家庭，实际上，这些家庭有时确实超过了一百个成员。②颜之推在《颜氏家训·止足第十三》无意中证实了这一点，"常以二十口家，奴婢盛多，不可出二十人，良田十顷，堂室才蔽风雨，车马仅代杖策"，他认为一个适度的士族家庭应该有20位成员和20个仆人（奴婢）。③此外，不同于东汉，六朝有很多"累世同居"大家庭的例子，其中一些持续七世、人口多达二百多人。④很明显，如果赞扬一个家庭能够长久地生活在一起，并拥有如此多的家庭成员，那么那些仅存了三至四代并拥有百名成员的家庭就并不罕见了。扩展家庭也越来越普遍，这在关于兄弟是否要为其兄嫂服丧服的法律狱讼中体现出来。一些学者认为，既然叔

---

① 程树德：《九朝律考》，北京：中华书局，1988年，第199页；越智重明：《魏晋における"异子の科"》，《东方学》22，1961年，第5—9页；祝总斌：《略论晋律之"儒家化"》，《中国史研究》1985年第2期，第115—116页。《晋书》卷三〇《刑法志》，北京：中华书局，1974年，第925页。
② 守屋都美雄：《中国古代家族国家》，第144—145页；渡边信一郎：《中国古代社会论》，东京：青木书店，1986年，第143—144页。
③ 刘殿爵编：《颜氏家训逐字索引》，香港：中文大学出版社，2000年，第13、53页。
④ 冻国栋：《北朝时期的家庭规模结构及相关问题论述》，《魏晋南北朝隋唐史》第八辑，1990年，第37—38页（译者注：冻文的出处应是《北朝研究》1990年上半年刊）。谷川道雄：《中国中世社会共同体》，东京：国书刊行会，1976年，第215—220页。北朝、南朝"累世同居"的例子，参见房玄龄（576—648）《晋书》，中华书局（台北：鼎文书局，1987年）卷88，第2292页；沈约（441—513）：《宋书》，中华书局编（台北：鼎文书局，1980年），卷91，第2255页；萧子显（489—537）：《南齐书》，中华书局编（台北：鼎文书局，1980年），卷55，第961页；魏收（506—572）：《魏书》，中华书局编（台北：鼎文书局，1980年），卷86，第1884—1885页。这些家族都有200人左右的规模，参照《魏书》卷87，第1896页。

嫂在一个家族中生活，那么前者就应该给后者服丧。① 与此类似地，和那些赞扬与兄弟同居的东汉孝道故事不同，六朝孝道故事中赞颂那些与形形色色的亲属们居住的人：叔父、伯父，表亲、寡嫂以及失去父母的侄子侄女。② 甚至一些平民家庭也变得大起来，家庭类型也更加多样化了。③

许多学者认为，到了唐代，规模庞大而且结构复杂的家庭为上层阶级的常见形态，④ 而且在底层阶级也并不少见。从747年的籍帐上反映出平均每户普通家庭拥有6.3人。这个籍帐中有56个户主，其中14户，即25%的家庭拥有9口或更多的家庭成员；15户即27%的家庭有6至8个家庭成员。⑤ 因此登记在册的超过半数的家庭是大型家庭。最大的家庭有18个成员，包括户主、户主年老的母亲，户主的三个妻妾、一个儿子和两个女儿，他的两个兄弟，每个兄弟都有一个妻子一个妾，其中一个兄弟的儿子和女儿，以及户主两个中年的姐妹。这个家庭无疑是富裕的，这从家庭的每个成年男子均有妾可以看出。

是什么原因导致了地方士族的家庭由小到大的转变呢？对此，历史学家并未达成一致。一部分学者坚持认为，它的产生是因为曹魏新

---

① 越智重明：《累世同居家族のを出现めぐって》，第127—130页。
② 可以参见以下传记中的例子，如吴达（《晋书》卷88，第2293页；《宋书》卷91，第2247页）、夏方（《晋书》卷88，第2277页）、庾衮（《晋书》卷88，第2281页）、颜含（《晋书》卷88，第2286页）、公孙僧达（《南齐书》卷55，第956—957页）、韩灵敏（《南齐书》卷55，第958—959页）、姚氏（《南齐书》卷55，第960页）、封延伯（《南齐书》卷55，第961页）、吴达之（《南齐书》卷55，第961页）。
③ 例如，在西凉建初十一年（416）籍中，有7个家庭，其中3个为扩展家庭；1个为早期主干家庭；1个为大家庭；1个为早期大家庭。我使用"早期"这个词，是因为这些家庭中包含成年的儿子及其妻子，但他们暂时还没有生育自己的继承人。这些家庭还不能成为真正意义上的"大家庭"或"主干家庭"直到第三代诞生。这些户籍的照片可参见池田温《中国古代籍帐研究》，东京：东京大学出版会，1979年。
④ 守屋美都雄：《六朝门阀の一研究》，东京：日本出版，1951年，第143—146页；杜正胜《古代社会与国家》，第800—815页；雷巧玲：《唐人的居住方式与孝悌之道》，《陕西师范大学学报》1993年第1期，第98—102页。
⑤ 747年户口统计材料的信息，来自于熊铁基《以敦煌资料证传统家庭》，《敦煌研究》1993年第3期，第73—74页。

的赋税制度规定每个户主，不管他的家庭成员如何多，只需要缴纳固定数额的劳役和赋税。这个赋税法的目的是鼓励那些劳动力稀缺的地区增加人口。得益于这一赋税法令，家庭的规模便增大了。① 另外一些学者认为，家庭成员的增长是为了防御的目的以及开发大量的土地。② 无论这些原因是什么，有一点很明显，即大型的扩展家庭在士族阶层中越来越普遍，在普通民众中也并不罕见。

第二节　基础家庭的持续

然而，在一个扩展家庭里维持和谐是极其困难的。当张公艺被问及他的家庭为何能持续九代在一起生活时，他"请纸笔，但书百余'忍'字"③。人类学家也曾指出嫉妒和竞争常常会损坏中国家庭中的兄弟关系。④ 在前现代家庭中，兄弟有不同的母亲这一点毫无疑问地引起了更多的敌意。因此，尽管早期中古扩展家庭在数量上有所增加，但我们仍不能低估它们的脆弱性以及基础家庭的普遍程度，甚至在士族阶层中也是如此。

美国人类学家卢蕙馨（Margery Wolf）也明确地指出，她所称之为的"子宫家庭"对扩展家庭团结的危险。当中国的女人离开她的娘家来到丈夫家时，后者视其为外人。媳妇只能通过生育出男婴

---

① 可参见越智重明《魏晋における"异子の科"》，第8—9页；许倬云《汉代家庭大小》，第538页。

② 冻国栋：《北朝时期的家庭规模结构及相关问题论述》，第37页；杜正胜：《古代社会与国家》，第801—803页。

③ "郓州寿张人张公艺，九代同居。北齐时，东安王高永乐诣宅慰抚旌表焉。隋开皇中，大使、邵阳公梁子恭亦亲慰抚，重表其门。贞观中，特敕吏加旌表。麟德中，高宗有事泰山，路过郓州，亲幸其宅，问其义由。其人请纸笔，但书百余'忍'字。高宗为之流涕，赐以缣帛。"参见《旧唐书》卷一八八《孝友·张公艺传》，北京：中华书局，1975年，第4920页。

④ Maurice Freedman（莫里斯·弗里德曼），*Lineage Organization in Southeastern China*, London: The Athlone Press, 1958, 21-22; Hugh D. R. Baker, *Chinese Family and Kinship*, New York: Columbia University Press, 1979, 18-19; Margery Wolf（卢蕙馨）, *The House of Lim* (Englewood Cliffs, N. J.: Prentice Hall, 1968), 28.

才能在这个家庭中得到承认。由于这种情况,她的利益不是与丈夫的家庭福利挂钩,而是与她孩子的福利紧密相关,她的孩子将提供给她地位和未来的经济来源。由此,妻子的孩子们便是她的"子宫家庭"。因此,一个女人会嫉妒地以牺牲家庭内部的和谐来维护她的子宫家庭的利益,甚至于极力要求分割家庭财产从而使她能够独自与自己的丈夫和孩子生活在一起。因此一旦儿子及其兄弟结婚,一个家庭便总是面临分裂的威胁。[1] 尽管卢蕙馨的见解来自于对现代台湾的观察,早期中国的知识分子也意识到这种来自妻子和儿子对扩展家庭团结的威胁。"孝衰于妻子"[2] 便很好地说明了这一点。《颜氏家训》卷一《兄弟第三》云:"譬犹居室,一穴则塞之,一隙则涂之,则无颓毁之虑;如雀鼠之不恤,风雨之不防,壁陷楹沦,无可救矣。仆妾之为雀鼠,妻子之为风雨,甚哉!"[3] 颜之推便将妻妾和孩子视为兄弟友好关系这堵墙的洞穴和缝隙,若他们制造的裂缝不及时封补的话,这堵墙将会倒塌。因此如果男人若为他的妻子和孩子谋取利益,他将不可避免地卷入与兄弟的争斗中。

一些中国学者认为在整个早期中古,绝大多数的家庭仍保持相对小的规模。户籍统计资料证明了这一点:绝大多数朝代的家庭平均每户5—6人。[4] 扩展家庭脆弱性的一个原因是此时的人均寿命比较短。根据敦煌文书中的籍帐,男人结婚的年龄大概在25—30岁之间,而当时人的平均寿命仅仅32岁。为了看到他的孩子结婚生子,他必须活至

---

[1] Margery Wolf, *Women and the Family in Rural Taiwan* (Stanford, Calif.: Stanford University Press, 1972), 32 – 37.

[2] 《说苑逐字索引》,刘殿爵编,香港:商务出版,1992年,10.9、75;《韩诗外传逐字索引》,韩婴(前200—前120年)撰,刘殿爵编,香港:商务出版,1992年,8.22、61、11.48、69。这句话可能源于《孟子·性恶论》中的"妻子具而孝衰于亲"。

[3] 《颜氏家训》卷三,第5页;英文版 颜氏家训 见 Yen Chih-t'ui, *Family Instructions for the Yen Clan*, Teng Ssu-yu(邓嗣禹)译, Leiden: E. J. Brill, 1968, 10.

[4] 魏平均每户6.7人,西秦6.6人,前燕4.1人,东魏3.9人,北齐6.1人。从敦煌文书所保留的西凉、西魏的户籍来看,每户平均人口为3.7、5.9人。参见冻国栋《北朝时期的家庭规模结构及相关问题论述》,第33—37页。

45—50岁，但是根据当时的平均寿命，他没有活着看到这些的机会。① 同样地，因为成年男子担任政府职务、迁移或者当雇工劳动时，他们经常离开他的扩展家庭。② 因为兄弟和媳妇之间的紧张关系，在大家长死后，由几个成年兄弟组成的扩展家庭特别容易破裂。历史学家指出，既然北朝旌表那些居住在一起的成年兄弟，也不批评那些分割家庭财产的人，这一历史便表明在他们的父母死后分家必定是非常普遍的。③ 颜之推认为如果妻子们引发了兄弟之间的紧张关系的话，每个兄弟便可以自行其道。④ 即使在唐代，扩展家庭比之前的朝代更为普遍，但是在他们年老的父母死后这些家庭也同样趋向分裂。⑤ 揭示出许多扩展家庭存在的747年敦煌籍帐也体现出许多残破家庭的存在，它们由一对已婚的夫妇或者更少的人组成。⑥

人们仍可怀疑当时的家庭是否和籍帐中所呈现的那样大，因为经常有几个独立运转的核心家庭作为一户登记入册。一项对敦煌籍帐文书的研究表明，在相对和平的时期，核心家庭占当时家庭结构的主体；然而，在战乱时期，扩展家庭的数量激增，与此同时，核心家庭数量骤减。这一情况的出现是因为一些核心家庭或者残破的核心家庭在户口造册时一起登记为一户。尽管他们联合造册成一户，但这个户中的每一个家庭仍各自有他们自己的财产，家庭功能也独立。因此，籍帐上的许多"巨户"不过仅仅是行政上的虚构，并不能代表当时家庭的

---

① 杨际平、郭锋、张和平：《五—十世纪敦煌的家庭与家族关系》，长沙：岳麓书社，1997年，第57页。罗彤华在研究汉朝的家庭时也得出了相同的结论，参见《汉代分家原因初探》，第150页。
② 罗彤华：《汉代分家原因初探》，第154—156页。
③ 谷川道雄：《中国中世社会共同体》，第217页，渡边信一郎：《中国古代社会论》，第147页。
④ Yen Chih-t'ui, *Family Instructions for the Yen Clan*, 10；《颜氏家训逐字索引》第三卷，第5页。
⑤ 熊铁基：《以敦煌资料证传统家庭》，第75—78页；杨际平、郭锋、张和平：《五—十世纪敦煌的家庭与家族关系》，第59页。
⑥ 刘永华：《唐中后期敦煌的家庭变迁和社邑》，《敦煌研究》1991年第3期，第81—87页。

真实情况。① 一个与之相同的、被称为"一门数灶"的现象存在于南朝。这意味着，亲近的亲属居住在同一个复合体中，但他们的家庭财产已经分离、经济独立。②

刘宋的周朗（424—460）尽管可能稍微夸大了这个情况，但他让我们了解了这种风俗的普遍性及其社会影响：

> 又教之不敦，一至于是。今士大夫以下，父母在而兄弟异计，十家而七矣。庶人父子殊产，亦八家而五矣。凡甚者，乃危亡不相知，饥寒不相恤，又嫉谤谗害，其间不可称数。宜明其禁，以革其风，先有善于家者，即务其赏，自今不改，则没其财。③

周朗认为这一风俗消极的结果之一，便是一旦遗产被分割，家庭成员就会把彼此当作外人，或者就像六朝学者所说的"行路人"。换句话说，家庭分裂令人担忧，因为一旦亲属分居，亲属关系的团结将迅速恶化，儿子们不再愿意对其父母或兄弟姐妹施以特殊专门的照顾和关心。这种对不再居住在一起的近亲的冷漠，有多种表现形式，如对提供的服务要求报酬，为了利益而破坏亲属关系，在需要时拒绝提供帮助等等。④ 因此，早期中古的家长将分割家产视为低等的家庭管理方法。

总之，尽管早期中古扩展家庭确凿无疑地在士族和一般社会中变

---

① 杨际平、郭锋、张和平：《五—十世纪敦煌的家庭与家族关系》，第28—56页。
② 李秉怀：《南朝一门数灶风俗的历史文化沿源》，《民间文艺季刊》28.4，1990年，第112—119页。
③ 《宋书》卷八二《周朗传》，第2096—2097页。周朗的上疏也提供了一些关于为什么小家庭在南方很受欢迎的见解。在上疏上，周朗批评了现行的赋税制度，其中税收和劳役是基于家庭的财富。这一制度导致人们通过不开垦新土地、杀害婴儿或保持未婚来避免更沉重的税收负担，从而使家庭规模变小。详见《周朗传》，第2094页。关于南朝的赋税政策对南方家庭规模和组成的影响的讨论，详见唐长孺《三至六世纪江南大土地所有制的发展》，台北：布帛出版社，1957年，第7页；冻国栋：《北朝时期的家庭规模结构及相关问题论述》，第39—40页。冻文中还认为，南方家庭规模较小，是为了最大限度地利用他们所能获得的商机。
④ 任昉对刘整的弹劾就是一个很好的例子，说明了生活在这种情况下的亲戚之间可能会互相谩骂。详见萧统编《文选·弹事·奏弹刘整》，台北：华正书局，1986年再版，第559—563页。《文选》英译本见 Victor Mair, *The Columbia Anthology of Traditional Chinese Literature*, New York: Columbia University Press, 1994, 542–547.

得越来越普遍，但它们也极难维系在一起。如果一个家长有幸活得足够长，他年长的儿子一直与他居住在一起，他仍然无法保证他死后，他的儿子们将对家庭每一成员都仍仁爱，更不用说彼此居住在一起。在和平时期以及有政府的保护下，小家庭运行良好；但处于混乱的时代或地方豪强势力不被约束时，小家庭也并不是安全的避难所。为了保护个体和家庭的安全，与亲属们居住在一起成为一户，对于保护安全和财产来说，都是一个重要的策略。

在扩展家庭中生活，显然是世家大族统治地方的结构关键之一。早期中古的文献中反复强调小型家庭比较弱小。整个汉朝（前206—公元220）对那些平民家庭的称呼，如"单门""单家""细家""孤门""单微""孤微""寒门"等，均强调了家庭规模很小，并缺少同族近亲及其血缘亲属。① 同样地，孝道故事的作者经常将贫困与丧失父亲、兄弟或叔伯父联系起来。② 也就是说，他们很明确地将一个家庭的经济健康和这个家庭中所拥有的成年男性的数量联系在一起。例如，孝子邴原（卒于211）羡慕地注意到只有那些有父亲或兄长的人才有能力去学校。③ 在给皇帝的上疏中，孝子李密（224—287）陈述了他由于没有叔伯、兄弟而家道衰落的情形：

> 既无伯叔，终鲜兄弟，门衰祚薄，晚有儿息。外无期功强近之亲，内无应门五尺之童，茕茕孑立，形影相吊。④

---

① Ch'u T'ung-tsu（瞿同祖）. *Han Social Structure*, ed. Jack Dull. Seattle: University of Washington Press, 1972, 208.
② 关于汉朝早期贫穷和失去父亲的关系，详见邢义田《东汉孝廉的身份背景》，《秦汉史论稿》，台北：东大图书，1987年，第157—158页。
③ 《三国志》卷一一《邴原传》，第351页。裴松之注引《邴原别传曰》："原十一而丧父，家贫，早孤。邻有书舍，原过其旁而泣。师问曰：'童子何悲？'原曰：'孤者易伤，贫者易感。夫书者，必皆具有父兄者，一则羡其不孤，二则羡其得学，心中恻然而为涕零也。'师亦哀原之言而为之泣："欲书可耳！"答曰："无钱资。"师曰："童子苟有志，我徒相教，不求资也。"于是遂就书。"
④ 《晋书》卷八八《孝友·李密传》，第2274页；《文选》卷37.1, 8a—20a。

在经济上，一个拥有多位成年男性的家庭可以集中其劳动力和资金，利用那些要求精细劳动的新的农业方法，并监管大量的农业人手。在政治上，这样的家庭能发展出一个拥有政府官职（无论是地方还是中央层面）的近亲网络，这些近亲们至少可以利用他们的影响力为家庭避税，为年轻的家庭成员谋取当地政府职位，并与其他有影响力的大家庭缔结婚约。在军事上，这样的家庭也能更好地保卫自己及其利益，在混乱的年代，强有力的家庭军事组织的核心便是其亲属。[1] 我们应该注意一点，在南朝，尽管兄弟们经常有各自的财产，但他们仍然觉得居住在同一个共同体中更加方便。因此，对于地方上的豪族大家的家长来说，维持一个庞大的扩展家庭是一种紧迫的、很难实现的需要。

第三节　儒家思想对早期中古士族生活的渗透

与扩展家庭的出现密切相关的一个发展，便是儒家[2]价值观和礼仪在中国士族阶层的影响的扩大。换句话说，早期中古的士人们比起战国时代或西汉的先辈们更加"儒学化"。这并不是说他们完全接受了儒家的价值观和礼仪，一些学者还认为直到唐朝末期，文化士族才全盘儒学化。[3] 然而，在很大程度上，早期中古的知识分子努力地按照许多

---

[1]　Ch'u T'ung-tsu（瞿同祖）. *Han Social Structure*，第287—289、290—291页。

[2]　为了避免单调，在这本书的英文版中，"Confucian"和"Ru"交替使用。"Ru（儒）"是儒家的中文名称。因为这个词早在孔子之前就有了，它不仅仅意味着"儒家"。其实笔者更喜欢把它解释为"王道的学说"。为了讨论这个术语的含义，可参见Keith Knapp, "New Approaches to Teaching Confucianism," *Teaching Theology and Religion* 2.1（1999）: 45-46.

[3]　在一篇影响深远的文章中，已故的杜敬轲用史实证明了儒家规范对汉代婚姻和离婚习俗的轻微影响。Jack Dull（杜敬轲），"Marriage and Divorce in Han China: A Glimpse at 'Pre-Confucian' Society," in *Chinese Family Law and Social Change in Historical and Comparative Perspective*, ed. David C. Buxbaum（Seattle: University of Washington Press, 1978）, 23-74. 王孙明认为，直到晚唐，士族阶层的婚姻习俗才与儒家规范相一致。Sunming Wong（王孙明），*Confucian Ideal and Reality: Transformation of the Institution of Marriage in T'ang China*（A.D. 618-907），Ph. D. dissertation, University of Washington, 1979. 儒家复兴主义者努力让女性生活得更符合儒家的美德，参见Josephine Chiu Duke（丘慧芬），"The Role of Confucian Revivalists in the Confucianization of T'ang Women," *Asia Major: Third Series* 8, part 1（1995）: 51-94.

儒家准则来生活。尽管这些变化在中国人看待他们的世界和行为的方式上有着毫无争议的、深远的影响，这一点可以和基督教对欧洲的影响相比，但中国受教育阶层如何以及为什么信奉儒家思想的问题，除了日本学者外，很少受到别的学者的关注。

一直以来，学者们一般认为儒家思想是在汉武帝时期（前141—前87）成为汉朝统治的意识形态的，因为他的行政机构采取了如下的措施：首先，在公元前141年，政府禁止学习法家思想的人进入政府相关机构。第二，公元前136年，政府为儒家的五经设立了博士，而没有为其他哲学学派的经典设立。第三，公元前124年，汉武帝下令在长安建立太学，它的课程均以五经为基础。太学的学生博士弟子精通一种经典的都可以通过考试而为官。总之，这些法令很明显是在独尊儒术，而且使那些熟悉儒家经典的人进入行政机构。由于一个人必须精通儒家思想，才能得到通往前现代中国最有声望的、在很多方面有利可图的职业——政府官员的许可，即入仕，这就是中国有文化修养的士族们儒家化的时候了。

然而，许多学者现在都怀疑直到西汉晚期（前206—公元8年）儒家思想是否真的对精英阶层有如此大的影响。一部分研究汉代的学者认为在汉武帝时期儒学经典只是处于重要性的边缘。[1] 在汉武帝统治的37年间，高官（三公和九卿）中仅有1.9%的人为儒学士人。而且，他的政府机构所奉行一些政策，如政府垄断盐、铁产业，比起儒家思想更带有法家思想的味道。[2] 尽管所有官员候选人都必须学习五经，但这并不意味着他们都能深深折服于儒家的价值观，因为他们仅仅只需

---

[1] 板野长八：《儒教の成立》，《世界历史4 古代4》，东京：岩波书店，1970年，第349—352页；板野长八：《图谶と儒教の成立》，《东洋文库回忆录》，36，1978，第85—107页；西嶋定生：《皇帝支配の成立》，《世界历史4 古代4》，东京：岩波书店，1970年，第238—244页；英译版《汉书》见 Pan Ku, The History of the Former Han Dynasty, Homer H. Dubs 译，3 Vols. Baltimore: Waverly Press, 1938 - 1955, 2: 347 - 348；平井正士：《汉代における儒家官僚の公卿层への浸润》，《历史における民众と文化 酒井忠夫先生古稀纪念论集》，东京：国书刊行会，1982年，第51—66页。

[2] 渡边义浩：《后汉国家の支配と儒教》，东京：雄山阁出版，1991年，第28页。

要在太学中学习一年、考试时也只需通晓五经之一便可。① 而且，经典还受到了非儒学解释的影响。② 因此，仅仅因为官方课程是基于儒家经典这一点，并不意味着学生会被彻底地灌输儒学规范。

这些学者的一部分认为，儒学思想成为中国政治哲学的指导思想是在汉元帝（前48—前32）时期，因为此时有27%的政府高层官员均是儒学之士。③ 而且，政府的一些政治措施也带有儒家意识形态的印迹，如缩减皇室经费，废止政府盐、铁专卖，并对公众开放皇家的山泽林苑等。④ 然而，日本学者渡边义浩中肯地指出，27%是一个非常低的数字，特别是因为贯穿东汉的绝大多数时间，差不多70%的高官都是有名的儒家学者。也就是说，直到东汉时期，儒家思想才成为中国统治阶层的指导思想。⑤ 在第六章中，我们将要论述西汉士人很少践行服丧三年的丧礼，而这一丧礼是儒家仪式生活的最高成就。因此，并不能认为西汉的文化士人已经很大程度上儒家化了，或者认为儒学思想已经变成了西汉王朝的意识形态了。

另外一些学者认为儒家化发生在公元1世纪的初期。西嶋定生和板野长八都主张，当皇帝使用儒家的谶纬来认可他拥有的绝对权力时，他就让自己服从于上天的意愿，亦即让自己受到了儒学意识形态的限制。因此从这一点上说，儒家教义才被确立为帝国官方的意识形态。⑥

---

① Chen Ch'i-yün（陈启云），"Confucian, Legalist, Taoist Thought in Later Han," *in The Cambridge History of China*, Vol. 1, *The Ch'in and Han Empires 221 B. C. – A. D. 220*, ed. Denis Twitchett and Michael Loewe, Cambridge: Cambridge University Press, 1987, 770.
② 如《易经》容易受到道教思想解释的影响，《春秋》和《尚书》易受法家思想解释的影响，详见 Ch'en Ch'i-yun（陈启之），*Hsün Yüeh and the Mind of Late Han China*, Princeton, N. J.: Princeton University Press, 1980, 17.
③ 渡边义浩：《后汉国家の支配と儒教》，第28页。
④ 英译版《汉书》2：287—290.
⑤ 渡边义浩：《后汉国家の支配と儒教》，第126—127页。渡边义浩用了四个标准来确定一个官员是否为儒家：(1) 这个人是否接受了对某一经典或对经典进行注疏的"家学"；(2) 这个人是被称为"通儒"还是被称为"儒宗"；(3) 这个人是否向学生或门徒传授某一经典；(4) 这个人是否曾经接受过儒家经典的教育，或者是否在太学学习过。参见该书第104页。
⑥ 西嶋定生：《皇帝支配の成立》，《世界历史4古代4》，第238—244页；板野长八：《儒教の成立》，《世界历史4古代4》，第343—349页。

渡边义浩认为，在东汉光武帝统治时期（25—57）儒教理念成为王朝官方的意识形态，但其原因不同。根据他的观点，在西汉时期，儒家高级官员经常试图以儒家思想来吸引汉朝当朝的皇帝，然而在光武帝统治时期，事情发生了逆转：当朝皇帝试图运用儒家理念来使他的统治合法化。儒学思想现在变成了王朝合法性的试金石，渡边氏认为这标志着儒家思想统治地位的真正开始。① 虽然这些论证令人信服，在一定程度上揭示了儒家化正在进行中，但他们仅专注于皇帝一方似乎有些片面。皇帝们现在用儒学思想使他们的统治合法化，这是否就意味着他们完全接受了儒家的价值观和礼仪呢？这个解释显然没能告诉我们社会上其他成员在多大范围和程度上坚持儒家意识形态。

衡量儒家思想影响的更好方法，是看它如何影响上层社会的行为。学者们通过考察儒学教育的可用性以及上层社会成员接受儒家仪式的程度，已经做了这方面的研究。东晋次运用了第一种方法得出结论，认为中国的上流阶层在东汉时期儒家化，此时儒学教育广泛普及。这一点在太学的发展进程中表现得尤为明显：太学始建于公元前124年，当时仅仅只有50个学生，但是到了东汉顺帝统治时期（126—144），太学生已经激增至30000人。② 此外，在东汉时期，地方官学在数量上也有所增长，同时，私人办学也前所未有地兴盛起来。事实上，名望很高的官员或儒学大师有时拥有几千学生，少数人的学生甚至超过一万。③ 正如东晋次所指出的，这种儒学教育的传播之所以十分重要，不仅因为它意味着儒家思想意识形态被灌输给更多的人，而且因为它在二者之间建立了一种强有力的纽带：门生像对待父亲一样，仪式化地对待

---

① 渡边义浩：《后汉国家の支配と儒教》，第79—80页。
② 东晋次认为，东汉时期太学生数量的急剧增长是由于王莽命令所有中高级官员的儿子都可以自动进入太学。详见东晋次《后汉时代の政治と社会》，名古屋：名古屋大学出版会，1995年，第157—159页。
③ 关于政府官学的增长，参见东晋次《后汉时代の政治と社会》，第160—162页。东汉时期私学的发展，参见 Patricia Buckley Ebrey（伊佩霞），"The Eco nomic and Social History of Later Han," in The Cambridge History of China, ed. Denis Twitchett and Michael Loewe, Cambridge: Cambridge University Press, 1987, 644-645.

他们的老师和举主。由此，儒家教育的传播标志着包括老师、门徒和同学的跨区域的社会网络的形成。东晋次认为这种情况滋生了儒家知识分子即士人这一社会阶层，这一阶层在东汉中期变得明显起来。①

汪德迈（Vandermeersch）使用第二种方法，也得出了类似的结论，即在东汉时期，儒家思想在上层社会变得普及。他注意到，在这一时期，出现了以下礼仪的创新：1. 皇帝开始复兴古代儒家的礼仪，如射礼、赡养老人、乡筵，这些都被搁置了很长一段时间。2. 在东汉之初，朝廷礼部尊崇并赐予那些有名望的儒者以谥号。② 3. 由于不同的社会阶层接受了儒家学说，他们为了自己的需要而改造了儒家的葬礼，因此除了要为自己的父母服孝三年外，还要给他的主君或老师践行相同的礼仪。③

无意间，包华石成功地运用图像学提供了补充证据，证明上层社会的儒家化转变是东汉的现象。他认为，在这个时代，墓葬装饰上产生了一种艺术风格，他称之为"古典传统"，它的特点便是将儒家五经中的内容图像化。与早期那些唤起人们注意墓主财富的复杂、精致的设计装饰传统不同，古典传统通过描绘儒家故事，唤起人们注意墓主人的美德。④ 包华石确切地指出了这个重要的转变，但是由于使用儒家道德故事中的形象装饰墓葬似乎是前所未有的，而不是复兴，我认为将其看作是一个全新的风格更为妥帖。它的出现源于它为了满足儒学化的、受过教育的文化士人这一新兴的统治阶层独特的意识形态的需求，因此，它的出现标志着儒家学说的相对胜利。

---

① 东晋次：《后汉时代の政治と社会》，第186—191页。

② John K. Shryock 很久以前就说明，直到东汉时期才建立起对孔子的帝国崇拜，详见 John K. Shryock（施赖奥克），*The Origin and Development of the State Cult of Confucius*，New York: Paragon Book Reprint Corp., 1966, 93–106.

③ Léon Vandermeersch（汪德迈），"Aspects Rituels de la Popularisation du Confucianisme sous les Han," in *Thought and Law in Qin and Han China*, ed. W. L. Idema and E. Zurcher, Leiden: E. J. Brill, 1990, 89–107.

④ Martin J. Powers（包华石），*Art and Political Expression in Early China*, New Haven, Conn.: Yale University Press, 1991, 161–187.

所有这些证据都表明，正是在东汉时期，儒家思想成为上层社会风气和礼仪实践的主要基础。当然，这绝不是说文化精英们完全儒学化了，但这的确意味着儒家学说深刻影响了受过教育的士人的价值观和礼仪。第六章中将要探讨，这种变化发生在公元1世纪的后期。在这个时间点上，我们看到一些重要趋势的集合：对孔子的皇家祭祀行为，庞大的"儒学宗师—门生故吏"网络的形成，儒家服丧三年的丧礼运用于主君和老师层面，墓葬中儒学故事图像的出现，对为父母服丧"过礼"的人的赞颂，以及孝感奇迹故事的出现。所有这些现象差不多同时出现，表明在公元1世纪的后期，儒家化第一波重要的浪潮冲刷着中国的知识分子精英阶层。

尽管如此，为什么儒家思想没有更早地取得胜利呢？相较于仅仅关注儒家教育的日渐普及，更好的解释可能是儒家学说的兴起与一个新的、重要的社会阶层——地方豪强的出现息息相关。由于扩展家庭是保证家族财务健康、人身安全和地方权势的一个关键的组成部分，雄心勃勃的家族首领接受儒家的价值观和礼仪，因为它们有助于形成和维持如此庞大的亲属结构。① 关于李氏朝鲜上层阶级的儒家化，邓肯（Duncan）认为理学的到来并没有重塑朝鲜的家庭，反而，仅仅只是巩固并调整了一个已经形成的新的家庭制度。② 同样的，在中国，并不是儒家学说促使中国产生了父系扩展家庭，反而是想建立或维持扩展家庭的家长们发现儒家学说极具吸引力。为了使这个家庭能容纳许多基础家庭、使之像一个紧密结合的个体一样发挥其凝聚力，家长们意识到他们不得不在家庭内部加强等级秩序。③

---

① 西嶋定生也提出了类似的观点。他注意到儒学的胜利是建立在地方豪强大族的出现之上的，这些豪强大族重视儒学，强调孝道和维持家庭秩序，因为这将加强他们的亲属关系。详见西嶋定生《皇帝支配の成立》，第240—241页。

② John Duncan（邓肯），"The Korean Adoption of Neo-Confucianism: The Social Context," in *Confucianism and the Family*, ed. Walter H. Slote and George A. DeVos, Albany: SUNY Press, 1998, 75 – 90.

③ 佐竹靖彦：《中国古代の家族と家族の社会秩序》，第34页。

第四章将讨论作为意识形态的汉代阴阳儒学在孝道故事中的具体体现。阴阳儒学思想尤其对扩展家庭的家长们有特别的吸引力。阴阳儒学思想将家长的权威等同于一个国家统治者的权威，并将孩子对父母的顺从视为忠臣必须对主君的顺从一般，这种意识形态为家庭等级制度提供了一个清晰的视角。而且，通过诉诸宇宙论，它给这种等级制度提供了一个令人信服的理由。以实例说明之，《说苑》中就指出，"其在民，则夫为阳，而妇为阴；其在家，则父为阳，而子为阴；其在国，则君为阳，而臣为阴。故阳贵而阴贱，阳尊而阴卑，天之道也"[1]。在他们的领域里，男性、君主和父亲同属于优越的、形而上学的"阳"，三者是同等的；同时，女性、臣子和儿子则同属于低位的"阴"，三者也是同等的。因此，就像臣子对待君主、妻子对待丈夫的方式一样，儿子对待父亲也应该采取同一方式，保持父亲的权威，毫不犹豫地服从他们的指示，并心甘情愿地为父亲付出自己的生命。反过来，作为一家之主的家长就像君主、丈夫一样，在管理家庭事务的同时，也要照顾家庭的利益。总而言之，信奉儒家家庭观念，提高了家族首领的权威，并提供了礼仪制度来强调和凸显基于世代、年龄、性别的家族等级制度。

儒家风格的家族等级制度也通过引入一种类似氛围来促进扩展家庭延续更长时间。由于家庭成员工作和生活都在一起，他们很快地变得亲密无间起来。尽管这种亲密会削弱家长的权威，使他不太可能充分地行使他的权威，因此家族内权威的界线很快变得模糊。因此，在他的家族中，家长必须像君主对待臣子一样对待他的家庭成员。例如，张湛，"矜严好礼，动止有则，居处幽室，必自修整，虽遇妻子，若严君焉"[2]。通过恪守礼节，那些强调等级差别的朝堂礼仪代替了家庭的亲昵行为。樊重，"性温厚，有法度，三世共财，子孙朝夕礼敬，常若

---

[1] 《说苑逐字索引》，18.10。
[2] 《后汉书》卷二七《张湛传》，第928页。

公家"①。尽管樊重对待他的家庭成员趋向于温厚、宽容,但是樊氏家庭内部礼仪和规范的存在,产生了等级结构确认的礼节。这则材料也暗示了,正是因为这种类似朝堂的礼仪使他的家庭能保持三代共居。那些赞颂儒家思想将朝堂礼仪逐渐引入家庭的材料也有很多。② 因此,儒家思想理念通过使父亲和孩子的关系正式化并限制二者之间的亲密关系来促进等级制度。通过使他们自身与统治者具有相同意义,家长们或许希望儿子、孙子成为孝子和忠臣,更愿意服从父母的命令,让自己个人的利益服从整个家庭的利益。儒学知识对政治和社会的提升非常重要,无疑地促使人们去接受儒家教育;然而,这是家庭秩序的需要,让有影响力的家庭满腔热情地接受儒家价值观和礼仪。

---

① 《后汉书》卷三二《樊宏传》,第1119页。
② 《后汉书》卷一五《李通传》,第573页,注引《续汉书》曰:"守居家,与子孙尤谨,闺门之内如官廷也。"《后汉书》卷五三《周燮传》,第1742—1743页,注引谢承书曰"燮居家清处,非法不言,兄弟、父子、室家相待如宾,乡曲不善者皆从其教。"刘义庆撰、余嘉锡笺注:《世说新语笺注》,上海:上海古籍出版社,1993年,第10页;《宋书》卷五七《蔡廓传》,第1573页:"奉兄轨如父,家事小大,皆咨而后行,公禄赏赐,一皆入轨,有所资须,悉就典者请焉。从高祖在彭城,妻郗氏书求夏服,廓答书曰:'知须夏服,计给事自应相供,无容别寄。'"

第二章　孝子故事：起源及用途

简单地说，本书是关于故事的，从逻辑上讲当然要从故事的本身开始讨论。但在这之前，给每个孝子故事提供一个完整的翻译，将让读者对早期中古孝子故事的形式和内容有一种鲜明生动的感觉。

(1) 丘杰，吴兴乌程人。

(2) 十四遭母丧，以熟菜有味，不尝于口。

(3) 病岁余，忽梦见母，曰："死正是分别耳，何事乃尔荼苦！汝啖生菜，遇虾蟆毒，灵床前有瓯，瓯中三丸药可取服之。"杰惊起，果得瓯，瓯中有药，服之，下科斗子数升。

(4) 丘氏世宝此瓯，宋大明七年（464）灾火焚失之。①

正是由于诸如这个故事一样的神迹内容，许多学者认为这些孝道故事起源于民间传说。这一章的目的在于确定谁创造了这些独特的孝道故事、目的是什么。由于像这样的故事很明显地最初在那些主人公的家庭成员中传播，所以本章也要探讨它们吸引更大群体注意的过程和原因。

---

① 李昉：《太平御览》卷四一一《人事部·孝感》引宋躬《孝子传》，台北：商务印书馆，1986年，411.6b；李延寿：《南史》卷七三《孝友·丘杰传》，台北：鼎文书局，1980年，第1806页。

尽管最早的和最有名的孝道故事确实起源于民间故事，但大多数故事都是发生于士族大家庭的口述故事。为了尊崇或奉承他们的亲属、举主或朋友，文人创造了表现他们践行儒家美德、认真实践儒教礼制的口头故事。为了在亲属或举主死后赞美他们，并表明这个家庭的声誉是建立在他们美德之上的，亲属或门生故吏们会将他们的故事写进主人公的墓志铭或非官方的传记中。换而言之，士家大族用书面的形式传播这些故事，以此证明他们在社会上的特权地位。后来，那些想要颂扬他们所生活的或认同的地区的人，就会将他们囊括到地区知名人士的集体传记中，如《襄阳耆旧传》等。因此，一开始作为提高个体家庭正统性工具的口头故事，很快就变成了地方共同体展示其地域自豪感的手段。

第一节 孝道故事的结构

与东汉之前的孝道故事不同，早期中古的故事都具有一个容易辨认的、几乎统一的结构。它们通常由三段或四段组成。开篇部分以传记的形式，通过记述他/她的姓名、性格和籍贯，将孝子楷模本地化、历史化。由此揭示出，这个楷模是一个时代不远的、来自特定地方的历史人物，因此给故事添加了逼真的材料并表示这些孝行的杰出形式仍然可以践行。尽管有时候被省略，引言部分都是以描写主人公孝子或孝女、孝妇性格的程式化语言，如"性至孝"结尾。通常，像这样的文句就是一个人阅读孝子故事时的呆板的有奖问答节目。第二个部分包含一个或多个描述主人公孝行的素材；第三个部分描述孝行楷模所获得的回报或奖励，这些奖励可以是超自然的，也可以是世俗的，例如官府的征召、名声的获得、吉兆或奇迹般的物质利益。第四个部分，也就是最后一段，编纂者表扬孝行楷模、评论他/她的孝行，或者引用一段典籍或悼词作为补充。在类书中残存的孝道故事通常没有第四个部分的内容，但这可能是因为类书的编撰者们省略了它们。①

以上引用的丘杰的故事表明了早期中古孝道故事典型的四个部分：圆括号里的数字代表了每一个部分。第一部分清楚地告诉我们主人公的名字和籍贯；第二部分描述了他为母亲服丧的典型方式，丘杰悲痛欲绝以至于拒绝吃任何有味道的、做熟了的食物；相反，他去吃那些不能引起食欲且不干净的生菜，结果导致了长达一年的病痛，他变得虚弱不堪。第三部分描述了他的这种至孝行为得到了一个超自然的回报——他已死去的母亲托梦告诉他能治愈他疾病的药丸。而第四部分便是作者的评价，在这个故事中，作者的评语不是关于楷模的孝道，而是关于孝行奇迹遗留下来的物品。

相比之下，早期的孝道故事通常缺少第一和第三部分。让我们看看早期最有名的孝道故事：

（2）（韩）伯瑜有过，其母笞之，泣，其母曰："他日笞子未尝见泣，今泣何也？"对曰："他日俞得罪笞尝痛，今母力不能使痛，是以泣。"

（4）故曰父母怒之，不作于意，不见于色，深受其罪，使可哀怜，上也；父母怒之，不作于意，不见其色，其次也；父母怒之，作于意，见于色，下也。②

读者马上能注意到这个叙述与传记体风格不同。它不是以伯瑜的性格或他的籍贯开始，因此他不能被指定到一个特定的时间或地点。和其他许多早期的故事一样，主人公是一个来自遥远过去的人物——在很多场合下早期故事的主人公为孔子的门徒。也与早期中古的孝道故事不同，文章中没有描述伯瑜因他典范的孝行而得到的回报。在描述了伯瑜的孝行后，故事的传播人立即发表了他的评论，这些内容清

---

① 通过考察现存于《孝子传》中的孝道故事，我们可以看到结尾部分通常是构成这些故事整体的必需部分。
② 《说苑逐字索引》，3.8。

楚地表明了这个故事的目的仅仅只是说教。

为什么早期中古的故事和之前的那些故事不同呢？这个问题的答案将随着本章的展开而变得清晰，但必须记住早期中古故事的作者们如何运用那些更早的孝子故事。在《孝子传》出现之前的很长一段时间，为孝献身的叙事类型就已经在中国传播，战国和西汉时期的一些著作证明了这种传播。那些使用这些著作的人，便是柯润璞（Crump）所称的"游士"（persuaders），他们属于"士"（士大夫，先秦时期更准确的说法是武士或下层官吏）这一社会阶层，他们周游列国，试图说服国君他们能提供最好的可行性决策而得到国君的封赏。① 游士们使用的说辞之一便是说教故事：用一个简短的、自成体系的、有说教作用的故事作为论证的论据。② 在陈述他的论证的总原则中，游士会通过暗示或重述一个或更多的例证来解释和支持它们。

关于为孝奉献的故事仅是诸多例证中的一种。它们与其他的例证唯一不同的是，它们是儒家学派独有的创造，儒家学派使用这些故事来具体描述孝敬的观念。当一个儒家游士想要对孝道立论时，他可能会编造出一个满足他的学说教义需求的故事，并称之取自于某个著名的孔子门徒。这样的故事广为人知，并与儒家思想紧密相连，以至于那些反对者们通过批评这些故事中的楷模来攻击儒家学说。一个非常明显的具体例子便是，《战国策》的作者便认为像曾子这样孝顺忠诚的儿子不会是一个合格的官员，因为他晚上从来都不会和他的父母分开过夜。③ 其他学派的作者们也同样将为孝奉献的楷模当作他们自己立论

---

① J. I. Crump（柯润璞），*Intrigues: Studies of the Chan-kuo Ts'e*（Ann Arbor: The University of Michigan Press, 1964），4 - 7; and Crump, "The Chan-kuo Ts'e and its Fiction," *T'oung Pao* 48.4 - 48.5（1960）: 305 - 323.

② J. I. Crump（柯润璞），*Intrigues: Studies of the Chan-kuo Ts'e*，47 - 57；宇野茂彦：《長躯説話の成立》，《東方学》第60辑，1980年，第1—2页。

③ 刘殿祥、陈方正主编：《战国策逐字索引》，台北：商务印书馆，1992年，第412、420页。这些材料的英译本，见 J. I. Crump, *Chan-kuo Ts'e*, reprint, San Francisco: Chinese Materials Center, Inc., 1979, 509 - 510、529 - 530。（译者注："苏秦曰：'且夫孝如曾参，义不离秦一夕宿于外，足下安得使之之齐？'"）

的反证。① 这些故事从来不是单独存在的，而是经常被用来支持一个更大的观点，这表明，与早期中古的孝道故事作者不同，战国时期的作者并不将这些故事本身视为有价值的主题。②

和战国时期处理方式大致相同，西汉儒家哲学著作，如《韩诗外传》《说苑》《新语》《列女传》等，仍使用这些楷模人物的故事。实际上，他们甚至利用了很多相同的故事，有一些便是从战国时期的材料中提取的。③ 而且，他们的作者与他们前辈所做的一样，写了具有劝导意义的著作来劝导统治者。④ 然而，作者们利用这些故事的方式逐渐开始变化。最让人感到意外的是这些楷模故事具有的声望。实际上，这些书中的大部分内容便是这些楷模人物的故事，《列女传》尤其如此。而且，有时这些故事是独立存在的，它们不再仅仅是一部大部头著作的附属品。⑤ 例如，忠孝的儿子申鸣的故事便有一个引言，它类似于早期中古孝子传中的引言，"楚有士曰申鸣，治园以养父母，孝闻于楚"⑥。然而，要注意的是，这个故事缺少孝道楷模的第三条，即因孝行典范而被嘉奖的内容。此外，西汉儒家著作中的许多孝道记载，依然通常保留着从原始语境中剥离出来的痕迹，例如，韩伯瑜的故事便

---

① 例如，《庄子》用一个关于曾子的孝道故事来批判对财富的重视，详见庄周著，郭庆藩《庄子集释》，"寓言"，上海书店，1986 年，第 410—411 页。
② 关于这一点，参见高桥稔《中国说话文学の诞生》，东京：东方书店，1988 年，第 74—75 页；陈浦清《中国古代寓言史》，长沙：湖南教育出版社，1983 年，第 16—17 页。
③ 徐复观详细考证了《新序》《说苑》大量借用《韩诗外传》和先秦著作的情况，详见徐复观《两汉思想史》三卷本，台北：学生书局，1979 年，第 68—90 页。
④ 西村富美子认为，韩婴是在任常山王刘舜太傅时写下《韩诗外传》的。详见西村富美子《韩诗外传の一考察》，《中国文学报》第 19 辑，1963 年，第 13—14 页。同样地，班固认为刘向写《列女传》是为了批评后宫嫔妃的奢侈和淫乱，他编纂《新序》和《说苑》是为了帮助皇帝做决定，详见《汉书》卷三六《楚元王传》，台北：宏业书局，1978 年，第 1957—1958 页。(译者注："向睹俗弥奢淫，而赵、卫之属起微贱，踰礼制。向以为王教由内及外，自近者始。故采取诗书所载贤妃贞妇，兴国显家可法则，及孽嬖乱亡者，序次为列女传，凡八篇，以戒天子。及采传记行事，著新序、说苑凡五十篇奏之。")
⑤ James Robert Hightower（海陶玮），*Han shi wai chuan*: *Han Ying's Illustrations of the Didactic Application of the Classic of Songs*, Cambridge: Harvard University Press, 1952, 2.
⑥ 韩婴撰，刘殿爵编：《韩诗外传逐字索引》，10.24；英译本见 Hightower, *Han shi wai chuan*, 10.24.

没有引言。

第二节　教化的虚构作品

为了充分理解这些记载的本质，有必要确定它们是否是真实的。在评论《后汉书》中的这些叙事的史实性时，比伦斯坦（Bielenstein）注意到它们高度形式化，它们以一种标准化的模式出现，并且频繁地再现；结果，它们"代表了一种特殊的写作技巧，一种有意识的夸张，而不是对事实的描写"①。另一方面，霍尔茨曼（Holzman）认为比伦斯坦是"在没有陪审团的情况下将这些奇闻异事逐出了法庭"，他解释说，"我看没有理由不相信《后汉书》作者范晔，例如他说的人吃人，因为他不止一次提到过"②。尽管毋庸置疑他是正确的，象"易子而食"这样简单的记载方式可能确实表明在历史上发生过同类的食人事件，但重复的道德故事是另一码事。根据刘殿爵的研究，由于此类例证故事最重要的部分在于其观点，楷模人物的实际身份并不重要，并可能会发生变化。③ 同样地，彼得森（Petersen）指出，同一个故事却有不同主角的现象，是此类故事的虚构性的最好证明之一。④ 而且，由于其他的研究也表明，断代史的编纂者很容易将著名人物的传奇故事纳入传记中，因此我们应该警惕官修史书中包含的几乎所有的故事。⑤

如果这些叙事均是对专门的、独特的行为的记录，那么，人们就

---

① Hans Bielenstein（比伦斯坦），"The Restoration of the Han Dynasty: With Prolegomena on the Historiography of the Hou Han Shu," *Bulletin of the Museum of Far Eastern Antiquities* 26 (1954): 62.

② Holzman, "Place of Filial Piety in Ancient China," 198.

③ 《论语》英译本参见刘殿爵译：Confucius, *Confucius: The Analects*, New York: Dorset Press, 1986, 190.

④ Jens Ostergard Petersen（彼得森），"What's in a Name? On the Sources concerning Sun Wu," *Asia Major* (Third Series) 5.1 (1992): 2 - 3, 22.

⑤ Eric Henry, "Chu-ko Liang in the Eyes of His Contemporaries," *Harvard Journal of Asiatic Studies* 52.2 (1992): 589 - 612; Charles E. Hammond, "T'ang Legends: History and Hearsay," *Tamkang Review* 20.4 (1990): 359 - 365.

会期待看到各种各样的孝行。然而，被认为是孝顺后代的壮举却极其刻板且数量有限。实际上，早期中古的作者赋予许多不同的孝子和孝女们以完全相同的典范行为，也就是说同一故事有不同的主角的例子比比皆是。一个常见的故事便是，一个孝子将皮肤裸露在外躺着，为了吸引蚊子远离他父亲或母亲的床。《孝子传》的作者将这一相同的孝行牺牲故事安放在了申屠勋、吴猛（270—310）、邓展（3世纪）和展勤的名下；[①] 而卧冰求鱼的故事也同样发生在王祥（185—269）、王延（258—318）和樊寮（1世纪）身上。[②] 父母生前怕打雷、死后孩子在坟墓附近居住照顾的行为同时出现在蔡顺（1世纪后半期）、王祥、竺弥和王裒（3世纪）的故事中。[③] 有人会说，因为蔡顺生活在东汉时期，而王祥、王裒是西晋时的，二王仅仅是模仿蔡顺的行为。但这是假定这一行为众所周知，以至于王祥、王裒两个人都知道它。一个更简单的解释是，这种孝顺行为是一个早期中古作者给那些因孝顺而著称的人的一种比喻，而不管他们是否真正践行过这些行为。

而暗示这一解释确实如此的，便是给《世说新语》做注的刘峻。陶侃（259—334）的母亲拒绝食用儿子任职鱼梁吏时进献的鱼，对此刘峻注云，"按吴司徒孟宗为雷池监，以鲊饷母，母不受。非侃也。疑后人因孟假为此说。"[④] 尽管刘峻认为陶侃的行为实际上是孟宗（卒于270年）所为（一个可疑的假设），刘峻的注释强调了典范行为很容易

[①] 申屠勋的故事，详见《太平御览》，413.7a；吴猛的故事，参见《太平御览》，413.8b、《艺文类聚》97.1683。邓展的故事，详见《太平御览》，945.2b；展勤的故事，详见《艺文类聚》，97.1683。一些学者认为邓展和展勤可能是同一个人。

[②] 关于王祥的故事，详见《初学记》，3.60、7.152；虞世南（558—638）《北堂书钞》，天津：天津古籍出版社，1988年，158.4a—b；《太平御览》26.96、68.2b。王延的故事，详见干宝（约317—350）著，汪绍楹编《搜神记》卷一一，台北：立人书局重印，1982年，第279页；樊寮的故事，详见《搜神记》（不过在这本书中他的名字被叫做楚寮），11.280；《句道兴搜神记》，《敦煌变文》，2：865。

[③] 《北堂书钞》，152.8a。

[④] 刘义庆著，刘孝标注，余嘉锡笺疏：《世说新语笺疏》卷下之上《贤媛第十九》，北京：中华书局，2007年，第2版，第813页。英译本见 Liu I-ch'ing, *Shih-shuo Hsin-yu: A New Account of Tales of the World*, Richard B. Mather（马瑞志译），Minneapolis: University of Minnesota Press, 1976, 352.

被转移到其他的有道德的人身上。然而，既然这些道德高尚的人能轻易地做出这样典范的行为，那么对同时代的人来说，怎么会怀疑这些记载呢？

孝道故事不是报导事实，绝大部分描述的是历史人物践行一些儒家礼仪典籍中为儿子和女儿规定的具体行为。关于《韩诗外传》中的趣闻轶事，海陶玮（Hightower）做出了相同的判断，他指出：

> 事实上，我认为所有这些奇闻轶事都是不符合历史事实的，尽管我并不否认许多轶事是根据实际事件和历史人物来处理的这一可能性。这样的故事不是作为事件的记录，而是作为阐明仪式上规定行为的主题而保存下来的。因此，它们可以用于历史上存在的或虚构的任何一个人，只要他的行为符合给定的角色。①

同样地，孝道故事阐明了礼制行为，可以运用到任何因孝顺而闻名的人身上。

这种使用孝子故事来阐明礼仪规范的方法，早在《礼记》中就可以发现。在很多地方，它长篇累牍地列举了一个儿子和女儿应该践行的行为。然后，在同一篇章的其他地方，它又提供了一个精准地践行这些行为的孝子典型。《礼记》：

> 始死，充充如有穷；既殡，瞿瞿如有求而弗得；既葬，皇皇如有望而弗至。练而慨然，祥而廓然。②

同一章的后半部分，以同样的方式描述了颜丁：

> 善居丧；始死，皇皇焉如有求之弗得；及殡，望望焉如有从

---

① Hightower, *Han shih wai chuan*, 2-3.
② 刘殿爵、陈方正主编：《礼记逐字索引》，3.19, 36, 157。英译本见 James Legge（理雅各译），*Li Chi: Book of Rites*, 2 Vols, New Hyde Park, N. Y.: University Books, 1967, 1: 129.

而弗及；既葬，慨焉如不及其反而息。①

颜丁是否真实地践行了这些行为很难确定，但是通过这两段文字的比较，就可以很清楚地看出，他的作用只是让这些死板的、仪式性的指令看起来更富有人性。

早期中古孝子故事也有同样的目的：他们是儒家礼仪践行的具体例证。孝子们很多践行的实际行动都可以在礼典中找到，尤其是《礼记》。例如，在《礼记》"曲礼章"中有"凡为人子之礼，冬温而夏清"②，能证实这种导向的早期中古的两个例子是黄香（56—106）和罗威（东汉），黄香"暑即扇床枕，寒即以身温席"；罗威，"事母性至孝。母年七十，天大寒，常以身自温席，而后授其处"③。《曲礼》云"尊客之前不叱狗"，而鲍永（1世纪）"事后母至孝，妻尝于母前叱狗，而永即去之"④。《曲礼》又云，"冠毋免，劳毋袒，暑毋褰裳"⑤，郭原平的母亲死后，"墓下有数十亩田，不属原平，每至农月，耕者恒裸袒，原平不欲使人慢其坟墓，乃货家赀买此田。三农之月，辄束带垂泣，躬自耕垦之"⑥。梁元帝萧绎（508—554）要求以《孝子传》和《礼记·曲礼章》陪葬，进一步强调儒家礼典和孝道故事之间的这种联系。⑦简而言之，很多孝道故事便是一个人如何执行儒家礼仪的典范。

---

① 《礼记逐字索引》，4.29，36.157。《礼记》卷一，第179页。
② 《礼记逐字索引》，1.10；《礼记》卷一，第67页。
③ 黄香的事迹，可参见《陶渊明集校笺》，第320页；罗威的事迹见《初学记》卷一七，第420页；《太平御览》第709页7b。
④ 《礼记逐字索引》，1.19；《礼记》卷一，第75—76页；刘殿爵主编：《东观汉记》，香港：商务印书馆，1994年，21.37，14.2；《后汉书》卷二九，第1027页；《敦煌变文》，第二卷，第906—907页。
⑤ 《礼记逐字索引》，1.21；《礼记》卷一，第76页。
⑥ 《艺文类聚》卷65，第1158页；《太平御览》卷821，10a。（译者注：《太平御览》引萧广济《孝子传》）
⑦ 萧绎：《金楼子》，《四部刊要》，台北：世界书局，1975年，第2卷，8b。

第三节　孝道故事的口头表达

孝道故事中孝感奇迹的存在可能表明，这些故事始于民间传说；换句话说，它们是产生并流传于下层社会之间的口头表达形式。可以肯定的是，那些最有名、被复制最多的孝道故事具有许多民间传说的特点，例如，对要谋杀自己的父母并不抱有敌意的贤君舜，卖身葬父的郭巨、董永，以及刻木事亲的丁兰。和很多孝顺楷模是历史真实人物不同，这些故事的主角很可能是虚构的，很难在历史上找出确有其人。尽管这些故事的创作者一般都将董永描述为千乘人，但关于他的其他三个记载中他有另外的出生地。[1] 他生活在什么时代则更加模糊。要确定另外一个有名的孝子郭巨的生活年代[2]，同样很困难，一些学者认为他生活于西汉，而另外一位学者却将他置于晋朝（265—420），两者差不多有300年的差距。[3] 附带指出的是，尽管他们享有盛名，但是在同期的正史中没有他们的传记。

与其他孝道叙事不同，这些故事有许多不同的变体。一方面，与历史人物有关的叙述在一些细节上可能略有不同，他们通常复制那些孝顺孩子行为的同一版本，并经常采用几乎相同的语言。它们通过书面的、固定的文本进行传播，无疑是造成这种一致性的原因。另一方面，虚构英雄的故事则有多种版本。在丁兰故事的早期版本中，他雕刻的木像是他父亲的形象；在后来的版本中，却是他的母亲。在一些版本中，是丁兰那长期忍气吞声的妻子攻击了他"母亲"的木像；而

---

[1] 阳明本《孝子传》载董永为赵国人，因此也暗示了他生活于战国时期。

[2] 对他的出生地点也颇有纷争。《搜神记》中载董永为隆虑人（河内郡），一说他为河内温县人。参见《搜神记》11.283。这两个地名在河内郡是相反的两个方向。至少在北齐（550—577）时，山东孝堂山的墓祠被证明为郭巨墓前的石堂。参见李发林《山东汉画像石研究》，济南：齐鲁书社，1982年，第86—92页。

[3] 参见《古孝汇传》，2.9a，陈梦雷：《钦定古今图书集成》79卷本，台北：鼎文书局，1977年，611.50a。

在另外的版本中，攻击者则是一位想要借锄头或斧头、但被"母亲"木像拒绝而愤愤不平的邻居。在一些版本中，丁兰惩罚了行凶者；但在另外的版本中，则是超自然现象替他完成了惩罚（详细参见附录"丁兰故事的不同版本和变种"）。由于口述故事没有固定的文本，这便可能说明为什么丁兰故事会有如此多的版本。事实上，它的变异范围与研究人员在1967—1968年请台北居民讲述的"舅婆老虎"这个故事有着惊人的相似，绝大多数参与者是通过亲戚口耳相传的。①

尽管民间传说的故事只占这些孝道故事的一小部分，但它们是最早的而且也是最受欢迎的。几乎所有的这些民间传说故事都被以图像的形式描绘在了建造于公元151年的武梁祠中。②尽管存在着一百多种关于孝道的故事，但它们更多、更经常地被当作装饰的用途而使用。此外，虽然与特定的历史人物相关的孝道故事经常只在一种《孝子传》中出现，而这些民间的故事却出现在很多地方。因此，尽管只有一小部分，它们的重要性远远超过它们的数量。然而，我们必须注意的是，丁兰故事有那么多版本是不同寻常的：大多数的民间传说故事从一个来源到另一个只存在有限的差别，这可能表明尽管它们的起源卑微，但精英的书面文化已经完全消化了这些故事。

第四节 士族家庭的叙事

早期中古大多数孝道故事都不是民间传说，相反地，它们是从流行于有知识教养的精英阶层的口头文化中出现的。在怀疑清代著名学者纪昀（1724—1805）为何编纂一部鬼故事集时，陈德鸿论述了纪昀是如何通过与他的朋友、僚属和家人就超自然现象的非正式性对话，

---

① Wolfram Eberhard（艾伯华），*Studies in Taiwanese Folktales*, Taipei: The Orient Cultural Service, 1970, 27-103.

② 笔者认为董永、丁兰、郭巨、邢渠和原谷等孝道故事的源头可能是民间传说故事。

来搜集这些故事。① 换句话说，一种随意的口述文化在精英家庭中正在蓬勃发展，在这些家庭中，朋友或家庭成员互相交换鬼故事或者那些超自然的、不同寻常的故事。其中一个交换故事的人会把它们记录下来，在每一个故事中加上自己的评论，然后便以书的形式刊行。

这种精英口头故事讲述的形式在早期中古的中国已经存在了。无神论者王充（27—97）在《论衡》中指出：

> 世俗之性，好奇怪之语，说虚妄之文。何则？实事不能快意，而华虚惊耳动心也。是故才能之士，好谈论者，增益实事，为美盛之语；用笔墨者，造生空文，为虚妄之传。听者以为真然，说而不舍；览者以为实事，传而不绝。不绝，则文载竹帛之上；不舍，则误入贤者之耳。至或南面称师，赋奸伪之说；典城佩紫，读虚妄之书。②

这段文字清楚地表明，有文化的上层社会的人都喜欢听和读那些非同寻常的故事，他们也通过书面或口耳传播这些故事。有一点十分有趣，即，王充将口头转述与书面传播平等对待，他并没有给予书写以特权，而是将这二者均与文化阶层联系起来。因此，无论它们是口头还是书面形式，这些奇异的故事都同样可能传到社会上层人士的耳朵里。

唐临（600—659）的《冥报记》是阐明这种口头文化的另一来源，这本书是佛教奇异故事集。与早期中古奇闻轶事集主要基于书面材料不同，这部著作尽力搜集那些之前从来没有被记录的故事。因此，它比其他任何作品都更能让我们了解早期中古的中国人如何传播那些离

---

① Leo Tak-hung Chan（陈鸿伦），*Discourse on Foxes and Ghosts: Ji Yun and Eighteenth Century Literati Storytelling*, Honolulu: University of Hawai'i Press, 1998, 55–76.
② 王充著，刘殿祥、陈方正编《论衡逐字索引》，香港：商务印书馆，1996年，第362—363页。英文版中的英文翻译参考了 Wang Ch'ung, *Lun-heng: Miscellaneous Essays of Wang Ch'ung*, Alfred Forke（佛尔克译），2 Vols, New York: Paragon Book Gallery, 1962, 1: 85。

第二章　孝子故事：起源及用途

奇的口头故事。唐临的家庭成员、高级官吏同僚以及僧侣熟人给他讲述了这部书里的大部分故事，而底层人民，如村民、针灸大夫以及船夫则告诉唐临其余的部分故事。他还提到自己是在什么情况下听到了这些故事。有一次他和同僚坐在一起等待皇帝召见时，他听到了一个故事；另外一次是他卧病在床时，一个来拜访的同僚试图用一个故事使他振作起来。① 王充所说以及唐临所记揭示了精英阶层中随意的口头讲述现象在早期中古与清朝一样流行，即使这种流行没有超过清朝。

同样是这种随意的、精英式的故事讲述，产生了关于历史楷模人物的孝道故事。家庭成员和仆人、朋友一起，毫无疑问地互相交换着这个家庭显赫成员和祖先的正直善良美德的口头故事。② 丘杰故事的最后一行讲述了他的家人世世代代将此药瓶当作宝贝那样珍藏，这生动地告诉我们，他的后世子孙在他死后将这个故事一代一代地传了下来。这一相同的故事母题可能产生了许多关于当代历史人物的孝道故事。

尽管是推测性的，但仍有一种方法可以证明这个过程是有效的。熟悉礼典的文人会读到过去那些孝子典范的孝行勋绩。之后，当他们进行非正式的交谈时，他们将同样的孝行勋绩归因于那些已经因孝行而知名的朋友、举主、亲戚或者祖先。这就是为什么早期中古的人经常描述同时代人物践行了以前著名孝子典范所做过的相同孝行。例如，在《礼记》中便讲述了，年轻的周武王（前11世纪）在他父亲病重拒食时也同时拒食，当他病重的父亲吃饭时他才开始吃饭。③ 东汉时期汝郁（2世纪）的故事几乎是周武王孝行故事的翻版，汝郁"五岁，母病，不食，郁亦不食。母怜之，强食，郁能察色，知病，辄复不食"④。

---

① Donald E. Gjertson, *Miraculous Retribution: A Study and Translation of T'ang Lin's Mingpao ji*, Berkeley: Centers for South and Southeast Asia Studies, 1989, 94–98.
② Robert Ford Campany（康儒博）提供了三个由后辈讲述他们著名先祖的口述故事的典型，详见 Campany, *Strange Writing: Anomaly Accounts in Early Medieval China*, Albany: State University of New York Press, 1996, 187.
③ 《礼记逐字索引》，8.1。译者注：《礼记·文王世子》："文王有疾，武王不脱冠带而养，文王一饭，亦一饭；文王再饭，亦再饭。"
④ 《陶渊明集校笺》，第321页。

随着时间的推移，孝子楷模的行为变得众所周知，亲戚和朋友会将这些孝行归于他们自己家族内知名的兄弟或祖先，这就是为什么会有那么多的模仿者仿效那些孝行的原因。这些故事揭示的并不是这些人实际践行的行为，而是那些推崇孝道的人如何借用了早期故事的母题来描述这些美德。

第五节　对杰出孝道的物质奖励

为什么人们要编造这些关于他们显赫的家族成员或祖先的故事呢？吉尔里（Geary）曾指出，圣徒传的书写目的并非仅仅是说教，"在某种意义上，为什么要撰写圣徒传的答案很简单，他们寻求荣耀上帝。然而在荣耀上帝的同时，他们也寻求荣耀每一位圣徒，荣耀男女圣徒居住或埋葬的地点，荣耀那些神选的圣徒教堂。荣耀是圣徒传作品主要的传道功用之一"①。同样，创作孝道故事的明显的目的，便是唤起对孝道奇迹的关注。将一个家庭成员的名字与一个特定的故事联系起来，可以美化这个人及其家庭，这就是为什么这些叙事中详细记载了孝道典范的名字和出生地等如此具体的信息。对这些故事的创作者来说，这可能是这个故事最重要的部分，因为它标志着这个家庭是值得关注的，并比其他家庭优越。②

孝顺的名声非常重要，因为它可以在政治和社会层面为一个人及其家庭赢得宝贵的奖励。在整个东汉时期，获得官职的一个主要途径便是被当地察举为"孝廉"。地方官员按照这个科目察举人时，据称由于被举荐者拥有典型的孝行。拥有一个道德纯良的名声对察举为政府官员十分重要，这一重要性导致很多人采取极端的甚至是欺骗性的行

---

① Patrick J. Geary（吉尔里），*Living with the Dead in the Middle Ages*, Ithaca, N. Y. : Cornell University Press, 1994, 22.
② 拥有一个与当地有关的著名孝道典范的重要性，可以从以下事实中看出来：很多地方都宣称像郭巨、董永那样富有传奇色彩但并不那么具体的典范是本地出身的人物。

第二章　孝子故事：起源及用途

为来保证获取官位。① 有一个关于他自己的孝道故事流传开来，便可以证明一个人自身体现了儒家道德的高度价值，因此使他更容易地谋求到官职。隐居者、社会批评家王符（主要活动于公元150年）指出："是以举世多党而用私，竞比质而行趋华。贡士者，非复依其质干，准其材行也，直虚造空美，扫地洞说。择能者而书之，公卿刺史掾从事，茂才孝廉且二百员。历察其状，德侔颜渊、卜、冉，最其行能，多不及中。"② 这些人获得官位不是源于他们的才干，而是通过他们的朋友或举主的影响力，伪造自己的德行故事，让自己看起来就像有德行的颜回再世。这些伪造的故事将会包含在被察举者的行状中，成为其获得官职的有力支撑。换句话说，为一个人写作行状的正是这个人的政治同党，他们可以从美化这个人的资历中获利。一个有美德的名声和为官之路间关系如此密切，这也许可以解释有这么多的孝子都是东汉人的原因。

在接下来的六朝时期，尽管"孝廉"这个察举科目作为入仕手段的使用急剧衰落，但拥有孝顺的名声被察举仍是一种重要的征召入仕的途径。西晋（265—317）时期，由于政府主要依靠个人的家族声望来取官，"行状"中的实际内容变得不如以前重要了。③ 同样地，东晋

---

① 宫崎市定：《中国古代史论》，东京：平凡社，1988年，第286—294页；John Makeham（梅约翰），"Mingchiao in the Eastern Han: Filial Piety, Reputation, and office,"《汉学研究》8.2 (1990)，第85—94页；Michael Nylan（戴梅可），"Confucian Piety and Individualism in Han China," *Journal of the American Oriental Society* 116.1 (1996): 1–27.

② 王符著，刘殿祥、陈方正编：《潜夫论逐字索引》，香港：商务印书馆，1995，14.26；英译本见 Margaret J. Pearson（皮尔逊），*Wang Fu and the Comments of a Recluse*，Tempe, Ariz.: Center for Asian Studies, 1989, 125。这一趋势不仅仅发生在东汉，从北魏袁翻的奏疏中也可以看到，行状由儿子或者门生故吏来书写且经常充满了溢美之词，参见《魏书》卷六八《甄琛传》："今之行状，皆出自其家，任其臣子自言君父之行，无复相是非之事"，第1515页。对这一时期行状的性质进行综合讨论，可参见矢野主税《状の研究》，《史学杂志》，76.2 (1967) 30—66.

③ 参见逯耀东《魏晋杂传与中正品状之关系》，《中国学人》，1.2, 1970，第74页。有记载表明，在西晋，只有家族血统对选官至关重要，详见 Donald Holzman（侯思孟），"Les débuts du systéme medieval de choix et de classement des fonc tionnaires: Les neuf categories et l'impartial et juste," *Mélanges Publiés par L'Institut des Hautes Études Chinoises*: Volume 1 (1957): 411–414。

(317—420)时期,"孝廉"察举科目成为进入仕途的第二种手段,以至于只有低级士族家庭的成员,即所谓"寒门"才会通过这种方式进入到政府。① 尽管如此,对于这些低等级士族的家庭成员来说,典范的孝行仍是他们进入仕途并可能获得更高地位的途径。在我们所知的南朝(317—581)13位察举"孝廉"的候选人中,有5人便是有名的孝子。② 不过,已知有姓名的、被察举为"孝廉"的人数量极少,这一点强调了察举科目已变得多么的不重要。但是,孝子并不一定要通过这种方式步入仕途,政府官员可以直接征召他进入政府。各朝代正史中的《孝子列传》表明这样的事情常有发生。例如,著名的孝子王祥便是一个隐居了三十多年的隐士。尽管当地政府频繁地征辟他入职,他都予以拒绝。最终,由于年事已高,他才应徐州刺史吕虔之辟召,最后成为州中最高行政级别的官员之一的别驾。③ 此外,政府经常提供给那些著名的孝子典范以职位。④

即使一个人没有得到政府职位,其孝行名声依然能让一个家庭获得很多的特权和奖励。政府可能通过以下方面来表彰孝子们:如在孝子的村庄前悬挂旌旗;在他家的门楣上立阊;树立纪念性的石碑;甚至将其村子的名字改成能反映孝子曾在此居住的名字。同时政府也会提供物质奖励。通常,孝行典范的家庭在特定的一段时间内可能被蠲复赋税。家庭成员也可能得到皇帝赐予的礼物和头衔。例如,为了表彰余齐民(458)超凡的孝行,朝廷"旌闾表墓","改其里为孝义里,

---

① 罗新本:《两晋南朝的秀才、孝廉察举》,《历史研究》1987年第3期,第116—123页;越智重明:《两晋南朝秀才、孝廉》,《史苑》1979年第66辑,第85—114页。
② 这12位举孝廉者的身份,可参见罗新本《两晋南朝的秀才、孝廉察举》,第121页。5位有名的孝子是许孜、郭世道、郭原平、吴逵、潘综。第6位孝廉郭伯林,是郭原平之子、郭世道之孙。(译者注:在正文中,作者举南朝举孝廉者有13位,罗新本文、表中只有12位,这是因为许孜,"郡察孝廉,不起,巾褐终身",作者将其统计入举孝廉者。)
③ 《晋书》卷三三《王祥传》,第987—988页。
④ 前引注释中,笔者已经提到郭伯林以举"孝廉"而著称,可能依赖的便是他的父亲、祖父的孝行名声。另一个例子,东阳太守推举著名的孝行典范许孜的儿子为官,这很大程度上便是依赖他的父亲许孜的孝顺名声。参见《晋书》卷88《孝友·许孜附生传》,第2280页。

蠲租布，赐其母谷百斛"①。简而言之，有很多激励措施可以用于确立孝子的声望，或是通过孝顺的行为，或者更为重要的是通过个人孝顺的故事。

第六节　通过阴德获得合法性

除了获得政府官职或物质奖励这样直接的目的外，讲述一个家庭的著名成员或祖先的孝道故事很重要，因为它也使这个家庭在地方社会的特权地位合法化。这些故事通过揭示一个士族家庭将其地位归功于他祖先的"阴德"。公元前1世纪末，人们普遍认为由于祖先大量善行的积累，一些家庭比其他家庭享有更大的成功。这些善行被称为"阴德"，因为它们没有被公开宣传。然而，神灵世界注意到这些，并一代又一代地奖励善行的实行者以及他们的后世子孙。在叙述郡掾张玄家族值得称赞的行为和不断享有的崇高荣誉后，蔡邕评论道："寻原之所由，而至于此。先考积善之余庆，阴德之阳报。"②阴德是一个有力的概念，因为它能解释为什么为恶者可能在生活中逃脱惩罚，而善良的人却可能遇到灾难。③由于这种观念的普遍流行，著名历史学家范晔（398—445）的兄长范晏，甚至编纂了一部著作《阴德传》。反映这种信念如何普遍的是，早期中古的道教认为一个人将继承其先祖或主人的罪恶（承负），无论这个人是后世子孙还是仆人。④因此那些想要

---

① 《宋书》卷九一《孝义·余齐民传》，第2256页。
② 刘殿祥、陈方正主编：《蔡中郎集逐字索引》，香港：商务印书馆，1998年，6.2，12.12。
③ 对这种影响的明确论述，见《晋书》卷六二《祖纳传》，第1699页。（译者注：《祖纳传》云"贞良而亡，先人之殃；酷烈而存，先人之勋。"）
④ 关于道教"承负"观念，参见 Barbara Hendrischke（芭芭拉·享德施克），"The Concept of Inherited Evil in the Taiping Jing," *East Asian History* 2 (1991): 1—30。（译者注：汉佚名《太平经》钞乙部卷二明正统道藏本："虽有余殃，不能及此人也。因复过去，流其后世，成承五祖，一小周十世而一反初。或有小行善，不能厌图圄，其先人流恶。承负之灾，中世灭绝，无后诚冤哉。承负者，天有三部帝王，三万岁相流；臣承负三千岁，民三百岁，皆承负相及。一伏一起，随人政衰盛不绝。今能法此，以天上皇治而断绝，深思之而勿忘。"）

长生不老的人必须首先确认他们的祖先已经免除了罪恶并舒适地进入天堂。① 陈启云指出，荀悦（148—209）撰修《汉纪》最重要的目的是为了说明汉皇室比其他皇位竞争对手积累了更多的阴德，也就是说，刘氏是唯一一个有足够美德来统治中国的家庭。② 很显然，孝顺的祖先的故事是一种证明某个家庭在当地声望显著的简单而有效的方式。

我们可以从很多方面看出，孝道故事表明一个家庭的地位是建立在其祖先的阴德之上的。首先，这些故事中的主角至少有几个是其家庭中第一个获得地方（如果不是全国的）声望的家庭成员。如，著名的孝子王祥、颜含（317—342）、陈寔（104—187）以及韦彪（89年亡故）便是他们各自家族中最早值得关注的人物。③ 第二，故事的主人公通常至少属于当地的权贵家庭。在叙述隗通（约前6—2世纪）和吴顺的孝顺勋绩后，4世纪的《华阳国志》告诉我们，隗通和吴顺家族在其地方上均是"大姓"。④《华阳国志》还记载孝子姜诗（约60年）拥有600亩土地，这使他成为一个相当富裕的地主。⑤ 仅在东汉时期，有一点很明显，即许多其他的孝子也多出于有权势的大家庭中。⑥ 而且，依照邢义田的研究，在有家世资料可考的265位举为"孝廉"（从东汉到三国时期）的人中，仅仅只有18人确实记载为"家道清贫"，

---

① Livia Kohn（孔丽维），"Immortal Parents and Universal Kin: Family Values in Medieval Daoism," in *Filial Piety in Chinese Thought and History*, ed. Alan K. L. Chan and Sor-hoon Tan, London: Routledgecurzon, 2004, 98 - 102.

② Chen Ch'i-yün, Hsün Yüeh (A. D. 148 - 209): *The Life and Reflections of an Early Medieval Confucian*, Cambridge: Cambridge University Press, 1975, 54 - 56, 80, 88, 191 - 192.（译者注：中译本见陈启云著、高专诚译：《荀悦与中世儒学》，辽宁大学出版社，2000年）

③ 王祥是琅琊王氏家族第一位杰出的人物；颜含是琅琊江都颜氏家族最著名的两位之一。韦彪的传记宣称自己是著名的京兆杜陵韦氏之后裔，只是他一人独自搬到了扶风之平陵——这种说法有些可疑，有可能是为了攀附一个更有名望的祖先。参见《后汉书》卷二六《韦彪传》，第920页。因此笔者认为把韦彪视为扶风平陵韦氏家族的先祖更为稳妥。

④ 常璩撰，刘琳校注：《华阳国志校注》卷三，成都：巴蜀书社，1984年，第286页。

⑤ 常璩撰，刘琳校注：《华阳国志校注》卷十中，第755页。

⑥ 其他东汉有名的出于地方大姓的孝子，还包括廉范、李昺、张楷、韦俊、黄香、鲍永、伏恭、蔡邕、管宁、杨震、乐恢、陆绩、殷陶、施延、邴原、戴良等。鹤间和幸曾制图列举东汉豪族，并包含了这些人物中的大部分，详见鹤间和幸《汉代豪族の地域的性格》，《史学杂志》137.12，1978年，第32—38页。

这些人有不少系出名门而家道中落的。实际上，更多的"孝廉"是来自于家境富裕且过去产生过官员的家族——52%的孝廉出身在有父、祖、兄弟或者其他成员仕宦的家族中，而且绝大部分出自累世高宦之门。换句话说，举"孝廉"者，大多数是孝道故事中的主角，他们往往都来自中国汉代的世宦豪族。①

第三，有的孝道故事本身就暗示了一些家庭是在享受由有孝行的先祖积累的成功根脉。例如，贫穷的阳雍在使用了上天超自然赐给他的白玉璧得以娶到右北平的著姓徐氏女后，"生十男，皆令德俊异，位至卿相，今右北平诸阳，其后也"②。这个故事的作用很明显是要解释何以右北平阳氏享有如此巨大的功业。同样地，丘杰的故事在他死后流传，几乎可以肯定是有意要解释他的家族昌盛。在六朝时期，吴兴乌程丘氏的确是中国东南地区的一大著姓。③ 简而言之，很多这样的故事都是世家大族在自己周围宣传的，目的是表明为什么他们能够享受特权和荣华富贵。既然这些故事可能是以更大的群体为受众而创作的，那么它们是如何在家庭之外传播的呢？

第七节 向更广阔的世界传播

除了口头语言，行状和墓志铭经常将孝道故事传播到更大的群体。行状大概是最早记录这些叙事的载体之一。这些文件的作者主要关注官员候选人的道德行为和学识。在东汉，地方官员如果要向政府举荐一个官员候选人的话，就会撰写这样的文件。在六朝时期，中正从候选人提供的素材中总结评论出"品状"。逯耀东认为早期中古产生了如

---

① 邢义田：《秦汉史论稿》，台北：东大图书股份有限公司，1987年，第157—171页。
② 《太平广记》卷292，第614页。译者注：原文为"Yang Gong"，查《太平广记》应为"阳雍"。不少其他的故事也是为了同一功用，如应枢（《太平广记》卷137, 278）和阴子方（《搜神记》卷88, 54）的故事。
③ 方北辰：《魏晋南朝江东世家大族述论》，台北：文津出版社，1991年，第15页。

此多的传记恰恰是因为这些"品状"数量如此众多。① 然而，因为"品状"主要是在那些为政府考虑候选官员的中正官员之间传递，它们的流传在一定程度上受到限制。

墓志铭是另外一种记录一个人非凡行为的口头叙事的文件形式。刘勰在《文心雕龙》中很清楚地表示："诔者，累也。累其德行，旌之不朽也。"② 这些文本通常对死者的美德进行了修饰和夸大，非常适合作为记录他/她杰出行为的故事载体。③ 如果墓志铭的作者是某位著名的人物，那么它将会被收入其文集并广为流传；反之，没接触过逝者墓碑的人就很难知悉这些碑文了。

一个人孝顺勋绩通常是通过"别传"而为人所知的，这种传记形式在公元200—400年尤为流行。别传由传主的亲属、姻亲、家臣或仰慕者撰写，素材来源于传主的行状或墓志铭。④ "别传"的另一来源包含传主自己编纂的自传体材料。⑤ 与王朝正史中的官方列传不同，别传更注重传主的童年及个人生活等细节，更关注于传主的性格。它们经常提到传主的姓名、籍贯、祖先、官职、生卒年月、对其性格的评价，以及描述其性格的奇闻异事。⑥ 与它类似的书写形式还有家传，它包含了对著姓大族中最值得书写的家庭成员的记载。唐代史学家刘知几（661—721）对书写家庭历史原因的解释，毫无疑问也适用于别传，

---

① 逯耀东：《魏晋杂传与中正品状之关系》，第78页。
② 陈方正、何志华主编：《文心雕龙逐字索引》，香港：中文大学出版社，2001年，3.2；刘勰：《文心雕龙》中英对照本，施友忠译，台北：中华书局，1975年重印，89—94页。
③ 关于这些著作的偏见性，详见 Hans Bielenstein（毕汉思），"Later Han Inscriptions and Dynastic Biographies"，《"中研院"汉学会论文集》，台北："中研院"，1980年，第571—586页。
④ 逯耀东：《魏晋史学的思想与社会基础》，台北：东大图书股份有限公司，2000年，第107—127页。
⑤ 矢野主税注意到中古早期产生了很多自传作品。这一时期的文人经常记录过去发生在他们自己身上的事件。如果他们不使用这些材料来撰写自传，他们的兄弟或后代可以很容易地用它们来撰写一部别传。参见矢野主税《別伝の研究》，《社会科学论丛》16 (1967)，第42—44页。
⑥ 矢野主税：《別伝の研究》，《社会科学论丛》，第29—40页。

"高门华胄，奕世载德，才子承家，思显父母。由是纪其先烈，贻厥后来"①。换句话来说，这些历史背后的目的是为了表明这个家族拥有"阴德"，而且最近的祖先又积累了更多的阴德。继承者使用这种记载以此维持家族的声誉和威望。梁简文帝萧纲（550—552 年在位）在他的兄长过世后，为他编纂了一部《昭明太子别传》以彰显他兄长的善良行迹。② 因为书写这种别传的主要动机是为了赞美传主并增加其家族的光彩，祖先美德的故事在别传中出现并被颂扬也就不足为奇了。

通过别传或家传，这些孝道故事变得为人所知，因为这些著作无疑比墓志铭或行状流传得更广。早期中古的历史学家对这些著作的依赖，凸显了它们的重要性。例如，在裴松之给《三国志》作注所依赖的 200 多种著作中，有 50 种为别传或家传。③ 刘峻对《世说新语》的注释使用了 89 种别传，而《太平御览》中使用了 106 种。④ 在编纂《高僧传》时，释慧皎（554 年卒）也广泛使用了别传。⑤ 许多有名的孝子便是别传的传主：从这些引证的史料中，我们知道至少有 9 个典型的孝子拥有这样的传记。⑥ 因为现存著作中所引的别传可能只代表现存的一小部分，更多有名的孝子可能也是这些别传的传主。而且，许多有名的孝子毫无疑问地被写进了他们的家传中。如我们所知的阳雍便包含在他的家族《阳氏谱叙》中。⑦ 不幸的是，正如刘知几所指出的，这些著作

---

① 刘知几撰，浦起龙编：《史通通释》，台北：里仁书局再版，1980 年。
② 《艺文类聚》，16.300—301；John Marney, *Liang Chien-wen ti*, Boston: Twayne Publishers, 1976, 58.
③ Rafe de Crespigny（张磊夫），*The Records of the Three Kingdoms: A Study in the Historiography of San-kuo Chih*, Canberra: Centre of Oriental Studies, 1970, 47 – 89.
④ 逯耀东：《别传在魏晋史学中的地位》，《幼狮学志》第 12 卷第 1 期，1974 年，第 10 页。
⑤ Arthur F. Wright（芮沃寿），*Studies in Chinese Buddhism*, ed. Robert M. Somers, New Haven, Conn.: Yale University Press, 1990, 109.
⑥ 例如，有《王祥别传》《孟宗别传》《郭文举别传》《颜含别传》《蔡邕别传》《吴猛别传》《庾衮别传》《管宁别传》和《陈寔别传》。《三国志》《世说新语》和《太平御览》注引的别传，详见逯耀东《别传在魏晋史学中的地位》，第 16—27 页。
⑦ 段熙仲、陈桥驿编：《水经注疏》，南京：江苏古籍出版社，1989 年，第 2 卷，第 1234—1235 页。

仅关心一个家族的成员,当这个家庭不再显赫时,它们便往往会消失,"家史者,事惟三族,言止一门。正可行于室家,难以播于邦国。且箕裘不堕,则其录犹存,苟薪构已亡,则斯文亦丧者矣。"① 可能,这也是为什么作为中央图书馆的秘书阁以及王朝正史的列传中不包含别传,只有少数家传的原因。

通过将孝子故事纳入某一特定地区的名人传记,早期中古作者进一步扩大了故事的传播范围。这样的著作通常称为《先贤传》或者《耆旧传》,在公元 100—400 年时在中国流行。几乎所有的这些著作都与一个特定地区有关,而这些地区从这些著作的标题中便能识别出来,如《汝南先贤传》《陈留先贤传》等。他们的作者主要是当地著名的豪族大姓的成员。最为显著的是,这些著作为了颂扬当地,会强调其优越的自然环境有利于孕育良好的社会习俗,这一点明显地体现在杰出的地方名人身上。② 为了达到目的,这些著作往往包含了典范儿童的故事。渡部武主张"耆旧"和"先贤"只是世家大族的委婉代称,这些著作便是为了显示一个地区的名门大族而撰写的。③ 如果这种观点是正确的话,这将再次表明,那些著名的孝子通常是地方望族的后世子孙。不过,与家传一样,它们的吸引力主要局限于产生它们的那个地区。就像刘知几指出的那样,"郡书者,矜其乡贤,美其邦族。施于本国,颇得流行,置于他方,罕闻爱异"④。即使如此,那些像裴松之、刘峻这样的注释家广泛引用这些著作,也说明它们的流传已经远远超越了其自身家族的界限,变得更广泛了。

地理类著作也传播孝子故事。正如戚安道(Chittick)所指出的,这些著作开始出现于东汉,在整个早期中古大量涌现。它们主要由他所称

---

① 刘知几:《史通通释》,10.275.
② Andrew Barclay Chittick(戚安道),"Pride of Place: The Advent of Local History in Early Medieval China," Ph. D. dissertation, University of Michigan, 1997, 89 - 122.
③ 渡部武:《先贤伝、耆旧伝の流行人物评论との关系について》,《史观》82,1960 年,53—56.
④ 刘知几:《史通通释》10.275.

的"地方故事"构成，即用来描述一个地方的乡土氛围（"风"）和习惯（"俗"）的短小轶事。在这些著作中尤其重要的是，关于坟墓、墓碑和祠堂的条目，因为它们将杰出的人物与该地区特定的位置相联系。① 地方的孝道故事经常会被收入这类著作中。例如，在郦道元（472—527）的《水经注》中，这些奇闻轶事都与杰出孝子的坟墓或纪念他们的孝行勋绩的石碑有关。② 在下一章我们还能看到，孝子传的作者也经常撰写地理类著作。这种类型的写作提供了审视孝顺典范的故事的良机，这些故事在特定的区域内流传，但不一定获得全国性的声誉。

小　　结

尽管孝子故事似乎具有民间传说的特质，但本章的研究表明，它们很少来源于平民的口头文化；相反，绝大多数来源于精英们的故事讲述。家庭成员、仆人和朋友讲述那些家族中最有名成员的非凡的美德故事，这些故事被整合进入此人"行状"中。行状转而被上交给政府以助于政府选任官员，或者成为墓志铭的一部分。不管哪种情况，故事的目的是为了提高这个家族的声望，并表明它在地方社会的特权地位是由于他祖先积累下来的功绩即"阴德"而得到的。

这些故事最初是为了地域需求而被制造出来的，很快就有了更广泛的受众群体。为了给家族的声誉增添更多的光彩，亲戚、仆人和朋友会编写这个家族中最杰出人物的别传。这种私人传记强调个人的道德美德和特殊的性格，有助于向他/她所在地区以外的读者传播别传传主的超凡事迹。通过将这种记载编纂到地区知名人士的传记中，其他文人会强调本地相比于其他地区的重要性及其价值。因此，为了颂扬某个特定家族而设计出来的故事同样也可以合宜地用来颂扬一个特定的地区。地理类

---

① Chittick, *Pride of Place*, 第5章。
② 关于《水经注》中可见的孝道故事选集，详见郑德坤《水经注故事钞》，台北：艺文印书馆，1974年，第178—182页。

著作的作者发现这些故事非常有用，因为他们可以用来表明一个特定区域超群的自然环境孕育了道德品质优秀的人。所有这些资料来源——别传、家传、地方著姓的传记以及地理类著作，反过来变成了我们现在正在研究的孝道故事合集的素材。

第三章 《孝子传》：仿效的楷模

尽管众多的个人孝道故事的创作目的，可能是为了进一步实现一个特定的世家大族的野心或使它的势力合法化，而当文人将其搜集起来作为书籍流通传播时，这些故事便具有了不同的意义。这些作品通常被命名为《孝子传》，它们的创作证实了中国人十分重视孝道以及讲述这种孝道的记载。这些合集的编纂者利用它们向更广泛的观众传播孝道故事。但是《孝子传》初次出现的确切时间是在什么时候呢？它们的编纂者和受众又是谁？编纂它们的目的是什么呢？

有两种假设掩盖了《孝子传》的早期历史，以及对它的目的和受众的理解。第一种假设认为《列女传》的始作者刘向（前77—前6），也编纂了其姐妹篇《孝子传》。这个假设是基于《刘向孝子图》文本片段的存在。第二种假设认为孝道故事是给年幼的孩子准备的童话故事。现代学者因为以下三个方面的原因而得出这样的结论：其一，这些故事的简单性和夸张性的特点表明，它们是被选择来吸引那些无知和没有受过教育的人的。第二，最有名的孝子故事的合集，郭居敬《全相二十四孝诗选集》，是专门为儿童编撰的。此选集及由此产生的相关作品成了儿童文学的主要作品。第三，由于许多奇闻轶事的主人公都是孩子，因此这些故事预期的受众肯定是那些认同这些故事中的英雄的孩子。①

　　本章将证明这些假设是不合理的。在强调刘向《孝子图》可疑的真实性后,笔者认为第一部《孝子传》产生于东汉,而这种文本直到南北朝时期才开始流行。通过考察考古材料,我们将继续讨论这些故事的受众问题。我们将看到,这些故事的受众包括许多官员和贵族成员。为了确定这些作品的目的和读者,此章的最后一节将考察其他更知名的作品的目的和功用,而这些著作是与之同类型的典范人物传记的一部分。通过这种方式,笔者将证明《孝子传》确实和其他相同体裁的著作在类型上并没有不同,也就是说,其目的是为受过教育的成年人提供可以仿效的道德榜样。

第一节　刘向《孝子图》的伪造

　　长期以来,刘向《孝子图》这部著作的残卷使研究孝道故事的研究者迷惑不解。② 如果这部著作是真实的,那么《孝子传》在西汉末期就已经存在了;如果它是假的,那么这一文类第一部已知作品便至迟在东晋(317—420)才出现。本节将通过内在和外在证据的结合,说明这部著作确实是伪造的,很可能只是在六朝后半期才出现。

　　简单地说,证明这部著作的作者是刘向的证据并不充足,而且出现时间较晚。不管是公元 1 世纪《汉书》的《刘向传》和《艺文志》中都没有提到这部作品的编撰者是刘向。③ 事实上,最早认为刘向为

---

① 提出一个或者多个这样论点的研究,参见郑阿财《敦煌孝道文学研究》,第 483、501 页;雷侨云《敦煌儿童文学》,第 85—92 页;金冈照光《敦煌の民眾その生活と思想》,第 302—310 页;川口久雄《孝養譚の発達と変遷》,第 158 页;道端良秀《唐代佛教史の研究》,第 293—295 页;道端良秀:《仏教と儒教伦理》,第 126—128 页。

② 这本书的确切名字并不准确,《太平御览》中记载为《刘向孝子图》,而释道世《法苑珠林》中记载为《刘向孝子传》,参见释道世(卒于 684 年)《法苑珠林》,上海古籍出版社,1991 年。

③ 顺带说一下,《汉书·艺文志》由刘向的儿子刘歆(公元前 53—公元 23 年)编纂而成,并以刘向自己的目录学著作《别录》为基础。(译者注:《汉书·艺文志》是班固根据刘歆《七略》增删改撰而成的;而《七略》是在刘向的分类目录书《别录》的基础上综合而成。)

第三章 《孝子传》：仿效的楷模

《孝子传》作者的著作是一部佛教百科全书《法苑珠林》（668），它引用了其中四个故事。① 另外涉及此书的，还有李令琛和许南容在回答"《京兆耆旧之篇》起于何代？《陈留神仙之传》创自何人？谁先《孝子之图》？谁首《逸人之记》"的对策中，二人均回答了不同种类传记合集的编纂者。虽然李令琛的文章与许南容的词句稍有不同，但二者内容完全相同：

> 《京兆耆旧之篇》创于光武，《陈留神仙之传》起自阮苍，刘向修《孝子之图》，梁鸿首《逸人之记》，谨对。②

在许南容和李令琛的对策中，二人不太可能提出新的理论，因此他们的回答表明到初唐时期，很多学者普遍地认为刘向创修了第一部《孝子传》。总而言之，关于刘向编撰《孝子传》这一著作的第一个已知证据是在他死后大约 670 年。

然而，刘向创修《孝子传》文类的这种观点也遭到了一些质疑。与李令琛同时代的史学家刘知几也提出了一份类似的关于传记文集最早编撰者的名单，但他认为徐广（352—425）是《孝子传》最初的作者，而不是刘向。③ 当他抨击刘向的作品故意传播不实信息时，刘知几提到刘向的其他作品，而没有提及《孝子传（图）》。④ 既然在刘知几的时代，还流传着一个被认为是刘向所创作的文本，那么刘知几肯定

---

① 《法苑珠林》卷四九，第 362 页。
② 《文苑英华》卷五〇二《求贤》，北京：中华书局，1996 年，第 2579 页。李令琛、许南容关于不同种类文集编纂者的对策文与魏徵在《隋书·经籍志》中对杂传的后记中的评论相似，然而，他对《孝子传》这一题材的创始者是谁保持沉默。参见魏徵等《隋书》卷三三《经籍志》，台北：鼎文书局，1980 年，第 982 页。（译者注：《隋书·经籍志》云，"又汉时，阮仓作列仙图，刘向典校经籍，始作列仙、列士、列女之传，皆因其志尚，率尔而作，不在正史。"）
③ 《史通通释》卷一〇《内篇·杂述》，第 274 页。"贤士贞女，类聚区分，虽百行殊途，而同归于善。则有取其所好，各为之录，若刘向《列女》、梁鸿《逸民》、赵采《忠臣》、徐广《孝子》。此之谓别传者也。"
④ 《史通通释》卷一八《外篇·杂说下》，第 516 页。（译者注：原文为"观刘向对成帝称武宣行事，世传失实，事具《风俗通》其言可谓明鉴者矣。释：及自造《洪范五行》及《新序》《说苑》《列女》《神仙》诸传，而皆广陈虚事，多构伪辞，非其识不周，而才不足。"）

知道那个文本。但他并没有提及它,因为他不相信那是刘向的著作;若他相信这一点,他会在批评刘向其他轶事类的作品的同时严责它。也许这就是像《汉书·艺文志》《隋书·经籍志》等正史书目志中没有提到这个作品的原因。①

李延寿(612—678)《南史》中的一些提到《孝子图》的趣闻轶事,暗示这本著作的创作时间较晚。第一个是关于八岁的王慈(公元5世纪)。为了判断他的发展前景,他的外祖父江夏王刘义恭在孩子面前摆满了不同的宝物,并让他去选择自己喜欢的。王慈选择了素琴、石砚和《孝子图》,由此获得了他外祖父的赞赏。② 简而言之,素琴、石砚和《孝子图》是有教养的士族大夫所应该拥有的。第二个是有关南齐的贵族萧锋,这个故事告诉我们皇室成员不能读那些非正统的书籍,他们仅被允许读五经和孝子图。③ 这个故事无意中强调了《孝子图》的重要性——朝廷认为这些著作作为教育的教材可以与五经相媲美。同样重要的是这两则轶事都将《孝子图》与孩子联系起来。

尽管如此,这些轶事都不能证明刘向的《孝子图》早在5世纪时已经存在了。更早一点的史书,萧子显(489—537)的《南齐书》中也包含有《王慈传》和《萧锋传》。将《南齐书》与《南史》中的

---

① 巫鸿为了解释刘向《孝子传(图)》在《隋书·经籍志》中的奇怪缺失,他认为《孝子传(图)》和刘向的《列士传》是同一种作品,而后者经常被称作"孝子图",因为它绝大多数的内容都是关于孝子的。参见 Wu Hung(巫鸿), *The Wu Liang Shrine: The Ideology of Early Chinese Pictorial Art*, Stanford, Calif.: Stanford University Press, 1989, 272-273(译者注:中译本见巫鸿著,柳扬、岑河译《武梁祠:中国古代画像艺术的思想性》,生活·读书·新知三联书店,2006年,第286页)。笔者认为这种解释是不合理的,有以下三个原因:首先,对刘向是否为《列士传》作者身份的怀疑并不比对他是《孝子图》作者身份的怀疑更少。其次,从现存的文本片断来看,与巫鸿所说的相反,《列士传》的内容与《孝子传》有很大的不同。而后者几乎只以孝顺的或友悌的男性为主角,而前者残存记载的主人公除孝顺以外,以忠诚、友爱、正直、智慧和勇气等美德为主。第三,四篇现存内容最丰富的《列士传》存目以东汉六朝晚期的一种志怪风格书写,这与刘向的《列女传》《新序》和《说苑》有很大的不同。

② 《南史》卷二二《王慈传》,第606页,"慈字伯宝。年八岁,外祖宋太宰江夏王义恭迎之内斋,施宝物恣所取,慈取素琴石砚及孝子图而已,义恭善之。"

③ 《南史》卷四三《江夏王锋传》,第1088页,"武帝时,藩邸严急,诸王不得读异书,五经之外,唯得看孝子图而已。"

《王慈传》字字对照可见，《南齐书》中少了"及《孝子图》而已"①。同样地，《南齐书·萧锋传》中也完全缺少了《南史·萧锋传》中提到的"《孝子图》"。②出现这些差异的原因是什么？一种可能的解释便是，当萧子显撰写《南齐书》时，《孝子图》还未写成或并不为人所熟知，抑或他认为它根本不重要。然而，当李延寿在一百多年后编纂《南史》时，在王慈选择的物品中，将《孝子图》加到了素琴和石砚之后。这是因为在李延寿的时代，《孝子图》已经变成了所有年轻士族都必须阅读的重要书籍。至于萧锋的传记，可能是李延寿使用了另外一个晚出的史料来补充这一故事。③尽管《南史》的记载并不能说明《孝子图》在5世纪便存在，但是它们添加了更多的证据说明这样的作品在7世纪上流社会的圈子中广泛流传。尽管如此，要注意的是，这些轶事中没有一个将《孝子图》与刘向联系起来。

关于其内在的证据，怀疑刘向作品真实性的现代学者已经指出，尚存的故事片断记载董永为"前汉"人，而刘向也生活在西汉时期，他怎能知道还会有一个后续的汉朝？因此，他们得出结论认为是刘向之后的某人编撰了这个故事。④然而，将"前"字加到"汉"字之前可能仅仅只是抄写者的一个错误，后来的类书复制了这一错误。⑤

然而，更有实质性的内在证据证明，《孝子图》的确是一部时代更

---

① 《南齐书》卷四六《王慈传》，第802页，"王慈字伯宝，琅邪临沂人，司空僧虔子也。年八岁，外祖宋太宰江夏王义恭迎之内斋，施宝物恣听所取，慈取素琴石研，义恭善之。"
② 《南齐书》卷三五《江夏王锋传》，第630页，"锋好琴书，有武力。"
③ 榎本あゆち指出，李延寿经常使用志怪选集中的故事来补充梁朝诸王的传记。详见榎本あゆち《〈南史〉の説話の要素について：梁諸王傳を手がかりとして》，《東洋学報》70.3, 4, 1989, 1—33。
④ 这一段落是对王重民、郑阿财、西野贞治等文中论点的总结，参见王重民《敦煌本〈董永变文〉跋》，周绍良、白化文编《敦煌变文论文录》第二卷，上海古籍出版社，1986年，第691页；郑阿财《二十四孝研究》，第467—469页；西野贞治《董永传说について》，《人文研究》6.6, 1955, 68。
⑤ 董永为西汉人的说法，仅见于《太平御览》中刘向《孝子图》的片断（411：9a：刘向《孝子图》又曰：前汉董永，千乘人）。敦煌石室所出句道兴《搜神记》直接引用为"孝子图"，但是引文中没有提到董永生活的年代（《敦煌变文》2：886—887）。同样地，《法苑珠林》中也是直接引用为"孝子图"，也没有提到董永的生活时代（《法苑珠林》49.361）。

晚的著作。通过对比《孝子图》和真正的刘向作品《列女传》《新序》中的圣君舜的故事，我们便能了解这三个版本是否出自同一作者。既然可能是同一个人书写、或者至少是编辑这三个版本，人们便会认为它们互相相似。尽管这三个版本中，关于舜的记载在措辞和细节上并不完全一致，但在整体情节上却十分类似。开头列举了舜的父母和异母兄弟的恶行后，二者都表明尽管舜被恶毒地对待，但舜仍善意地对待他的家人。然而，《列女传》全部都在叙述舜在给仓库刷漆和打井时，他的家庭如何密谋策划杀死他，而《新序》仅仅简略地提及这些事件。这两种版本强调舜的父母企图暗杀舜，而舜仍然想着要取悦他们而罔顾其他。之后《新序》描述了舜在历山耕种后对当地人的积极影响（历山耕种者都知道推让地界）。① 这两种记载的不同之处在于它们有不同的目的：《列女传》是为了赞美圣君尧的两个女儿完美的行为，而《新序》则是赞美舜个人孝顺的美德如何改变了历山百姓的行为。

刘向《孝子图》对舜生平的描述和以上两种作品有着根本的不同。据记载：

> 舜父有目失，始时微微。至后妻之言：舜有井穴之。舜父在家贫厄，邑市而居。舜父夜卧，梦见一凤凰，自名为鸡，口衔米以哺已。言鸡为子孙，视之如凤凰。黄帝梦书言之，此子孙当有贵者，舜占犹也。比年籴稻，谷中有钱，舜也。乃三日三夜，仰天自告过因。至是听常与市者声，故二人舜前舐之，目霍然开见舜，感伤市人。大圣至孝，道所神明矣。②

值得注意的是，在以上记载中，《列女传》着力刻画的舜的家人企图谋害他的场景并不重要了，甚至根本没有提及谷仓加害舜这一事件。

---

① 《古列女传逐字索引》，刘殿爵编，台北：商务印书馆，1994年，1.1；《新语逐字索引》，刘殿爵编，台北：商务印书馆，1992年，1.1。
② 《法苑珠林》卷四九《忠孝篇·感应缘》，第361页。

而且，这里也没有涉及舜父亲的名字，只提到他失明了。与之相比，《新序》和《列女传》二书中都记载他的父亲名为"瞽瞍"，其字面意思为"失明的人"，但是在以上记载中，舜父亲的"盲"更多是修辞意义，而非字面意义，喻义是他不能分辨好坏是非。① 此外，与《新序》和《列女传》中描述的田园故事场景不同，这个记载所有场景都是发生在一个集镇上。像黄帝梦书、在舜父买谷子时舜秘密地将钱放入谷中、舜父忏悔自己的罪过以及舜治好他的眼盲的奇迹等元素在早期的文本中均是缺失的。② 这些引人注目的不同之处表明，撰写《孝子图》的是其他人而不是刘向。

事实上，这个版本中舜的传说十分生硬而且不完整，只有当一个人读到这个故事的后期版本时它才有意义。根据这个故事后来的版本，舜逃脱了其父母企图在谷仓和水井中的暗害后，出逃到了历山，在那里他开始耕种。当其他人都在经历大饥荒时，只有舜还能获得农作物的丰收。在试图杀死舜后，舜的父亲失明了，舜的继母也变得愚蠢。舜的继母在市场上并没有认出舜，有几次机会从舜那儿买到粮食，而舜才能有机会将钱混在卖给她的谷物中，或者拒收她的货款。这样的事情发生了几次后，瞽瞍开始怀疑那个人便是他的儿子。于是他去了市场并发现确实是他的儿子。之后舜将他父亲的眼泪擦去，而他的父亲重见光明。圣君尧听到这个消息并将他两个女儿嫁给了舜。③ 尽管《孝子图》中的这个版本与后来的记载不同，但它比《列女传》和《新序》版本更接近后来的记载。

---

① 这种解释，参见《十三经注疏》孔安国对"尚书"的意见。《十三经注疏》阮元编，8卷本，台北：艺文印书馆，1993年，2.24b。

② 这些元素在六朝时代以前关于舜生平的记载中都没有出现，可参见《史记》(1.44—50)、《孟子》(5A.1—3)和《尚书》(2.24a—b)中关于舜生平的记载。本节中所指的《史记》版本是泷川资言《史记会注考证》，台北：洪氏出版社，1986年重印。

③ 舜的故事，可参见敦煌文书P.2621（王三庆《敦煌类书》1：237）、S.389（王三庆、敦煌变文集中的《孝子传新探》，197—198）、舜子变（《敦煌变文》129—134）、《孝子传注解》24—26。

《孝子图》中的这个故事与后来的版本都强调了这样一个事实,即在他父亲试图将他杀害在井中后,舜虽然与他父亲别居生活,但仍然在物质上帮助他的父亲。《孝子图》与后来的版本一致,暗示舜在逃脱亲人的陷害后一直生活在历山。然而,在这个故事的早期版本中,舜在历山生活与他的家人试图谋杀他没有任何关系。伟大的史学家司马迁(约前145—前86年)将瞽瞍试图在谷仓和水井中杀害他的儿子舜一事放在了舜在历山生活了三年之后。舜在历山生活仅仅只是舜证明自己能够成为尧的继任者的诸多考验之一。[①] 在许多早期的版本中,舜在历山的生活特别重要,原因是他改变了生活在那里的人们的道德行为。[②] 现存最早的、将舜的父母企图谋害他与舜在历山生活联系起来的著作是公元1世纪的《越绝书》,其中写道:"舜亲父假母,母常杀舜。舜去耕历山,三年大熟。身自外养,父母皆饥。"[③] 不过要注意的是,这个版本批评了舜自己在享用历山耕种后的大丰收的同时,却不顾自己忍饥挨饿的父母。因此,尽管《越绝书》版本的故事与晚出的版本更接近,但它与《孝子图》中的故事有很大的不同。

舜治愈他父亲失明的奇迹,也表明《孝子图》是后来形成的。由于这个故事的早期版本没有一个提及瞽瞍的失明,它们也缺少舜治愈

[①] 《史记会注考证》1,47—49。伊藤清司认为,舜的传说最初是他必须征服的一系列挑战,由此证明他不愧是尧的继承人,而传说的孝道方面只是一个儒家和墨家的附加特性。详见伊藤清司著、林庆旺译《尧舜禅让传说的真相》,王孝廉主编《神与神话》,台北:联经出版事业公司,1988年,第271—304页。沿着同样的思路,《论衡》中舜故事的版本甚至表明,他在暗杀企图和野生动物的袭击中幸存下来,证明他有足够的资格成为尧的继承人,详见《论衡逐字索引》,2:9.23,"舜未逢尧,鲧在侧陋。瞽瞍与象,谋欲杀之:使之完廪,火燔其下;令之浚井,土掩其上。舜得下廪,不被火灾;穿井旁出,不触土害。尧闻征用,试之于职。官治职修,事无废乱;使入大麓之野,虎狼不搏,蝮蛇不噬;逢烈风疾雨,行不迷惑。夫人欲杀之,不能害之;毒螫之野,禽虫不能伤,卒受帝命,践天子祚。"

[②] 《韩非子逐字索引》,韩非子(前280—前233)刘殿爵编,香港:商务印书馆,2000年,36卷,113—114页。《新语逐字索引》1.1;《墨子所引》,墨翟(前480—前390)哈佛燕京所引系列,上海古籍出版社,1986年,9.11。

[③] 《越绝书逐字索引》,刘殿爵编,台北:商务印书馆,1994年,4.15。然而,没有将历山事件与舜试图从父母处逃离的故事联系起来的旧版本继续流传。例如,皇甫谧(215—282)徐宗元《帝王世纪辑存》,北京:中华书局,1964年,第41页。

父亲疾病的奇迹，而这一奇迹却是后期版本中的必要因素。这一奇迹不仅在早期版本中缺失，而且在性质上也与这个故事的其他奇异事件不同。在这个故事的早期版本中，舜从他父母的陷害中得以自救，其途径不需要超自然力量的介入；① 然而，舜治好他父亲的眼疾却是通过奇迹而实现的。《孝子图》文本中的最后一行，"大圣至孝，道所神明矣"，非常清楚地表明舜的孝顺无与伦比而引发神灵来帮助治愈他的父亲。② 正如西野贞治指出的一样，治愈父母失明的奇迹在六朝孝道故事中是很常见的。③

宁夏出土的5世纪漆棺更进一步揭示了《孝子图》中舜的故事是之后创作的。这个棺材的外部装饰了有关舜的故事的8个场景：（1）当舜在修葺谷仓的屋顶时，舜的继母正纵火点燃谷仓；（2）舜的父亲和同父异母的兄弟正在拿石头投进他躲藏的水井中；（3）舜从他邻居家的水井中逃走；（4）瞽瞍失明；（5）舜的继母背着柴火到市场上售卖；（6）舜以高于其价值20倍的价格购买了那些柴火；（7）瞽瞍渴望去市场上见舜；（8）舜和他的父亲说话，其父立即重见光明。④ 场景4—8与这个故事的经典版本完全不同，但与舜故事晚期版本的情节非常相似。尽管这些场景与《孝子图》中的故事并不完全符合，但很显然后者是这个插图版本的变体。

由于大多数汉朝文献已不复存在，也不能完全否定刘向撰写了一部《孝子传》的可能性，但现存的证据表明这种可能性很小。我们可以明确地说，刘向不是我们所知的《孝子图》的作者。这部作品存在的第一个确凿的证据出现在7世纪。因此，最早的《孝子图》可能是在6世纪时

---

① 在爬上粮仓顶部之前，舜用两顶竹帽武装自己，这两顶竹帽被用作原始降落伞；在他的父亲把舜被困的水井填满和围住之前，他要么爬出来，要么在井壁上挖一个洞。
② 因此，释道世将这个故事命名为"舜有事父之感"，详见《法苑珠林》49.361。
③ 西野贞治：《阳明本孝子传的性格并比于清家本との关系について》，第36页。
④ 宁夏固原博物馆：《固原北魏漆棺画》，银川：宁夏人民出版社，1988年，第11—12页。

被创作,并在7世纪时广为流传。由于把刘向的名字和这部作品联系起来是他编纂这本书的唯一一条证据,但这个归因几乎肯定是错误的。然而,如果不是刘向创修了第一部《孝子传》,那么是谁编撰的呢?

第二节 《孝子传》早期图像证据

考古学的证据显示,到公元2世纪,就已经出现了纪念著名孝子的祠堂了。这个证据包括装饰在东汉时期的祠堂、坟墓和陪葬品上的孝道故事的图像。这些物品上经常装饰的不是一个而是很多的孝子故事的图像。[①] 然而,这些图像差不多总是按照相同的或毗连的名册相邻排列。正如表1所显示的一样,尽管地理距离使它们分隔,这些作品上描绘的孝子们绝大多数是相同的。

表1　　　　　　　　东汉石刻中的孝子

	武氏祠画像石	内蒙古和林格尔东汉墓	白沙河南画像石	乐浪朝鲜漆奁	四川乐山画像石	山东大汶口画像石	村上英二画像镜
舜	(√)[1]	√					
闵子骞	√	√	√		√		√
曾子	√	√					√
老莱子	√	√		√			

[①] 在同一遗迹中,武梁祠(151年)画像石上描绘了17个不同的孝顺子女的故事(详见巫鸿《武梁祠》,第272—305页);内蒙古和林格尔的多室墓壁画上有9个(内蒙古自治区博物馆《和林格尔汉墓壁画》,北京:文物出版社,1978年);河南开封出土的画像石有5个故事分布在两段上(Édouard Chavannes, *Mission Archéologique dans la Chine Septentrionale: Tome I, La Scuplture a l'époque des Han*, Paris: Ernest Leroux, 1913, pl. 542);朝鲜乐浪彩箧冢(1—2世纪)有5个故事图画(吉川幸次郎《乐浪出土箧图像考证》,滨田耕作编《乐浪彩箧冢》,东京:朝鲜古迹研究会,1934年,第1—8页);四川乐山画像石墓中有5个(Tang Changshou, "Shiziwan Cliff Tomb No. 1", *Orientations* 28.8 [1997]: 72–77),山东泰安大汶口汉画像石中有3个(程继林《泰安大汶口汉画像石墓》,《文物》1989年第1期,第48—58页);村上英二所藏画像镜上有2个相关图画(这个画像镜的信息和照片,参见山川诚治《曾参と闵损、村上英二氏汉代孝子传图画象镜について》,《佛教大学大学院纪要》,31,2003,93—102)。感谢黑田彰先生让我注意到这一手工艺品。

第三章 《孝子传》：仿效的楷模

续表

	武氏祠画像石	内蒙古和林格尔东汉墓	白沙河南画像石	乐浪朝鲜漆奁	四川乐山画像石	山东大汶口画像石	村上英二画像镜
丁兰	√	√	√	√		√	
邢渠	√	√	√	√			
董永	√				√	(√)²	
伯瑜	√	√	√	√			
李善	√			√			
魏汤	√	√		√			
孝乌	√	√					
原谷	√	√	√	√	√		
章孝母	√						
朱明	√						
金日磾	√						
三州孝人	√						
羊公	√						
赵徇	√					√	
申生						√	

注：1. 两位中国考古学家提出武梁祠迄今为止还未确定的画像是舜在仓库的屋顶而其继母正在下面放火的场景，然而它的旁边没有附着的题记，因此这种推测也并不是完全可信的。可参照蒋英炬、吴文琪：《汉代武氏墓群石刻研究》，济南：山东美术出版社，1995年，第76—77页，图版31。黑田彰：《孝子传研究》第188页中引用。黑田彰进一步论证了这个故事在三个东汉时期的画像石上有所表现。详见黑田彰《重华外传》，长谷川端编：《论集 太平记的时代》（东京：新典社，2004年）第412—415页。

2. 大汶口画像石中，有一个图像很明显的是董永的故事，但是在图像的题记上误记为赵徇。参照王恩田《泰安大汶口汉画像石历史故事考》，《文物》1992年第12期，第73—78页。

在以上七种画像石中，五种中有原谷、丁兰和闵子骞的故事图像；四种有邢渠和伯瑜的故事图像；三种有曾子、董永、魏汤①和李善的故事图像。事实上，仅仅武氏家族祠堂有更多的其他画像石上所没有的孝子故事。这大概是因为祠堂中描述的故事比其他画像石更多，而不

---

① "魏汤"这一孝子有时被认为是"魏阳"。

中古中国的孝子和社会秩序

是因为它们描述的是不同的先贤祠。

这些孝子们大部分都相同,而且他们被统一描绘。比如董永故事的描绘,不论它们从哪儿出土或被发现,都显示他手持农具看着他的父亲,其父坐在一棵树下的独轮车上。①(图1、2)

图1 董永辘车载父,四川渠县沈府君阙

图2 董永辘车载父,山东嘉祥武梁祠画像石,公元151年

---

① 王建伟:《汉画"董永故事"源流考》,《四川文物》1995年第4期,第3—7页。关于四川汉代石阙上的董永故事画像,可参见许文山等《四川汉代石阙》,北京:文物出版社,1992年,第130—131、190页。

第三章 《孝子传》：仿效的楷模

与此相同，对于原谷故事的描绘，也总是显示他那被抛弃的祖父坐在地上，原谷一只手拿着担架正在劝谏他的父亲。尽管每一个画像石上的细节有细微的差别，但总体画面和姿势都大体相同。

考虑到四川与河南、山东之间巨大的地理和文化距离，更不用说朝鲜半岛了，如果这些图像是基于口头故事，人们会认为所描绘的孝子故事会因地域而有很大不同。此外，人们可以想象即使是同一故事的诠释也会有很大差异。然而，显而易见这些孝子图像具有如此程度的一致性，是什么原因呢？巫鸿认为武梁祠画像石上的孝子图像都是来源于《孝子传》而不是口头传说。他做这样的判断部分因为这个祠堂另外的画像是从文字资料复制而来，[1] 部分因为所有武氏祠堂的孝子故事都在《孝子传》中有记载。他总结说，这些画像事实上可以被看作是现存最早和最完整的《孝子传》。[2] 他甚至认为这些图像是来源于一个增订以后的刘向《孝子图》的东汉版本。

尽管后一个观点有误，但是巫鸿认为武梁祠画像来源于文本文献，这一文本可能是早期《孝子传》，这一点是正确的。东汉图像的一致性，毫无疑问地表明它们是从同一个文本或派生文本中复制而来。这还可以从武梁祠孝子故事画像旁边的题记铭文中得到进一步确认。识别董永故事的铭文由"董永千乘人也"六个字组成，告诉人们他从哪儿来。虽然多数的榜题铭文只是指出这个人物是谁或仅包含这个故事的简单描述，但这种榜题认定似乎很奇怪。看《孝子传》条目中的"董永"条，尽管这一行开始有意义了，因为刘向《孝子图》和郑缉之《孝子传》都是以同样的生平陈述开始的。[3] 对于这种不同寻常的榜题，一种合理的解释是，抄写文字的人只是抄写了《孝子传》的第一行。同样地，检查武梁祠中老莱子的榜题和这个故事的现存文本，

---

[1] 巫鸿：《武梁祠》，第76—85、170—176页。
[2] 巫鸿：《武梁祠》，第275页。
[3] 《太平御览》，411.9a；《法苑珠林》49.361；《敦煌变文》2：886，904。

我们也可以发现虽然不是完全相同，但语言和内容确实很接近。① 因此尽管武梁祠中孝子故事的描绘并不是《孝子传》本身，因为在 17 个图像中仅有 5 个是有文本可溯源，但几乎可以肯定它们来自《孝子传》这类早期、未知的著作，可能有图像和文本。

最近的研究进一步证实了《孝子传》在东汉的存在。林圣智指出，武梁祠发现的孝子图像的顺序与内蒙古和林格尔壁画墓中图像的对应顺序非常接近。而且，这样的顺序几乎完全与保存在日本的两种《孝子传》中的图像顺序对应。换句话说，武梁祠画像石、和林格尔壁画墓中的孝子图像，以及日本的两种文献，可能都来源于同一个摹本，即曾经在东汉存在的一部《孝子传》。② 黑田彰运用图像学的证据，更进一步地证实了这一点。他指出，汉代的这两个图像学之谜只有通过参考后来的《孝子传》才能得以廓清。首先，很多东汉闵子骞故事的图像都描绘了闵的同父异母弟弟驾驭着马车这一情景，但是汉代的著作中没有这一细节的描写。然而，师觉授《孝子传》和日本阳明本《孝子传》中有此记载。而且，用来描述这一细节的四个字与东汉画像石榜题中的相同。与此相同，东汉画像石中也总是这样描绘曾子至孝的故事：曾子和他的母亲说话，他的母亲坐在织机前纺纱。这样的描绘与汉代这个故事的文本不同，在汉代文献中曾子的母亲在第三次听到他的儿子杀人的消息后丢掉了手中的机杼逾墙而走。实际上，在阳明本《孝子传》中对这个故事的描述是曾子的母亲坚信他的儿子是善良的并没有逃走。这表明该文本是基于早期的《孝子传》，这本《孝子传》是东汉图像对这个故事描述的基础。最后黑田彰指出，和林格尔

---

① 比较武梁祠铭文（巫鸿《武梁祠》，第 280 页）中老莱子的榜题和敦煌变文（敦煌变文，2: 903）、师觉授《孝子传》（《太平御览》413, 6b—7a）以及阳明本《孝子传》（《孝子传注解》101—102）中的老莱子故事，读了这四个故事后，有一点似乎很明显，即武梁祠老莱子榜题是书面记录的简化，在性质和语言上与其他三个相类似，尤其是当我们注意到"至孝""斑兰"或"斑连"等词语反复被使用时。如果武梁祠画像石榜题来源于口头传说的话，很难想到它的语言与书面记录有如此紧密的联系。

② 林圣智：《北朝时代における葬具の机能——石棺床屏风肖像と孝子传图を例として》，《美术史》52.2, 2003 年，第 218—220 页。

第三章 《孝子传》：仿效的楷模

壁画墓中的列女图像的描绘是严格按照她们在刘向《列女传》中的出场顺序进行的。如果是这样的话，在和林格尔壁画墓和武梁祠画像石中孝子图像的顺序可能是复制了东汉版本《孝子传》中他们故事的顺序。①

早期《孝子传》和图像之间的联系可以解释这种文类的起源和时期。邢义田考证了战国晚期和西汉将古圣先贤以及当代的孝子节烈、忠义功臣的画像装饰在宫殿或者宗庙的墙壁上。到东汉时期，壁画由中央普及到地方官府和学校。② 有些学者认为，忠义节烈的画像早于记载他们的文献作品出现，他们的列传其实是基于这些人物的图像及画赞，如《后汉书·应奉附子劭传》载："初，（劭）父奉为司隶时，并下诸官府郡国，各上前人像赞，劭乃连缀其名，录为《状人纪》。"③ 刘向自己也说："臣与黄门侍郎歆以《列女传》种类相从为七篇，以著祸福荣辱之效，是非得失之分，画之于屏风四堵。"④《列仙传·序》也坚持认为："余尝得秦大夫阮仓撰《列仙图》，自六代迄今，有七百余人。"⑤《孝子传》这种文类也可以以同样的方式产生，因此它最初的文本可能包括插图和叙事文字。这可能就是为什么个人传记总是很短的原因。如此普通的来源也可以解释为什么东汉时期的这类文本的作者和作品名称并未广泛传播。

孝子故事图像和早期《孝子传》之间的联系也让我们对这些文本的时间有了一些认识。装饰着孝子图像的坟墓和祠堂似乎只出现在东

---

① 黑田彰：《孝子传图と孝子传——林圣智氏の说をめぐつて一》，《京都语文》第10卷，2003年，第116—132页。
② 邢义田：《汉代壁画的发展和壁画墓》，《秦汉史论稿》，第449—469页。
③ 《后汉书》卷四八《应奉附子劭传》，北京：中华书局，1965年，第1614页。逯耀东总结认为魏晋时期"别传"的一个源头便是东汉末年流行的人物画像及画像旁边的赞，详见逯耀东《魏晋史学的思想与社会基础》，第109—112页。
④ 《太平御览》，701.4b。
⑤ 刘向：《列仙传》，《诸子百家丛书》，上海古籍出版社，1990年，2.25。康德谟同意该文本是为了解释或补充当时流行的神仙传说而创造的，详见 Max Kaltenmark 康德谟翻译的英译本，*Lie-sien tchouan*, Pekin: Universite de Paris, 1953, 7–8。

汉最后一百年的时间里,① 这其中最为重要的武梁祠,时间在公元 151 年。因为武梁祠画像石显示了它基于《孝子传》的证据并包含了生活在东汉时期的孝子的图像,它意味着这一版本的原型可能是公元 2 世纪上半叶创造的,很快就传播到西部的四川和东部的乐浪。

第三节 《孝子传》最早的文学证据

以上我们研讨了考古学上的证据,下面我们把视线转到文学作品上来。曹植的五言诗《灵芝篇》是现存最早的反映孝道故事的文学作品。② 节录部分内容如下:

> 古时有虞舜,父母顽且嚚。尽孝于田陇,烝烝不违仁。
> 伯瑜年七十,采衣以娱亲。慈母笞不痛,歔欷涕沾巾。
> 丁兰少失母,自伤蚤孤茕,刻木当严亲,朝夕致三牲。
> 暴子见陵侮,犯罪以亡形,丈人为泣血,免戾全其名。
> 董永遭家贫,父老财无遗。举假以供养,佣作致甘肥。
> 责家填门至,不知何用归。天灵感至德,神女为秉机。③

这首诗之所以重要,有两个原因。首先,为了表达对死去父亲的追念,曹植不满足于只讲一个或两个故事,而是讲述了五个故事。这

---

① 夏超雄按时间顺序,列表总结汉代壁画墓、画像石墓的主要内容,详见夏超雄《汉墓壁画、画像石题材内容试探》,《北京大学学报》(哲学社科版)1984 年第 1 期,第 70—74 页。

② Cutter(高德耀)认为这首诗写自于黄初年间(220—226)他的父亲曹操死后不久。详见 Robert Joe Cutter(高德耀)"Cao Zhi (192 - 232) and His Poetry",华盛顿大学 1983 年博士论文,第 114 页。关于这首诗的真实性,Frankel(傅汉思)认为确实是曹植所作,详见 Hans Frankel(傅汉思),*The Problem of Authenticity in the Works of Ts'ao Chih*,陈平伦主编《冯平山图书馆金禧年(1932—1982)纪念论文集》,香港:中文大学出版社,1982 年,第 199 页。感谢 Robert Joe Cutter 提醒我注意这篇论文。

③ Cutter(高德耀),"Cao Zhi (192 - 232) and His Poetry",第 117—118 页;《宋书》,22.607;《曹植集逐字索引》,第 106—107 页。在英文原版中,笔者稍微修改了高德耀对这首诗的翻译。

表明，为了完整地传达一个人孝道的分量和深度，必须使用一定数目的故事。① 第二，不是从他的记忆中随机选择故事，而是回忆他曾经通过阅读（某一版本的）《孝子传》而学习到的故事组。诗中提到的故事在武梁祠画像石及和林格尔壁画墓中全部可以见到，而且它们的顺序大致相同，这进一步表明曹植正是从这样一个文本中回忆这些故事的。

第三，曹植阅读的《孝子传》和东汉、六朝的版本稍微不同。其中的董永故事与后来的版本明显不同。在曹植笔下的故事中，董永努力偿还他为供养活着的父亲而欠下的债务，而不是努力偿还因埋葬死去的父亲而欠下的债务。有意思的是，《灵芝篇》中这个故事的版本很好地与早期中古对这个故事的描绘产生了共鸣，后者强调董永对活着的父亲的孝道，在画面中展示了他在田地里劳作时，体贴地回望着老人（图1、2）。与汉代的图像和榜题不同，《灵芝篇》中对丁兰的木刻父母到底是母亲还是父亲含糊其辞。最后，曹植不仅是一位著名的诗人，同时也是一位极为重要的社会人士——他的父亲为魏（220—265年）的建立奠定了基础，他的兄长是魏的开朝皇帝——他利用这些故事来表达对父亲去世的悲痛，这说明了这些故事在此时期所享有的尊重。

第四节 《孝子传》和《孝子列传》

另一种确定《孝子传》这本书首次出现的方法，是看朝廷官方历史学家何时开始在断代王朝历史（正史）中专门为孝子撰写列传。为不同类型的人写的传记合集经常出现，因为关于这些人的私人传记已

---

① 早期中古关于孝道的诗歌中，经常会叙述一些孝道故事的情节。萧衍的《孝思赋》中便总结了11个故事中这样的情节（《梁武帝萧衍集逐字索引》，第21—23页）。这是另外一个例子，作者可能不是随机凭记忆选择，而是从《孝子传》中引用孝道故事。另外，《新唐书》载萧衍编纂了《孝子传》，"梁武帝《孝子传》三十卷"，参见《新唐书》卷五八《艺文志二》，第1480页。

经很流行了。私人编纂的关于节妇烈女和隐士的著作,如《列女传》和《逸民传》,早于朝代史中专门记载他们的列传出现之前。① 这样看来,断代正史中的孝子列传似乎也是以同样的方式发展起来的,《孝子传》的存在促使了它们的产生。因此,第一部《孝子列传》可能表明了《东观汉记·孝子传》文本的存在和普及,而《东观汉记》正是在东汉不同时期编纂的、② 第一部由国家组织资助的史书,而《孝子传》是专门为那些仅因孝悌著闻的重要的人撰写的传记。③ 几乎所有的传主都是在政府机构之外度过了他们的早年生活,而获得官位只是因为他们的孝道行为。尽管《史记》和《汉书》中也有关于孝子的传记,但其内容与此不同,他们的传记中更多关注的是仕途和儒家美德的体现,而不是孝道。④ 因为班固《汉书》中没有显示出要把他们的孝行单独挑选出来编纂的倾向,《东观汉记》中那些专门描写以孝悌行迹而出名的人物的传记,很可能是在编撰这部著作的后期写的。因此可能在公元2世纪初期,官方的历史学家们就已经开始为那些仅仅因为孝顺而引人注目的人物写传记了。让这种可能性进一步增大的是,恰恰在2

---

① 例如,刘向《列女传》的出现早于《后汉书·列女传》,梁鸿(1世纪)《逸民传》的出现早于《后汉书·逸民列传》。

② 编纂《东观汉记》的第一阶段始于汉明帝(58—75年在位),他命令班固和其他三位学者一起编纂本朝的历史,这个阶段的著作涉及的时间截止到公元55年;第二个阶段是在公元120年,邓太后命令刘珍等第二批学者继续修撰,此次史书涉及的时间到公元101年;151年,桓帝命边韶等第三批学者修撰,其著作涉及的时间到公元146年;最后一次是在灵帝、献帝172—178年之间,马日磾、蔡邕接续修撰。关于《东观汉记》详细的研究,可参见 Bielenstein(毕汉思),*The Restoration of the Han Dynasty*, 10 – 11; Mansvelt B. J. Beck(马恩斯),*The Treatises of Late Han*, Leiden: E. J. Brill, 1990;以及郑鹤声《各家〈后汉书〉综述》,第8—9页。

③ 吴树平:《秦汉文献研究》,济南:齐鲁书社,1988年,第395页。感谢 Mei-ling Williams 提醒我注意到这本书。(译者注:"吴树平"英文版误作"Wang Shuping"。)

④ 比如《石奋传》主要描写的是他总体上的恭谨行为,以及他上任后最孝顺的行为。而且,对他亲自为父亲清洗内衣的孝道,班固批评他做得太过了。详见《汉书》卷四六《石奋传》,第2194、2205页;与此相同,公孙弘(BC200—154年)的孝行也仅仅只是他政治生涯的一个脚注而已,见《汉书》卷五八《公孙弘传》,第2613—2624页,"养后母孝谨,后母卒,服丧三年"。(译者注:《汉书·石奋传》中记载的是石建给石奋清洗内衣,班固赞曰"至石建之澣衣,周仁为垢污,君子讥之。")

第三章 《孝子传》：仿效的楷模

世纪初，"至孝"成为官员察举时的一个科目。① 可惜的是，我们并不知道《东观汉记》的编纂者是否将这些人的传记集中起来独立成篇，不过，有一点是清楚的，那就是他们认为孝子们是很重要的，应该包括在他们的著作中。

华峤（卒于293年）的《后汉书》是中国历史上第一部专门用一卷记载孝子的断代史。② 范晔《后汉书》卷三十九，可能便是接踵华峤《后汉书》专设孝子传其后，并保存了华峤的序，至少征引了华峤章节中两个人物的传记。③ 然而，不像他的继任者们，华峤还没有给这个章节设定一个专门的名字，它的标题仅仅包括这些传主的姓名。在言及这个章节时，刘知几云，"如刘平、江革等传"④。在华峤的影响下，范晔书中的这一卷的标题也仅列举传主的姓名而已。如果范晔在《后汉书》中对这一卷的安排能说明华峤对这一卷的安排，那么他并没有把这一章节放在关于某一类人的列传（如"逸民传""列女传"）中，而是放在了个人列传中。因此无论是华峤还是范晔，都只是把它视为孝子们的合传。代替孝子合传而给这样的章节一个专门的标题的第一部断代史是沈约（441—513）的《宋书》，他将这一卷命名为"孝义传"。⑤

---

① 福井重雅：《后汉の选举科目"至孝"と"有道"》，《史观》第111卷，1984年，第3页。
② 吴树平：《秦汉文献研究》，第398页。所谓"断代史"，我指的是专门记载一个朝代的历史，而不仅仅是官修历史。
③ 袁宏（328—376年）认为范晔《后汉书》卷三九的序是征引了华峤的序，详见袁宏《后汉记》卷11，台北：商务印书馆，1975年，第135—136页。李贤证实了这一点，详见《后汉书》卷39，第1295页（译者注：李贤在本序之末，注云"自此以上，并略华峤之词也"）。序中所引二人的传记是指庐江毛义和汝南薛包的孝行。
④ 《史通通释》卷一〇，第87页。
⑤ 沈约选择"孝义传"为这一卷的题目，是因为在中古早期，"孝"和"义"被视为互补的美德："孝"是如何对待父母，"义"是如何对待大家庭。"义"士扶贫济困、拒绝朝廷官职、拒绝馈赠、拒绝与权贵联合、保护老百姓的利益、公平待人、把他人的利益放在自己的利益之前、支持和帮助自己的非亲族、忠诚于自己的主人。根本上，我认为这种"孝义"的组合，是受到孟子把"孝悌"和"仁义"等同的影响。也就是说"仁"因孝道恭顺而生，"义"因兄弟手足（悌）而生。例如，孟子云"仁之实，事亲是也；义之实，从兄是也。"（《孟子》，4A，27）为了治理好一个国家，一个人所要做的就是把自己的孝道和兄弟之爱延伸到其他人身上。换句话来说，沈约使用的"孝义"一词援引孟子思想，即治国只需要"孝"和"悌"。

我们不能夸大这些专门章节的创作意义。华峤《后汉书》中这一章节的出现揭示出，在3世纪，历史学家非常重视孝道，以至于他们觉得有必要把人们的注意力吸引到当代的孝道典范上。不过在华峤《后汉书》中，典型的孝子们仍然不重要，他们的章节在历史上应该有一个专门的名字或特有的位置。华峤《后汉书》这一卷的创造也强烈暗示了《孝子传》这本书之前的存在。毫无疑问地，它正是从这些给孝子们设立章节的文本中，获得了灵感和一些内容。沈约给孝子的一章起了一个专门的名字，并把它放在列传中，他把孝子提升到了一个独特的群体的层次，这个群体和隐逸、列女、文苑、良吏一样值得称赞。有的学者也指出沈约将《孝义列传》放在了合传的前面，从而暗示他们比其他人更重要。[①] 不过要注意的是，他正是在《孝子传》的基础上创造了这一章节并给它以独特的名字。

关于可能从《孝子传》中征引的证据，最清楚的莫过于范晔《后汉书》中蔡顺的记载。就像《孝子传》书中许多人的生活一样，这个"传记"只是把三个孝道的情节串联在一起。与发生在曾子故事里的事件相同，第一个情节便是蔡顺母亲通过啮指的方式召唤蔡顺回家，"尝出求薪，有客卒至，母望顺不还，乃啮其指，顺即心动，弃薪驰归，跪问其故。母曰：'有急客来，吾啮指以悟汝耳。'"第二个情节便是"抱棺回火"，蔡顺母亲去世还殡在家里，邻居家发生了火灾，眼看就要烧到母亲的棺椁，蔡顺趴在母亲的棺材上哀嚎。奇迹般地，大火隔过了蔡顺家，转移了燃烧方向，"母年九十，以寿终。未及得葬，里中灾，火将逼其舍，顺抱伏棺柩，号哭叫天，火遂越烧它室，顺独得免"。第三个情节，"母平生畏雷，自亡后，每有雷震，顺辄圜冢泣，曰：'顺在此。'"[②] 由于这个传记完全是由孝道奇闻轶事组成，它很可能是取自《孝子传》的一个版本。历史学家只需要添加一些与轶事相

---

① 沈约是以"孝义、良吏、隐逸和恩幸"这样的顺序来安排合传的。
② 《后汉书》卷三九《周磐附蔡顺传》，第1312页。

关的句子，让它看起来更像一个普通的传记。因此历史学家在这些奇闻轶事之间加了几行，如蔡顺的母亲九十岁的时候死去，汝南太守韩崇召辟蔡顺为东阁祭酒，后来蔡顺拒绝了太守鲍众举孝廉，因为官府距离他母亲的墓所太远，以及蔡顺八十岁死于家中。如果没有增加这些事实，那个描述便最适合《孝子传》。《后汉书》中蔡顺传是附在周磐传后，只是一个附加的传记，范晔可能是在华峤现有的传记中添加的，这更增加了范晔只是从《孝子传》中选取了一个条目，添加了一些细节，并把它放在他的著作中的可能性。

由此可见，西晋以后，《孝子传》开始启发和激励断代正史的撰写。然而，这些早期作品的名称和数量仍然未知。

第五节　南北朝时期的《孝子传》

尽管考古学和传世文献证据指向《孝子传》这本书之前便已经存在，我们对这些文献的第一次直接见证始于南北朝时期（317—589）。表2列出了所有已知的《孝子传》，它们的作者、标题、长度以及第一次引用它们的断代史传记或历史资料。

表2　　　　　　　　《孝子传》一览

作者	地位	朝代	书名	长度	资料来源
1. 萧广济 （5世纪）	辅国将军 （三品）	东晋	孝子传	15卷	《世说新语》1.14 （6世纪）
2. 徐广 （约416）	大司农 （一品）	东晋	孝子传	3卷	《史通》10.274 （8世纪初期）
3. 虞盘佐 （5世纪）	隐者	东晋	孝子传	1卷	《旧唐书》46.2002
4. 陶渊明 （365—427）	县令	东晋	孝传	1卷	《陶渊明集》8.313—321 （6世纪）
5. 郑缉之 （5世纪）	员外郎 （三品）	刘宋	孝子传赞	10卷	《世说新语》1.47

续表

作者	地位	朝代	书名	长度	资料来源
6. 王韶之 (380—435)	侍中 (三品)	刘宋	孝子传赞	3卷或 15卷[1]	《隋书》卷33，976
7. 周景式 (5世纪)	不明	刘宋	孝子传	不明	《艺文类聚》89.1548 (7世纪初期)
8. 王歆之[2] (5世纪)	光禄大夫 (三品)	刘宋	孝子传	不明	《初学记》1.21 (7世纪后期)
9. 师觉授 (5世纪)	隐者	南齐	孝子传	8卷	《隋书》33.976
10. 宋躬 (约491)	廷尉监 (五品)	南齐	孝子传	10卷	《隋书》33.976
11. 刘虬 (5世纪)	隐者	南齐	孝子传	不明	《南史》73.1822
12. 萧衍[3]	梁武帝	梁	孝子传	30卷	《新唐书》58.1480
13. 萧绎	梁元帝	梁	孝德传	30卷	《隋书》33.976
14. 作者不明		南朝	孝子传 (阳明文库本)	2卷	令集解833
15. 韩显宗 (499卒)	州中正 (四品)	北魏	孝友传	10卷	《魏书》60.1345 (6世纪)
16. 作者不明		南北朝	孝子传略	2卷	《隋书》33.976
17. 刘向假托		南北朝	孝子图或 孝子传	不明	《法苑珠林》49.376
18. 申秀?[4]		南北朝	孝友传	8卷	《隋书》33.976
19. 作者不明		唐	孝子传 (船桥本)	2卷	
20. 郎余令 (约660)	著作郎	唐	孝子后传	30卷	《新唐书》58.1483
21. 李袭誉 (7世纪)	凉州道行军 总管（三品）	唐		20卷	《旧唐书》46.2002
22. 武曌 (624—705)	武则天	唐	孝女传	20卷	《新唐书》58.1487

续表

作者	地位	朝代	书名	长度	资料来源
23. 作者不明		?	杂孝子传	2卷	《旧唐书》46.2002
24. 赵琬（约841—846）	不明	唐	孝行志	20卷	《新唐书》58.1486

注：1.《隋书》记载这部作品为3卷，而《旧唐书》中记载为15卷（《旧唐书》46.2002）。为了消除这种矛盾，《新唐书》卷五八《艺文志》载"王韶之《孝传》十五卷，又赞三卷。"《南史》卷二四《王韶之传》载他"撰孝传三卷"。

2. 这部作品只有通过唐宋类书的引用才为人所知，如《初学记》1.21和《太平御览》13.3b。一些学者认为，他的名字里的"歆"字，只是一个抄写者对"韶"字的误抄，因此王歆之《孝子传》应该是王韶之的《孝子传》。参见黄仁恒《古孝汇传》，广州：聚珍印务局，1925年，13.3b；姚振宗《隋书经籍志考证》，《二十五史补编》，北京：中华书局，1955年，第45350页。虽然这种解释是合理的，但王歆之的《孝子传》与王韶之的《孝子传》不同，没有被收入正史中的列传中。再补充一点王歆之撰写《孝子传》的可能性，他的曾祖父或祖父写过《列女后传》，他自己也写过一本地理书《南康记》（《晋书》卷五一，第1435—1436页），因此他的家族有撰写地方历史和人物传记的传统。参见《宋书》卷九二《良吏·王歆之传》，第2270页。

3.《孝子传》的作者是萧衍，这一点值得怀疑，有三个原因：一是直到宋代时撰写的史书《新唐书》才首次提到这一作品；第二，它的长度为30卷，与萧绎的《孝友传》的卷数相同，这一点也可疑；第三，它没有被任何唐宋时期的类书所引用。这些事实使人怀疑《新唐书》的编纂者是否错误地把萧绎的作品列了两遍，并把其中一个标题归于萧衍，因为他们知道萧衍写了一首《孝思赋》。

4.《隋书》仅仅列举了一个佚名的8卷《孝友传》。《旧唐书》卷四六载"《孝友传》八卷，梁元帝撰"，即认为萧绎是与之有相同书名的八卷书的作者。由于萧绎已经是一部《孝子传》的作者，《旧唐书》的编修们可能认为把这本佚名《孝友传》也归功于他是有道理的。有趣的是，《新唐书》将此八卷《孝友传》的创作归功于申秀，而不是萧绎，《新唐书》卷八五《艺文志二》载"申秀《孝友传》八卷"。这三个条目可能都指向相同的文本。这部作品中可能还有关于这些故事的插图。《新唐书》卷一四六《李栖筠传》载"大起学校，堂上画孝友传示诸生"，当李栖筠担任常州刺史时，他兴建了许多学校。在这些学校的墙上，都画有《孝友传》里的插图，让学生们观摩。

从这个表格中可以清楚地看出，在已知的关于《孝子传》的记述中南北朝作家占了绝大部分。已知的24个例子中，有18个是这个时期的产物。在这18位作家中，南朝作家有14位。如果我们能够确定第16到18的起源，几乎可以肯定是在南北朝时期撰写的，南朝起源的文献数量可能会更多。难怪刘知几认为南朝人徐广是这一文类的鼻祖。事实上，在已知的六朝作家中，只有韩显宗（499）生活在北方。由于他的生活年代晚于最早的南方作家，他的作品可能受到了南朝文本的启发。这一信息表明，在南朝，《孝子传》这一文类首次变得突出和繁荣。因此,对于南朝人来说,它一定引起了特别的共鸣。南朝对这些文本的偏爱,可能是对被剥夺了特权的南方士族与强大的北方移民士族联合的统治阶级的放荡和奢侈的一种反应。葛洪(284—363)是提供这种4世纪文化冲突的最合适的人选之一。他描述了流徙士族成员的特点:授予官职不是凭借个人的才能或美德,而是凭借个人的财富或关系;奖励人们进行巧辩的能力,而不是他们的成就或学识的质量;他们故意无视社会习俗和良好的举止——相反,他们只是通过酗酒、服食五石散和纵欲来满足自己的物质欲望。① 由于《孝子传》中的这些典型人物体现了对基于美德的等级、无私、自律和成就的尊重,通过编纂这些作品,南朝文人可能既微妙地批评了移民士族的政治、道德腐败,又把自己标榜为中国道德传统的真正捍卫者。

表2还说明了这一文类是如何随时间嬗变的。起初,这些作品主要被命名为《孝子传》。如果这些作品具有代表性的话,那么自梁代开始作者们才将这些作品的书名略做改动,如改变书名的第二个字,于是《孝德传》《孝友传》出现了。尽管官员们在初唐时期继续编纂《孝子传》,但到了中唐,在官修史书中没有出现相同或类似标题的列传。唯一与之稍有相似的著作是赵玭的《孝行志》;然而,由于它的标题不同,它的内容和目的也可能不同。事实上,王三庆对类书的研究表明,在敦煌发现的许多孝道故事都是类书的、而不是《孝子传》的片段。他所能重建的一部孝子故事集,并不是从一部关于孝道的类书中提取出来的,它更像是一部流行的二十四孝范例,而不是一本《孝子传》的学术著作。② 这些事实表明,到中唐时,这些文献的作者已不

---

① Jay Sailey, *The Master who Embraces Simplicity*: *A Study of the Philosopher Ko Hung A.D. 283 – 343*, San Francisco: Chinese Materials Center, 1978, 387 – 435.
② 王三庆在敦煌文书S. 389、P. 3536和P. 3680的基础上重构了晚唐《孝子传》。这部作品中的许多孝道典范,如王武子、闵子、刘明达等,并不是这一流派早期的代表人物,但却经常出现在后来更受欢迎的二十四孝中。与这些后来的作品一样,唐代的每一个故事都有一首七言四句诗。王三庆进一步指出,这部作品的叙述语言与同一故事的早期版本并不完全一致,从而与它的流行起源悖行。详见王三庆《〈敦煌变文集〉中的〈孝子传〉新探》,《敦煌学》第14辑,台北:新丰文公司出版印行,1989年。

再是社会名流。这一流派如此失宠,以致其作品无一存留于南宋。①

关于《孝子传》的几个方面表明,它们是供成人使用的。虽然有些很短,但很多都很长,很难想象这是给儿童看的。② 此外,因为有二三十卷那么长,它们一定包含了数百条孝子传记。尽管在日本流传下来的两部《孝子传》都只有一卷那么长,但每一部均有 45 个故事。因此,与后来的二十四孝小册子不同,这些作品中是否只有 24 个故事是值得怀疑的。这些作品是否适合儿童阅读的另一个潜在指标是插图。除了刘向的《孝子图》,其他的作品都没有显示出它们有图像。换句话说,虽然《孝子传》的最早记载可能已经被阐明,但当这个亚流派出现在历史记录中时,它们仅仅是由文本组成的文献。

谁撰写了这些文本?虽然关于部分作者的信息并不丰富,但我们确实知道他们有许多共同的特征。首先,他们通常是来自显赫家庭的高级官员。在这 18 位已知的作家中,有 8 位是在中央政府的中高层(五品以上)任职的官员,有 3 位是皇帝。几乎所有的编纂者都来自那些即使不是全国知名、也是地区名望的显赫家族。在我们所知道的同名同姓的作者中,有几个来自全国显赫的大家族,③ 而其他一些则来自产生了许多中央政府官员的世家。④ 例如,王歆之家族产生了五代高

---

① 以上所列作品,均未在《崇文总目》(1034)、《郡斋读书志》(1151)、《直斋书录解题》(约 1235) 等宋朝书目中找到。
② 儿童用的启蒙书都非常短,一般一至三卷,可参见《隋书》卷三二《经籍志一·经》,第 942 页(译者注:如"《发蒙记》一卷,晋著作郎束晳撰。《启蒙记》三卷,晋散骑常侍顾恺之撰"等);徐梓:《蒙学读物的历史透视》,武汉:湖北教育出版社,1996 年,第 23—40 页。
③ 王韶之便是琅琊王氏,而刘虬正是南阳刘氏。
④ 徐广的父亲为都水使者(四品),其兄邈,太子前卫率(四品),参见《宋书》卷五五《徐广传》,第 1547 页,《南史》卷三三《徐广传》,第 858 页。韩显宗的祖父瑚,为秀容、平原二郡太守;父亲麒麟,冠军将军、齐州刺史;兄兴宗为秘书中散,参见《魏书》卷六〇《韩麒麟附显宗传》,第 1331—1334 页。郎余令的祖父在隋朝便很有名,为大理卿(三品),其父知运,贝州刺史;其兄余庆历任万年令、御史中丞、苏州刺史、交州都督等职,参见《旧唐书》卷一八九《郎余令传》,第 4961—4962 页;《新唐书》卷一九九《郎余令传》,第 5660—5661 页。

官,从晋到刘宋都是十分显贵的。① 即使是隐居的作家也来自名门望族。② 总之,作者几乎都是来自政治世家的重要人物。也许这为我们提供了一个线索,为什么东汉《孝子传》的作者仍然不为人所知——他几乎没有社会地位,因此他的作品没有被收录在皇家图书馆。

许多作者都是历史学家和著作等身的撰述者,还有几位撰写了断代史和地理著作。③ 后者是特别值得注意的,因为就像《孝子传》一样,它们的内容往往记录着奇异的事件或现象。④ 这些作者强烈的历史倾向表明,对他们来说,《孝子传》只不过是另一种类型的历史作品——一种表达他们渴望成为或希望成为的人的类型的作品,这一点我将在后面谈到。

最后一个共同的特点,但也是很重要的一个特点,是这些作者中的大部分都热衷于提倡孝道,这种孝道有许多不同的形式。除了写《孝子传》以外,虞盘佐还撰写了对《孝经》的评注。师觉授以其"孝"闻名于世,《南史》的编修者都把他列入《孝子列传》。⑤ 刘虬是如此的孝顺,以至于他启发了他的学生韩怀明,另一个著名的孝子,放弃了自己的学业,把一生都奉献给了照顾他的母亲。⑥ 事实上,刘虬的孝行非常杰出,梁元帝萧绎《孝子传》便记录了他的孝行。作为刺史,王绍之推荐著名的孝子吴逵(5世纪)和潘综(400)为"孝廉"的候选人。⑦ 很明

---

① 关于王歆之的亲属及其他们担任的职务,可参见 Keith Knapp(南恺时),"Accounts of Filial Sons: Ru Ideology in Early Medieval China," Ph. D. dissertation, University of California, Berkeley, 1996, 102, note 39。

② 师觉授就是南朝著名隐逸宗炳的表兄弟,据《宋书》卷九三《隐逸·宗炳传》记载,"(炳)祖承,宜都太守。父繇之,湘乡令。母同郡师氏,聪辩有学义,教授诸子"。而据《晋书》卷九四《隐逸·陶潜传》载,陶潜,"大司马侃之曾孙也。祖茂,武昌太守。"

③ 这些作品的完整列表,参见 Keith Knapp(南恺时),"Accounts of Filial Sons: Ru Ideology in Early Medieval China", 104—106。

④ Chittick, "Pride of Place," 18-20.

⑤ 《南史》卷七三《孝义上·师觉授传》,第 1806 页。

⑥ 姚察(533—606)、姚思廉(557—637):《梁书》卷四七《孝行·韩怀明传》,台北:鼎文书局,1980 年,第 657 页。

⑦ 《宋书》卷九一《孝义·吴逵、潘综传》,第 2247—2249 页;《南史》卷七三《孝义·吴逵、潘综传》第 1803—2804 页。

第三章 《孝子传》：仿效的楷模

显，这些文章的作者都非常致力于鼓励这种美德。

奇怪的是，《孝子传》这一分支的明显衰落，与帝国对《孝子传》兴趣的增长不谋而合。尽管这些文献在晋朝（265—420）时期开始得到重视，但直到梁朝（502—556）皇室才开始编纂它们。造成这一差距的原因在于，南朝前半期，文人们宣称拥有或著述《孝子传》可以彰显自己的孝道。到了这个时期的后半段，想要登上王位的人意识到，编纂这些文献将为他们自己的合法性增添光彩。第一个明确写下这样一部作品的皇室成员是梁武帝的第七个儿子萧绎，他后来成为梁元帝。由于他的统治只持续了两年（552—554），他很可能在登基之前就已经编纂了《孝德传》。他是这部作品、同时也是《忠臣传》的作者，这表明他试图通过这些作品来证明自己既是孝顺的儿子又是忠诚的臣民。

皇室编纂《孝子传》也经常是为了王子们的利益。例如，郎余令（660）在辅佐太子李弘（661—675）时，在萧绎《孝德传》一书基础上增加了"孝"的内容，创作了一部名为《孝子后传》的三十卷作品，献给了太子李弘，"孝敬（李弘）在东宫，余令以梁元帝有《孝德传》，更撰后传数十篇献太子，太子嗟重"[1]。郎余令创作这部作品表面上是为了增强太子的"孝行"，但他可能只是为了得到太子的垂青。另一方面，武则天，据说下令编写《孝子传》，以告诫任性的皇太子李贤（652—684）。[2] 如果真是这样的话，她让人给一个二十多岁的

---

[1] 《旧唐书》卷一八九《郎余令传》，第4961—4962页；《新唐书》卷一九九《郎余令传》，第5660页。李弘的传记，参见《旧唐书》卷八六《高宗中宗诸子·孝敬皇帝传》，第2828—2831页；《新唐书》卷八一《三宗诸子·孝敬皇帝》（译者注：英文原文误作《新唐书》卷八六）。

[2] 《旧唐书》卷八六《高宗中宗诸子·章怀太子贤传》，第2832页；《新唐书》卷八一《三宗诸子·章怀太子贤传》，第3591页。文本会对阅读者的行为产生影响这一假设，可以从下面这则关于李贤的轶事中看出，太子洗马兼侍读刘纳言，曾撰写《俳谐集》十五卷进献给太子李贤。当李贤被废时，官员搜查出这本书，高宗怒曰："以六轻教人，犹恐不化，乃进俳谐鄙说，岂辅导之义邪！"于是将刘纳言流放至振州。参见《新校资治通鉴》卷二〇二《唐纪十八·高宗天皇大圣大弘孝皇帝中之下》，台北：世界书局，1987年，第6397—6398页。

成年男子编写了这本书。①

　　虽然训诫任性的皇储可能是她的动机之一，但她无疑还有其他动机。桂雨时（Guisso）强调，在高宗（650—683 在位）在世的时候，由于儒家对女性参与政府的敌视，武则天努力学习以提高她的儒学素养。② 因为她的《孝子传》早在高宗去世之前就写好了，所以她下令撰写另一著作的原因之一可能是想表明她是一个孝女的形象，这从这本书的书名《孝女传》就可以看出。③ 毫无疑问，出于同样的目的，她还下令编纂《列女传》。然而，这些作品出版后不久，皇帝对这类文本的迷恋就迅速消失了。

　　综上所述，虽然《孝子传》在南北朝之前就已经存在，但也正是在这一时期，他们的普及度和声望达到了顶峰。在这一时期里，那些出身于官宦世家的杰出历史学家们编纂了这些著作，就连皇子们也努力通过编修《孝子传》来为自己增光添彩。然而，在初唐之后，《孝子传》似乎逐渐失去了精英的青睐。在断代正史的列传中，几乎找不到有关唐代编修《孝子传》的记载；相反，保存在敦煌文献中的孝道故事集版本要粗糙得多。到了南宋时期，中国所有《孝子传》都完全消失了——很明显，《孝子传》的时代已经过去了。

第六节　孝子故事图像的受众

　　在研究了《孝子传》作者的身份之后，现在让我们来确定他们的

---

①　武则天赐李贤《孝子传》似乎发生在 676 年李贤被立为太子之后及 679 年被废黜之前。因此，当李贤收到这一作品时，他在 24 岁左右。
②　R. W. L. Guisso（桂雨时），*Wu Tse-t'ien and the Politics of Legitimation in T'ang China*, Bellingham, Wash.：Program in East Asian Studies, 1978, 28-30.
③　根据《旧唐书》卷六《则天皇后纪》，武曌召文学之士周思茂、范履冰、卫敬业三人编撰了许多著作，这其中便有《孝子传》和《列女传》，两本书各二十卷。而根据《新唐书》卷五八《艺文志二》这两部著作名字分别为《孝女传》和《列女传》。要注意的是，这是第一个有记录的、单独为孝顺女性立传的实例。但可惜的是，没有任何片段保存下来。

第三章 《孝子传》：仿效的楷模

读者。为了补充文献记载，本节将着重于考古材料。早期中古的坟墓和陪葬品中有大量的对孝道故事的图像描绘。因为墓主人（或他们的后代）在选择装饰他们最后安息之所的图像方面起了很大的作用，① 用孝道故事装饰的墓葬和陪葬品可以帮助我们敏锐判断这些故事的受众身份。受众在选择图像元素时的谨慎是显而易见的，因为只有少数装饰好的汉墓或祠堂展示了孝道故事的图像。② 因此，墓主人选择用孝道故事来装饰他们永恒的住所，这表明他们不仅熟悉孝道故事，而且非常重视孝道故事的重要意义。由于这些相同的人可能是从阅读《孝子传》知道了这些故事，这些图像也间接地为我们提供了对这种类型文本的读者的认知。

在东汉，用孝子故事图像装饰坟墓或祠堂的是，主要服务于地方的官员。和林格尔墓葬的墓主便是一个地方官员，他生前拥有一系列地方官职：繁阳县令，行上郡属都尉，最后他被任命为保护乌桓的使持节、护乌桓校尉——这个职位很高，为二千石。③ 虽然乐浪彩箧冢中与精美的漆篮一起埋葬的坟墓主人的身份不明，但他的坟墓中有他以

---

① 从汉代丧葬艺术的四个方面可以看出，赞助人及其后代在墓葬设计中所起的重要作用。首先，在大多数有壁画或画像石的坟墓中，并没有出现对孝道故事的表现。这意味着它们的加入可能是墓主或其继承人的遗赠。其次，当孝道故事的图像出现时，它们通常被放置在殡丧仪的祠堂或坟墓的入口处，这意味着它们被放置在所有人都可以看到的地方。墓主人或他们的后代选择这些图像，因为它们向公众展示了死者和他们的后代希望被别人看到的具体化的价值。这种观点，可参见 Powers（包华石），Art and Political Expression in Early China, 97–98；他的 "Pictorial Art and Its Public in Early Imperial China," Art History 4. 2（1984）：143–149；巫鸿的《武梁祠》，第225—226页。第三，一些汉代的坟墓，如和林格尔汉墓，生动地反映了墓主人生活的特定时刻。和林格尔墓甚至还描绘了死者生前任职的官署。第四，对有道德的人的形象描述有时也符合墓志铭中对墓主美德的描述。如武斑碑中记载，"君幼□颜、闵之楙质"，在武氏家族祠堂的画像石中，便有关于颜叔和闵子骞的图像。参见容庚《汉武梁祠画像录》，北京：燕京大学考古学社，1936年，2.4b—5a；以及 Liu Xingzhen et al., Han Dynasty Stone Reliefs, Beijing: Foreign Languages Press, 1991, 4–5.

② 对汉墓图像内容的分析，参见夏超雄《汉代壁画画像石题材内容试探》，第70—74页。

③ Anneliese Gutkind Bulling（布灵），"The Eastern Han Tomb at Ho-lin-ko-erh（Holin-gol），" Archives of Asian Art 31, 1977–1978: 89–91.

前属下的赙赠品，这表明他至少也曾是地方长官或县里的高级官员。①尽管武梁（78—151）是一位隐士，他的侄子武斑（约145）是敦煌郡长史，而他另一个的侄子武荣（约167），入学太学，察举孝廉后授郎中，累官执金吾丞。② 对其他装饰有画像石的东汉墓葬的研究表明，墓葬的墓主通常是地方官员或当地有权势的宗族成员。③

从他们建造的奢华的坟墓、精心装饰的祠堂和丰富的陪葬品来看，这些东汉墓葬的主人很富有。由于和林格尔墓规模很大（19米长），墓葬形制为多墓室，而且精心装饰，墓主人的家庭一定非常富有。在最内层和最私密的后室空间里，包含了对一个庄园及其各种经济活动的描绘，这让观众对他的财富来源有了一定的了解。④ 武氏家族墓地的一座纪念塔上的铭文，让我们了解到这是一项多么昂贵的事业，仅两座石阙就花费了15万钱（一天100钱可以让一个人过上舒适的生活），而与之相伴的石狮花费了4万钱。⑤ 在乐浪彩箧塚中，墓主和他的两个妻子被安葬在漆棺材里，几乎所有的陪葬品都是漆器。由于这类器物在这一时期极为珍贵，它再次证明了墓主人的财富。加藤直子指出，带有单独雕刻图案的画像石的汉墓花费了大量的钱财。⑥

虽然东汉墓的孝道图像的确不多，但我们的样本具有启发性。首

---

① 在这个墓中，出土了一枚木牍，上面分三行记录了"缣三匹故吏朝鲜丞田宏谨遣吏再拜奉祭"，故吏朝鲜县丞田宏派属吏送给墓主缣三匹，拜祭墓主，这表明墓主生前一定是一位比较重要的地方官吏。参见《乐浪彩箧冢》，第12、58页。

② 容庚：《汉武梁祠画像录》，5a—6b。武梁、武荣、武开明和武斑的简要说明，参见 Liu Xingzhen et al., *Han Dynasty Stone Reliefs*, 4 – 5.

③ 李银德：《徐州汉画像石墓墓主身份考》，《中原文物》1993年第2期，第36—39页。加藤直子文中有一个表格，列举了13座装饰有画像石的墓葬的主人生前的职务，参见加藤直子，《ひらかれた汉墓——孝廉の'孝子'たちの战略》，《美术史研究》35（1997）：67 – 86.

④ Bulling（布灵），"The Eastern Han Tomb," 87 – 88; Jean M. James, *A Guide to the Tomb and Shrine Art of the Han Dynasty* 206 B. C – A. D. 220, Lewiston: The Edwin Mellen Press, 1996, 132; Lydia duPont Thompson（唐琪），"The Yi'nan Tomb: Narrative and Ritual in Pictorial Art of the Eastern Han (25 – 220 C. E.)," Ph. D. dissertation, New York University, 1998, 124.

⑤ 加藤直子：《ひらかれた汉墓——孝廉の'孝子'たちの战略》，第70页。

⑥ 加藤直子：《ひらかれた汉墓——孝廉の'孝子'たちの战略》，第67页。

第三章 《孝子传》：仿效的楷模

先，我们没有在皇室的坟墓里发现孝子典范的图像，仅仅只有在官员的坟墓里。而且，它们并不出现在京师附近的坟墓里，而是出现在地方社会的坟墓里。唐琪认为，首都地区的贵族墓的墓室更少，很少或根本没有装饰，规模也比其他地方的同类墓要小。① 换句话说，这些图像似乎更受地方官员的青睐，而不是更喜欢奢华葬礼的城市贵族。东汉《孝子传》的作者可能是一个相对不太出名的地方士族，因此他的作品没有得到朝廷的注意。我们还应该记住，拥有孝子图像的坟墓是在公元2世纪才开始出现的，而这正是中央政府权力衰落、地方精英权力上升的时期。因此，在东汉时期，孝子故事的图像似乎对有权势的地方大族的家庭成员有着特殊的吸引力。

具有孝道故事的六朝墓葬的墓主比东汉的墓主地位要高得多。他们通常住在首都，是高级官员或贵族。在某些情况下，两者兼而有之。最早的例子是朱然（182—249），他的坟墓里有一个精美的漆盘，上面绘有孝子伯瑜"悲亲图"的故事。朱然是吴国（220—280）开国皇帝孙权（182—252）的重要将领、高级官员和亲密朋友，封西安乡侯。② 司马金龙（卒于484）墓葬中出土了一个精美的漆画屏风，这个墓葬出土于大同（北魏早期的首都），墓主为司马金龙。他的父亲是东晋皇室、高官显贵司马楚之，母亲则为拓跋鲜卑的河内公主，他后袭封为琅琊王，官至朔州刺史、吏部尚书（第三品）。很显然，他是北魏上层社会的一员。③ 在洛阳北魏都城附近还出土了一些石棺、石床和祠堂，但这些物品多不是科学挖掘出来的。但据学界考证，它们也属于高级

---

① Thompson（唐琪），*The Yi'nan Tomb: Narrative and Ritual in Pictorial Art of the Eastern Han*（25 – 220 C. E.），125 – 129.
② 安徽省文物考古研究所、马鞍山市文化局：《安徽马鞍山东吴朱然墓发掘简报》，《文物》1986年第3期，第12页。关于绘有"伯瑜悲亲图"的漆盘的信息，详见4—5页。
③ 山西省大同市博物馆、山西省文物工作委员会：《山西大同石家寨北魏司马金龙墓》，《文物》1972年第3期，第27页。Lucy Lim 在他的博士论文中翻译了司马金龙及其父亲的列传，参见 Lucy Lim "The Northern Wei Tomb of Ssu-ma Chin-lung and Early Chinese Figure Painting," Ph. D. dissertation, New York University, 1990, 178 – 188.

官员，或者贵族。① 即使是这一时期为数不多的几个省的例子之一的宁夏，有一个因其漆木棺材而出名的坟墓，也可能属于一个既是高官又是贵族的人。② 如果这具棺材，就像中国考古学家认为的那样，属于一个鲜卑人的后裔，这将表明，孝道故事不仅受到汉人的尊重，也受到草原游牧民族的尊重。③

值得注意的是，与人们对《孝子传》兴趣的下降相对应，出土的唐墓或随葬品中很少有孝道故事。迄今为止，人们所知的唐人对这些故事的描绘之一，是在一个宝塔形状的陶罐上发现的。陶罐的侧面刻有四个孝道故事，每个故事都有榜题，还有四个小泥塑人物组件。它

---

① （1）现在收藏在纳尔逊·阿特金斯博物馆的石棺主人被认为或是秦洪（卒于526）或是王悦（卒于524）。秦弘为东莞太守，王悦为平西将军、秦洛二州刺史，参见宫大中《邙洛北魏孝子画像石棺考释》，《中原文物》1984年第2期，第52—53页。（2）宁懋（卒于501）曾任甄官主簿、横野将军，他的石室现藏于波士顿美术馆。虽然他所任官职并不是很高，他与汉族大姓荥阳郑氏联姻。参见郭建邦《北魏宁懋石室线刻画》，北京：人民美术出版社，1987年，第37—38页。（3）元谧（卒于523），现藏美国明尼阿波利斯美术馆石棺的主人，他是北魏献文帝的孙子，生前为平北将军、幽州刺史（正三品）。但是，正如汪悦进所指出的那样，元谧生前一点也不孝顺，在他母亲的丧期中，他"听931声饮戏，为御史中尉李平所弹"。参见 Eugene Wang（汪悦进），"Coffins and Confucianism: The Northern Wei Sarcophagus in The Minneapolis Institute of Arts," Orientations 30.6 (1999): 58. 关于元谧的本传，参见《魏书》卷二一上《献文六王·赵郡王附谧传》，第543—544页。（4）匡僧安（卒于524），久保惣纪念美术馆藏石床的主人，曾任殿中将军（正八品上阶）。参见加藤直子《魏晋南北朝における孝子伝図について》，《东洋美术史论丛》，吉村怜博士古稀纪念会，东京：雄山阁，1999年，第119页。

② 这具漆棺的主人身份仍然未知，因为（1）棺画上的人物皆着鲜卑装；（2）棺材类型为鲜卑型，上部宽底下窄；（3）墓主形象身着内亚束装，中国的考古学家倾向认为墓主拥有鲜卑血统。对于这种观点，尤其可参见孙机《固原北魏漆棺画研究》，《文物》1989年第9期，第38—44页。然而，Karetzky 和 Soper 认为此墓的墓道为陡坡，棺材的式样和青铜陪葬品的风格透露出强烈的中国影响，他们还认为此墓属于遭贬谪的汉族贵族李顺（卒于442），他在467—470年之间披荣被重新埋葬。他是北魏时期少数几个获得"王"称号的非皇室成员之一。参见 Patricia Karetzky and Alexander Soper（苏柏），"A Northern Wei Painted Coffin," Artibus Asiae 51 (1991): 5–7; and Alexander Soper（苏柏），"Whose Body?" Asiatische Studien Études Asitiques 44.2 (1990): 205–216.

③ 毫无疑问，北魏政府将孝道作为一种基本价值观加以推崇，《孝经》是少数几部被译成鲜卑语的汉族著作之一这一事实证明了这一点。关于北魏提倡孝道的讨论，详见康乐《从西郊至南郊》，板桥：稻禾出版社，1995年，第229—280页。

是在一位来自西域的重要将领契苾明（649—695）的坟墓中发现的。①也许他对孝道故事的兴趣与他曾在武则天朝任职，并想要展示他对中国文化的热爱有关。然而，也有必要指出，这些图像在古墓的整体背景下显得微不足道。这些孝道故事既不装饰坟墓的墙壁，也不装饰石棺的侧面。此外，由于陶塑像很小，而且铭文刻在陶罐上，所以既不引人注目，也无法立即辨认出来。②此外，故事装饰了一个佛教的塑像。因此，即使在这座坟墓里，孝道故事似乎也没有过去那么重要了。

总之，在南北朝时期，高级官员和贵族不仅撰写《孝子传》，而且他们也是这类故事的主要受众，喜欢用书中故事的图像来装饰他们永恒的墓所。此外，在那个时代，尽管当地的士族们仍然对这些故事感兴趣——河南南部邓县的郭巨和老莱子的两座石像就是证据③——但城市士族们则成为这些故事的狂热鉴赏家。此外，除了邓县之外，南北朝孝道故事的图像全部出现在中国北方。由于《孝子传》的作者大多是居住在中国南方的男性，这就意味着这些故事和它们所传达的典籍广为流传，受到了南方人和北方人、汉族和非汉族的喜爱。这种情况似乎最后在唐朝结束了。由于品味的变化，唐代墓主不再选择用孝道故事来装饰坟墓或棺材。也许这也表明文人对编纂、阅读和传播《孝子传》不再那么感兴趣了。

第七节 使用典范创建典范

在展示了早期中古的士族们对《孝子传》及其图画的尊重之后，我们现在转向背后的原因问题。这些文字和图像发挥了怎样的作用，

---

① 关于这个四孝塔式罐和上面的孝子故事，以及契苾明墓志铭的制作的详细讨论，参见黑田彰《孝子伝の研究》，第217—251页。关于契苾明墓的考古发掘报告，详见解峰、马先登《唐契苾明墓发掘记》，《文博》1998年第5期，第11—15页。

② 这件罐的照片，详见黑田彰《孝子伝の研究》，封面及图版1—8。

③ Annette L. Juliano, *Teng-Hsien: An Important Six Dynasties Tomb*, Ascona, Switzerland: Artibus Asiae publishers, 1980, 9—10.

以至于可以获得如此多的尊重？此外，虽然我们已经确定是上层社会传播并重视这些文本及其图像，我们能否进一步深入了解这些文本和图像在上层社会中的服务对象呢？

在一篇重要的文章中，彼得·布朗指出公元2世纪到6世纪的罗马人，无论是异教徒还是基督徒，都试图通过模仿和复制过去杰出人物的行为来完善自己。对于基督徒来说，最终的榜样是基督，他的行为被殉道者和圣徒们模仿。因为书中记载了过去圣贤的言行，它们便是现在的人努力使自己成为过去圣贤的指南。[1] 在早期中古的中国，模仿优秀的人也很重要，因为人们相信年轻人会很自然地模仿别人的行为。颜之推在《颜氏家训·慕贤第七》中便认为：

> 人在年少，神情未定，所与款狎，熏渍陶染，言笑举动，无心于学，潜移暗化，自然似之；何况操履艺能，较明易习者也？是以与善人居，如入芝兰之室，久而自芳也；与恶人居，如入鲍鱼之肆，久而自臭也。[2]

因此，对一个年轻人来说，学习正确的行为，没有什么比让他接触品行良好的人更重要的了。只要和这样的人在一起，他的行为就会变得更好，甚至书本知识也不能与贤良的榜样相媲美。[3]

当然，最值得模仿的人如圣人，几乎是不可能遇到的。然而，人们仍然可以通过记录他们言行的书籍接触到他们。通过阅读这些著作，

---

[1] Peter Brown（彼得·布朗），"The Saint as Exemplar in Late Anitquity," *Representations* 1.2 (1983): 1–25.

[2] 颜之推：《颜氏家训》，第46页；《颜氏家训逐字索引》7, 22. 也可参见《世说新语笺疏》, 1.36；《世说新语》, 18. 关于效仿典范在古典时代作为一种学习和合法化的重要性，参见 William E. Savage, "Archetypes, Model Emulation, and the Confucian Gentleman," *Early China* 17 (1992): 1–26.

[3] 《世说新语笺疏》卷中之下《赏誉第八》, 8.34："太傅东海王镇许昌，以王安期为记室参军，雅相知重。敕世子毗曰：夫学之所益者浅，体之所安者深。闲习礼度，不如式瞻仪形。讽味遗言，不如亲承音旨。王参军人伦之表，汝其师之！或曰：王、赵、郑三参军，人伦之表，汝其师之！谓安期、邓伯道、赵穆也。"《世说新语》, 222。

第三章 《孝子传》：仿效的楷模

人们观察古人的行为来改进他或她自己的行为。① 因此，我们学习如何孝敬父母，不是通过把孝道理解为一种抽象的原则，而是通过观察古人孝顺的具体方式。② 因此，同时代的人认为仿效过去先贤的模范行为本身是一种优秀的品格。例如，庾亮（289—340）有一匹难以控制的马，他解释拒绝出售的原因时，说：

> 卖之必有买者，即当害其主。宁可不安己而移于他人哉？昔孙叔敖杀两头蛇以为后人，古之美谈，效之，不亦达乎！③

仿效孙叔敖的德行，庾亮不仅做了一件好事，同时也显示了他对前贤的认识和欣赏。

欣赏先贤是很重要的，因为他们总是在早期中古的人的脑海里萦绕。过去的圣贤并不是遥不可及的幽灵；相反，他们是容易接近的同伴，总是出现在文人的对话和思想中。因此，受过教育的男性和女性经常把他们作为衡量同时代人价值的标准。④ 有些人很有道德，同时代的人甚至认为这些人便是那些过去圣贤的化身。⑤ 因此，讨论过去的圣贤并将自己或他人与他们进行比较，是早期中古的人们定义自己和衡量一个人的价值的重要方法。

然而，士绅们不仅想与古人相比，他们渴望与先贤有某种亲密的关系。在他们的遗嘱中，许多早期中古的文人要求埋葬在德高望重的

---

① 关于这一观点，参见《颜氏家训逐字索引》，8.26。
② 《颜氏家训逐字索引》8，27；颜之推：《颜氏家训》，第59页。
③ 《世说新语笺疏》，1.31；刘义庆：《世说新语》，第16页。
④ 羊祜开始时将郭奕与自己做比较，在多次观察郭奕的道德水准后，最终得出结论：郭奕可与孔子最伟大的弟子颜回相提并论。换句话说，羊祜认为郭奕是值得赞扬的，但除了把郭奕和一个著名的典范做比较外，没有别的办法衡量郭奕的素养（译者注：此处作者误将羊祜和郭奕的位置调换了）。《世说新语笺疏》卷中之下《赏誉第八》8.9载，"羊公还洛，郭奕为野王令。羊至界，遣人要之。郭便自往。既见，叹曰：'羊叔子何必减郭太业！'复往羊许，小悉还，又叹曰：'羊叔子去人远矣！'羊既去，郭送之弥日，一举数百里，遂以出境免官。复叹曰：'羊叔子何必减颜子！'"
⑤ 张霸十分孝顺，同乡的人都称他为"张曾子"，参见《后汉书》卷三六《张霸传》，第1241页。与黄宪同时代的人都认为他是"颜子复生"，见《世说新语笺疏》，1.2。滕昙恭因为他卓绝的孝行被誉为"滕曾子"，见《梁书》卷四七《孝行·滕昙恭传》，第648页。

人旁边。①《后汉书》载赵岐（108—201）"图季札（活动于公元前6世纪中期）、子产（卒于公元前522）、晏婴（约公元前580—前510）、叔向（卒于公元前520）四像居宾位，又自画其像居主位，皆为赞颂"②。因此，他似乎打算永远和这些先贤圣人们愉快地交谈。斯皮罗（Audrey Spiro）认为，南齐王族之所以在墓中描绘竹林七贤的画像，其中一个原因是为了让他们自己与这些优雅和智慧的典范联系在一起，并能与他们交流。③ 嵇康（224—263）"撰上古以来高士为之传赞（《圣贤高士传》），欲友其人于千载也"④。简而言之，只要记住他们的语言、行为和形象，人们仍然可以进入古人的世界。

由于先贤对于人们如何看待自己和他人具有重要的意义，因此能够识别先贤的身份并正确评价他们的德行本身就成为一项重要的活动。由此，先贤典范们的德行成为一个严肃的讨论话题，与政治、军事、文学和哲学问题同等重要。⑤ 一个受过教育的人随时都有可能需要枚举本地的名人来捍卫当地的名誉。⑥ 同时代人甚至可能会因为他对先贤的错误评价而轻视他。与王徽之（卒于388）同时代的人认为他傲达，因为他读《高士传》时，认为司马相如（卒于前117）比井丹（公元1

---

① 田豫要求葬在西门豹（祠）旁边，因为"豹所履行与我敌等耳，使死而有灵，必与我善"，见《三国志》卷二六《魏书·田豫传》，第729页。梁鸿希望葬在要离的墓旁，这样他们能够彼此交流。（译者注：梁鸿死后，其佣作的主人皋伯通等为求葬地于吴要离冢傍。咸曰："要离烈士，而伯鸾清高，可令相近。"见《后汉书》卷八三《逸民·梁鸿传》，第2768页。）

② 《后汉书》卷六四《赵岐传》，第2124页。

③ Audrey Spiro, *Contemplating the Ancients: Aesthetic and Social Issues in Early Chinese Portraiture*, Berkeley: University of California Press, 1990, 135-136, 172-177.

④ 《晋书》卷四九《嵇康传》，第1374页。

⑤ 这是一件非常严肃的事情，在做这件事之前，必须穿合适的衣服，并且怀着尊重的态度。见《三国志》卷二一《魏书·王粲传》，第603页。（译者注：《三国志》裴松之注引《魏略》载临淄侯曹植见颍川邯郸淳，"于是乃更着衣帻，整仪容，与淳评说混元造化之端，品物区别之意，然后论羲皇以来贤圣名臣烈士优劣之差，次颂古今文章赋诔及当官政事宜所先后，又论用武行兵倚伏之势。"）

⑥ 《世说新语笺疏》卷二《言语》："王中郎令伏玄度、习凿齿论青、楚人物，临成以示韩康伯。康伯都无言，王曰：何故不言？韩曰：无可无不可。"

第三章 《孝子传》：仿效的楷模

世纪）"慢世"。① 因此，尽管赵岐编撰了一本关于长安本乡优秀子弟传记的《三辅决录》，他还是担心同时代的人会误解他的判断，所以他只愿意把这本书给自己的知心朋友严象看。②

了解了早期中古文化对先贤和仿效先贤的强调，我们现在将探讨文人撰写《孝子传》的原因。由于这些著作的序言很少流传下来，让我们先来看看同时代人是如何对这些文本进行分类并解释它们的目的的。

在传世文献中，早期中古的学者把《孝子传》放在史部的"杂传"目录之下。杂传是私人的，由短篇故事汇编成一本书的长度，其内容被认为是基于史实的、但不完全可靠。它们的研究对象都是一些值得注意的人，他们或亲身经历或参与了一些奇异的事件。这些作品的原型几乎可以肯定是司马迁《史记》中的合传，比如他写的关于"刺客列传""游侠列传""货殖列传"和"酷吏列传"等。魏徵（580—643）在《隋史》著述"杂传"部分的附言中，解释了这一体裁的作品是如何产生的：

> 司马迁、班固，撰而成之，股肱辅弼之臣，扶义俶傥之士，皆有记录。而操行高洁，不涉于世者，史记独传夷齐③，汉书但述杨王孙④之俦，其余皆略而不说。又汉时，阮仓作列仙图，刘向典校经籍，始作列仙、列士、列女之传，皆因其志尚，率尔而作，

---

① 《晋书》卷八〇《王羲之附徽之传》："尝夜与弟献之共读高士传赞，献之赏井丹高洁，徽之曰：'未若长卿慢世也。'其傲达若此。"《世说新语》中记载了同一则故事，但并没有对王徽之明显的评论，详见《世说新语笺疏》中卷下《品藻第九》，9.80；Mather, *Talesoftheworld*, 270.
② 《三国志》卷一〇《魏书·荀彧传》引裴松之注："象同郡赵岐作《三辅决录》，恐时人不尽其意，故隐其书，唯以示象。"弭和顺《赵岐三辅决录について》，《汲古》，1988年第12期，第40页。
③ 伯夷、叔齐当然是著名的隐士，他们宁愿饿死也不愿吃篡权的周朝的食物。
④ 杨王孙希望让人们注意到厚葬的浪费和无用，他要求他的儿子不用棺材而"赢葬"他，参见《汉书》卷六七《杨王孙传》。

不在正史。①

魏徵放在"杂传"类别的那些作品是独立的，它们记载了非凡人物的生活，而这些人的生活往往被正史所忽视，如隐士、神仙和女人，因为他们"不涉于世者"——也就是说，他们既不是官员，也不是官员的备选人。因此，这些作品倾向于描绘那些很少或根本不与国家接触的杰出人物的生活。值得注意的是，这一体裁的作品在数量上超过了早期中古所有其他类型的历史作品，而且没有任何一个时期的杂传作品能与这一时期的杂传作品数量相媲美。②

唐代史学家刘知几说，"贤士贞女，类聚区分……则有取其所好，各为之录……此之谓别传者也"，他认为有关特定类型范例的杂传构成了一组独特的文本，他称之为"别传"。每一篇文章分别倡导一种美德或伦理，并且收集了体现这种德行的人物故事。刘知几归纳的这一类作品有刘向《列女》、梁鸿《逸民》、赵采《忠臣》、徐广《孝子》等。正如刘知几所言，它们"虽百行殊途，而同归于善"③，所有这些作品都是一样的，都是引导人们走向善；也就是说，它们本质上都带有说教性质。然而，对刘知几来说，它们都有同样的缺点，即缺乏独创性：

> 别传者，不出胸臆，非由机杼，徒以博采前史，聚而成书。其有足以新言加之别说者，盖不过十一而已。如寡闻末学之流，则深所嘉尚；至于探幽索隐之士，则无所取材。④

刘知几认为这些作品都是次等的史料，因为它们的作者并没有寻找新的材料，而仅仅是重述了以前作品中的内容。因此，对于严肃的历史学家来说，它们几乎没有什么价值。尽管如此他也承认，这些内

---

① 《隋书》卷三三《经籍志》，第 981—982 页。
② 钱穆：《略论魏晋南北朝学术文化与当时门第之关系》，《新亚学报》5.2，1963 年，第 30—31 页；逯耀东：《魏晋史学的思想与社会基础》，第 84—89 页。
③ 《史通通释》卷一〇《杂述第三四》，34.274。
④ 同上书，34.276。

容获得了一些肤浅文人的高度赞扬。但他指的是谁呢？一提到"寡闻末学之流"这句话，人们可能会认为他指的是刚刚开始研究传统文学的青少年或年轻人。这当然是一种可能性。但在其他地方，被刘知几斥为"学未该博"的人是像干宝（活动于317—350）这样的官方历史学家，他们把奇异的材料融入了自己的历史著作。① 因此，刘知几的意思可能是，这些别传的服务对象可以是任何时代的平庸学者。

与刘知几所称的"别传"作品一样，《孝子传》既没有填补历史记录的空白，也没有提供事实性的记载。最重要的是，它们的目标是提供引人注目的范例，即那些孝顺行为典范的不同于常人的范例。阳明本《孝子传》的编撰者在序言中称："此皆贤士圣□之孝心，将来君子之所慕也。余不揆凡庸。"② 这种对非凡行为的兴趣自然导致了《孝子传》和别传的编纂者选择了在情感上引人注目、在道德上有教育意义的材料，而不是完全符合历史事实的材料。刘知几所云"《列女》《神仙》诸传，而皆广陈虚事，多构伪辞……至于故为异说，以惑后来"③，在诸如刘向《列女传》和《列仙传》等别传作品中，许多条目都是虚构的，作者故意将其改写成历史记载来达到刺激读者的目的。也就是说，这些作者不是在如实记载历史，而是在虚构历史。他们编造这些别传的目的似乎很明显：编纂者试图通过历史人物的具体行为来阐明正确行为的理论原则，从而使读者能够切身体会到这些原则，而这些历史人物的行为构成了美德或伦理。显然，要使这些行为在作者同时代人的眼中具有合法性，它们必须由"真正的"人来做。这再次表明，早期中古的人们更喜欢用具体的典范而不是抽象的原则来指导他们的行为。

---

① 例如，他还说："夫学未该博，鉴非详正，凡所修撰，多聚异闻，其为踳驳，难以觉悟。"见《史通通释》卷一七《杂说中·诸晋史》，17.480。
② 《孝子传注解》，第17页。
③ 《史通通释》卷一八《外篇·杂说下》，18.516—517。刘知几在同卷中指出嵇康所撰《神仙高士传》也存在同样的问题，"多引其虚辞，至若神有混沌"。另外，他还指出"嵇康《高士传》，好聚七国寓言"，《史通通释》卷五《内篇·采撰》，5.116。

少数完整的《孝子传》明确地提醒人们注意它们的教诲功能；此外，它们暗示其目标受众很可能是受过教育的成年人。陶渊明《五孝传》中明确指出，读者应该模仿其中所描述的孝子的行为："嗟尔众庶，鉴兹前式。"① 虽然这句话只出现在"士孝传赞"一节末尾，但它无疑也适用于该著作中记载的天子、诸侯、卿大夫、士孝传赞四类。阳明本《孝子传》的序言也明确指出它是一种教材：

> 今录众孝，分为二卷。训示后生，知于孝义。通人达士，幸不哂焉。②

这些文本的教化功能是显而易见的。但再一次，紧迫的问题变成了，这些文本要教导的对象是谁？就像刘知几所说的"探幽索隐之士，则无所取材"一样，前面提及的序言清楚地说明了"探幽索隐之士"并不是这本书预定的读者。因此，这可能意味着，由于青少年和年轻人相对缺乏知识，他们是这些作品的读者。然而，正如刘知几所言，知识渊博、智力超群的人并不多见，因此，阅读这本书的人可能只是普通的学者。此外，由于阳明本《孝子传》的作者担心高级知识分子会轻视他的作品，他显然认为他们也会读他的作品。此外，由于他的上述言论可能仅仅是一种谦卑的表达，作者可能已经预料到其他博学多才的人会读这本书。

另一个迹象表明，《孝子传》不仅是为了给孩子们提供道德完美的人的榜样，而且也是为了激励成年人达到道德上的伟大，这可以从细读这些作品所激起的感情中看出。根据当时的社会风尚，阅读先贤的传记应该会激起一个人仿效他们行为的强烈欲望。《梁书》载：

> 乂理性慷慨，慕立功名，每读书见忠臣烈士，未尝不废卷叹

---

① 《陶渊明集校笺》，8.321。
② 《孝子传注解》，第18页。

第三章 《孝子传》：仿效的楷模

曰："一生之内，当无愧古人。"①

显然，阅读忠臣烈士的传记助长了萧义理的野心：这让他更有动力去做那些即使不能与他们相同的、也能与他们相媲美的事情。这篇文章中一个重要的词是"慷慨"，它与另一个复合词"慨然"有直接的联系，这两个词都经常被用来形容一个阅读到相关楷模的人。"慷慨"和"慨然"都有激动人心、激励抱负的意思。② 这些复合词的出现似乎暗示，细读这些作品几乎对读者产生了一种发自内心的影响：这些叙述促使读者去欣赏和模仿其中包含的典范。在嵇康断然否认对官职有兴趣的《与山巨源绝交书》中，清楚地表明了这一点："吾每读尚子平、台孝威传，慨然慕之，想其为人。"③ 描绘先贤典范的绘画作品被认为对观赏者有同样的情感效果，曹植曾指出：

> 观画者，见三皇五帝，莫不仰戴；见三季异主，莫不悲惋；见篡臣贼嗣，莫不切具；见高节妙士，莫不忘食；见忠臣死难，莫不抗节；见放臣逐子，莫不叹息；见淫夫妒妇，莫不侧目；见令妃顺后，莫不嘉贵。是知存乎鉴戒者，图画也。④

榜样的图像和描述文本都应该对他的受众（阅读者）产生同样的影响，不管年龄如何——它们的目的是影响他或她的感受。它们要么会引起反感，从而引导阅读者远离这种行为；要么会让人产生强烈的

---

① 《梁书》卷二九《高祖三王·南康简王绩附义理传》，第430页。同样的事例，见令狐德棻（583—666）《周书》卷三四《赵善、元定等传》史臣曰："元定、裴宽，同黄权之无路。王旅不振，非其罪也。敷少而慷慨，终能立节，仁而有勇，其最优乎。"台北：鼎文书局，1980年，第599页。
② 关于"慷慨""慨然"的含义，见《中文大词典》，台北：中国文化大学出版社，1985年，第11347，第11405。
③ 《文选》卷四三《书下·与山巨源绝交书》，第601页。《高士传》中有尚长、台佟的传记，见皇甫谧编《四部备要》，台北：台湾书局，1987年，2.12b, 3.3b。
④ 张彦远（fl847）:《历代名画记》，北京：京华出版社，2000年，第10页。英译本见 Susan Bush（卡苏姗）and Hsio-yen Shih（时学颜），*Early Chinese Texts on Painting*, Cambridge, Mass.: Harvard University Press, 1985, 26。

崇拜，导致人们渴望做同样的事情。

正是因为对榜样人物的描述被认为是为了激励男性和女性获得更高层次的道德品行，船桥《孝子传》的序言明确地指出，它是为有志之士写的，"慕也有志之士，披见无惓，永传不朽云尔"①。换句话说，这项工作是为那些想要完善自己的人而设计的。作者希望这些人会继续把它传播给其他有目标的人。船桥《孝子传》有双重重要性，因为它可能来源于阳明《孝子传》或它们二者有共同的版本起源。这表明阳明《孝子传》作者在序中所说的"通人达士，幸不哂焉"，仅仅是一种谦卑的表达，他也把自己的作品瞄准了那些对道德提升有浓厚兴趣的文人。

第八节 《孝子传》：孝道的表现

但是，为青少年和成年人提供孝行典范是撰写《孝子传》的唯一目的吗？一个人阅读这些作品的唯一原因是出于对模仿孝顺楷模的强烈渴望吗？如果是那样的话，这些作品可能就不会这么受欢迎了。人们编纂和阅读它们的另一个原因是，这样做是在展示自己的美德。敬慕古人，就是敬慕自己。赵岐之所以把自己作为主人，把季札、子产、晏婴、叔向等先贤的画像绘在宾座上来招待他们，不仅是对他们的尊敬，也是对自己价值的一种宣示——他显然是在暗示自己与这些先贤是平等的。想要像贤士一样的愿望本身就表明了一个人已经和他们相似了。虞溥在训诫他的学生时说：

> 夫学者不患才不及，而患志不立，故曰希骥之马，亦骥之乘，希颜（回）之徒，亦颜之伦也。②

---

① 黑田彰：《孝子传注解》，第19页。
② 《晋书》卷八二《虞溥传》，第2140页。这段话也出现在《比丘尼传》的序言中，英译本参见释宝应唱撰，*Lives of Nuns: Biographies of Chinese Buddhist Nuns from the Fourth to Sixth Centuries*，（蔡安妮）译 Honolulu: University of Hawai i Press, 1994, 15。虞溥自己便是记载江东地区先贤人物的《江表传》的作者。

第三章 《孝子传》：仿效的楷模

简而言之，一个人的行为品质是由他的意志所决定的。如果一个人热切地渴望成为有德之人，他就会成为有德之人。因此，通过阅读或撰写《孝子传》或其他楷模的传记，一个人展示了他想要实现的美德，同时表明他/她已经拥有这种美德。

换句话说，编纂楷模人物传记的行为意味着作者与他/她所写的人物有着相同的道德行为。除了在自己的坟墓里描绘贤能大臣的形象外，赵岐还编撰了一部长安当地贤人的作品《三辅决录》，这可能并非巧合。编纂这部作品的目的可能和他坟墓里所描绘的一样：它暗示了赵岐也是一个有非凡价值的人。同样地，竟陵王萧子良（460—494）让沈约撰写一部《高士传》，主张一个人无论在朝廷还是在偏僻的农村都可以成为一位隐士。沈约在拒绝的信中透露出一点，即萧子良要求他编纂这部作品，因为萧认为自己是宫廷隐士的典范。[1] 因此，不难想象武则天之所以下令编撰《孝女传》和《列女传》，是因为她想让别人认为她既孝顺又模范。同样地，曹植在他的《灵芝篇》中，通过重述著名孝子的故事来表达自己对亡父的渴望，无疑是在暗示着同样的孝道精神激励着他。[2]

一些《孝子传》的作者确实以他们的孝道而闻名。由于他的孝道，师觉授自己便经历了一个奇迹，这促使他撰写《孝子传》。[3] 如果他这部著作的序言仍然存在的话，里面很可能便会记载他的孝感奇迹的故事。正如干宝的仆人的可怕经历可以在《搜神记》的序言中找到踪迹。师觉授撰写《孝子传》，不仅唤起了人们对他自己的孝感奇迹的关注，

---

[1] 关于沈约拒绝编撰《高士传》，参见《艺文类聚》卷三七《人部·隐逸传下》"梁沈约谢齐竟陵王教撰高士传启"，第665页。参见 Alan J. Berkowitz, "Patterns of Reclusion in Early and Early Medieval China: A Study of Reclusion in China and Its Portrayal," Ph. D. dissertation, University of Washington, 1989, 336–337。

[2] 当然，这很讽刺，他和他父亲的关系十分紧张。参见 Robert Joe Cutter（高德耀），"The Incident at the Gate: Cao Zhi, the Succession, Literary Fame," *T'oung Pao* 71 (1985): 228–240; and Howard L. Goodman, *Ts'ao P'i Transcendent: The Political Culture of Dynasty-Founding in China at the End of the Han*, Seattle: Scripta Serica, 1998, 47–50。

[3] 《南史》卷七三《孝义上·师觉授传》，第1806页。

在这个奇迹中,神灵承认他是"至孝",而且这本身也是一种虔诚的行为。① 刘虬也是一个孝子。有一次,他一整天没有讲课,而是独自哭泣。他的学生访查得知,那天是刘虬外祖父的忌日。② 刘虬根据别人的完美孝行,亲自编撰了《孝子传》,③ 同时,他也通过赞赏别人来显示自己的孝顺。简而言之,撰写《孝子传》是一种宣扬自己孝行的手段。

如果一个人既没有时间也没有意愿去编撰《孝子传》,那么他也可以简单地通过阅读其中的一部作品来表现自己的孝顺。这一主题的早期表达出现在《诗经》中,一位孝顺的儿子读了《蓼莪》(《毛诗正义》)这首诗后,受到了情感上的影响。《诗经》中的这首诗强调父母为抚养子女所付出的努力。例如,王裒的母亲去世后,每当他读到《诗经》的那行"哀哀父母,生我劬劳",他都会重新读一遍,眼泪跟着流下来。他的学生和门徒便将《蓼莪》诗中的这一句删掉了。④ 这一行为尤其被视为王裒孝道的杰出表现,以至于《孝子传》恰恰以这一行为作为他孝顺的象征。⑤ 同样地,曹植在他的《灵芝篇》诗的结尾处,也说到读《蓼莪》诗时的悲愁。梁元帝萧绎用同样的主题来强调他父亲梁武帝萧衍的孝顺,但他记叙他的父亲读的是《孝子记》而不是《诗经》:

> 及遭献太后忧,哭踊大至,居丧之哀,高柴不能过也。每读《孝子传》,未曾终轴,辄辍书悲恸。由是家门爱重,不使垂堂。⑥

---

① 有意思的是,师觉授的本传出现在《南史》(成书于 629)中;而没有在《宋书》(成书于 488)中。可以推测,师觉授作为一个孝子的名声是通过他的作品流传才为人所知的,而当沈约编撰《宋书》时,他的作品还不为人所知。
② 《梁书》卷四七《孝行传》,第 654 页。
③ 《南史》卷七三《孝义上·庾震传》,第 1822 页。
④ 《晋书》卷八八《孝友·王裒传》,第 2278 页,《三国志》卷一一《王脩传》裴松之注引王隐《晋书》,第 348 页。在《南齐书》中有相同的故事,但是其主人公为顾欢,见《南齐书》卷五四,第 929 页。相同的故事还可参照《太平御览》卷六一六。萧绎《孝德传》中也讲述了张楷的同一故事,参见《太平御览》616.7b。
⑤ 《古孝子传》,第 36 页。
⑥ 《金楼子》,1.14b。这个关于萧衍因极度悲痛而无法通读《孝子传》的故事,来自于萧衍的《孝思赋》,参见《梁武帝萧衍集逐字索引》,2.1。

第三章 《孝子传》：仿效的楷模

因为读了一本关于孝道的书，并对之产生了情感上的反应，这通常是与成年人有关的行为，萧绎用这件事来表现他父亲的早熟和孝顺。通过这样的叙述，萧绎让萧衍的孝顺胜过了王哀。不用说，通过赞美父亲的孝顺，萧绎也提醒别人注意自己的孝行。为了进一步强调阅读有关孝顺的作品证明了自己也拥有那种美德，萧绎要求下葬的几件东西中有《孝子传》和《孝经》。①

小　　结

本章确立了一些重要的观点。即刘向的《孝子图》既不是刘向撰写的，也不是在汉代创作的。尽管如此，大量的考古和文字证据间接地证明了从东汉以前就有关于孝子的记载。我们不知道这部作品的名字，可能是由于作者的社会地位不高。在南北朝时期，《孝子传》达到了鼎盛时期。在这一时期，这些作品的作者都是一些高官和出自名门望族的显贵。南北朝末期和初唐时期，皇太子开始创作或委托文人编纂这些作品。然而到了中唐，这种《孝子传》已不再引起显赫人物的注意；到了南宋，它们已经完全消失了。

谁阅读过这些作品？这些作品是为谁而撰写的？从考古证据来看，很明显，在东汉时期，欣赏这些故事的赞助人是富裕的地方大族的成员，他们利用这些故事的图像来表明他们对儒家理想的信奉。到了南北朝时期，城市的高级官员和皇族的王子们都用这些故事来装饰他们的坟墓和陪葬品。换句话说，在这一时期，城市士族，而不是地方士族，成为了《孝子传》及其图像的主要赞助人。文献证据表明，这些文本是作为记录非官员生活的历史著作，他们的杰出孝行应该被模仿。因此，他们旨在帮助受过教育的青少年和成年人在道德上完善自己。

---

① 《金楼子》，2.8b。他要求将这些作品陪葬的原因，与皇甫谧要求以《孝经》陪葬的原因相同，即"示不忘孝道"，见《晋书》卷五一《皇甫谧传》，第1418页。

在早期中古的中国，《孝子传》非常受欢迎，因为效仿前贤是定义自己和评判他人的重要手段。在这一时期，人们通过与古代楷模的比较来衡量自己和他人的价值。地方也以其产生的杰出人才数量来判断。因此，在早期中古社会的心态中，先贤们并不是逝去的，也不是遥远的记忆，而是活生生的行为标准。在这样的社会氛围中，阅读像《孝子传》这样的作品是一种方式。通过这种方式，一个人可以完全熟悉楷模的行为，从而效仿这样的行为，或者审视同时代人是否达到了过去的孝道标准。也许更重要的是，阅读或撰写楷模传记本身就是一种表达美德的方式。文人通过撰写或阅读《孝子传》，表明他们不仅崇尚孝顺的美德，而且自己也很孝顺，正如撰写或阅读《逸民传》，表明他们至少在精神上脱离了俗世，在早期中古的上层阶级眼中，只有隐居，在重要性上能与孝顺相媲美，所以在这一时期里，《孝子传》达到了全盛也就不足为奇了。

第四章　孝感奇迹与汉代阴阳儒学残存

虽然大家都知道孔子"不语怪、力、乱、神"①，但早期中古孝道故事的儒家作者们却在他们的作品中塞入了许多不寻常的现象。在《孝子传》186个故事中，有80个（大约43%）包含了令人惊叹的奇迹。② 即使是历代奉为经典的《孝经》中也有大量的超自然事件，只是程度较轻。事实上，这些作品中的孝感奇迹是如此重要，以至于在某些情况下，故事的主要焦点不是主人公的孝顺，而是他/她的行为所引起的超自然的奖赏或迹象。

> （《会稽典录》曰：）虞国少有孝行，为日南太守，常有双雁，宿止厅上，每出行县，辄飞逐车，既卒于官，雁逐丧还至余姚，住墓前，历三年乃去。③

这个故事值得注意之处在于，它并没有描写虞国的非凡孝行。但我们从这两只大雁哀悼的行为中了解到虞国更多孝顺的信息。它所表明的，是虞国杰出的孝行美德如何导致了一个奇异现象的发生。正是这样的奇迹使得西方学者将这些故事描述为荒谬的。然而，对于这些

---

① 《论语·述而》，7.21。
② 这186个故事来自《古孝汇传》《古孝子传》，其中的45个故事来自于阳明本和船桥本《孝子传》。
③ 《艺文类聚》卷九一《鸟部中·雁》，第1579页。

作品的作者来说，这些不同寻常的事件显然很重要，为什么呢？它们实现了什么目的？它们一直是孝道故事的特色吗？是什么传统孕育了这些奇异的现象？

尽管现代西方人认为儒家思想是建立在一种理性主义的基础上的，但儒学在汉朝绝不是理性主义的。事实上，汉代的儒学非常重视拟人化的天堂、预言、预兆和奇迹。战国末期，儒家传统的倡导者，如陆贾（公元前240—前175）和董仲舒（公元前195—前115），开始将儒家伦理与阴阳五行论、黄老学说"天人相辅相成"相结合。[1]结果产生了一种独特的儒家思想，通常被称为"汉代儒学"，但它更应该被称为"阴阳儒学"。[2] 根据这个思想体系，人类生活在一个同心的宇宙中，在这个宇宙中，他们比其他任何生物都更能体现出创造万物的天地属性。因此，只有人类才有天地的美好属性，比如具有践行仁义的能力。[3] 基于同类事物可以相互影响的前提，人类可以通过培养自己的天地所赋予的才能，来影响自然的变化。换句话说，通过遵循天上和地上固有的模式，他们可以刺激（"感"）伦理世界。结果，天地对这个刺激产生了奇迹（"应"）。[4] 这一概念通常被称为"天人

---

[1] Mark Csikszentmihalyi（齐思敏），"Fivefold Virtue: Reformulating Mencian Moral Psychology in Han Dynasty China," *Religion* 28（1998）：77 – 89；Sarah A. Queen（桂思卓），*From Chronicle to Canon: The Hermeneutics of the Spring and Autumn, According to Tung Chung-shu*, Cambridge: Cambridge University Press, 1996, 206 – 226；Gary Arbuckle, "Five Divine Lords or One," *Journal of the American Oriental Society* 113.2（1993）：277 – 281；Hsiao Kung-chüan（萧公权），*A History of Chinese Political Thought*, trans. F. W. Mote, Princeton, N. J.: Princeton University Press, 1978, 469 – 530.

[2] 笔者避免使用"汉代儒学"这一术语，因为按理说，它不仅应该包括将儒家伦理与阴阳五行宇宙论相结合的学者的思想，而且还包括他们同时代批评者的，例如王充，他便抨击这种思想的结合。因此，笔者更倾向于创造一个"阴阳儒学"术语，来指代儒家强调天、地、人是互相联系和相互依赖的主线。

[3] 冯友兰，*A History of Chinese Philosophy*, 2 Vols., Princeton, N. J.: Princeton University Press, 1983, 2: 30；董仲舒（前179—前104）著，刘殿爵编：《春秋繁露逐字索引》，台北：商务印书馆，1994年，13.2。

[4] 对"天人感应"这一概念的讨论，见 Charles Le Blanc（白光华），*Huai-nan zi: Philosophical Synthesis in Early Han Thought*, Hong Kong: Hong Kong University Press, 1985, 191 – 210；John B. Henderson, *The Development and Decline of Chinese Cosmology*, New York: Columbia University Press, 1984, 20 – 28。

感应"。

仁义等美德将人类与道德宇宙联系在一起。既然上天按照自己的形象创造了人类，并赋予人类所有的美德，它期望人类通过实践这些美德而表现出神圣。① 然而，尽管人们有善良的潜力，他们却很难发展它。因此，上天赋予一个有道德的人统治的权力，这个人的职责就是教导人们如何发展他们内在的神圣品质。② 如果统治者设法照顾他的人民并引导他们走向善良，那么上天就会以显示良好的预兆来回报他；然而，如果他不这样做，上天将警告他奇怪和灾难。董仲舒说：

> 国家将有失道之败，而天乃先出灾害以谴告之，不知自省，又出怪异以警惧之，尚不知变，而伤败乃至。以此见天心之仁爱人君而欲止其乱也。③

正如这段话所表明的，上天是有意识的，非常关心人们的福利，它会产生灾异来警告统治者注意他们的异常行为。因此，在相关的儒家学说中，奇迹和灾异是上天世界对其在人间的代表的行为表示高兴或不高兴的手段。

这种儒学思想的新要素成为西汉最后五十年的精神统治，在公元9年达到其影响高点，当最后一个西汉皇帝退位，被他同时代的人认为是儒家圣人的王莽（前45—公元23）接受了王位，建立新王朝。他改革的失败和政权的垮台使许多知识分子对阴阳儒学的有效性产生了怀疑，并使他们转向古文经学寻求答案。然而，由于东汉早期帝王对儒家谶纬的依赖，阴阳儒学思想成为东汉王朝正统的意识形态。然而，在东汉，它的重点从官员使用不祥的预兆，遏制王权的过度扩张，转

---

① 《春秋繁露逐字索引》，11.1，冯友兰：《中国哲学史》，2：32。
② 《春秋繁露逐字索引》，10.1；Wing-tsit Chan（陈荣捷），*A Source Book in Chinese Philosophy*，Princeton：Princeton University Press，1963，273–278。
③ 《汉书》卷五六《董仲舒传》，第2498页。这段话的英译见 Queen（桂思卓），*From Chronicle to Canon*，216。

变为使用吉祥的预兆和杜撰的文本,以捍卫王权的合法性。大多数学者认为,东汉政府不光彩的倒台也宣告了知识分子早已抛弃的意识形态的末日。在随后的分裂时期(220—589),玄学(一种神秘主义学说,又称新道教)和佛教主导了哲学的讨论和趋势。① 但是,玄学和佛学的胜利是否意味着阴阳儒学完全消失了呢?它在多大程度上存活了下来?阴阳儒学的哪些方面继续影响着中国的思想?

毫无疑问,随着汉朝的结束,汉代阴阳儒学在精神层面的统治地位明显下降,但本章认为,孝感奇迹的故事表明,汉代阴阳儒学仍然与早期中古的士族阶层有很大的关联。这是因为,尽管儒家思想在学术上可能并不流行,但汉代阴阳儒学包含了大家族的家长们想要传达给他们的家庭和所在地域的意识形态信息。通过以下四个方面,本章将探讨孝感奇迹故事和汉代阴阳儒学之间的紧密联系。首先,只有在东汉时期,孝道故事中才出现了孝感奇迹,而这正是谶纬所倡导的阴阳儒学影响达到顶峰的时期。其次,这些故事说明了这种意识形态的主要原则之一——通过完善美德,他将从一个拟人化的、关心人世的上天那里得到一个超自然的反馈,上天密切关注人们的行为。然而,孝道故事对这一原则的解释使它对家长更有吸引力——他们强调孝道比其他任何美德更能召唤上天的奖赏。换句话说,对父母在家庭中绝对优越地位的服从和认可是"自然的",也就是说,是上天批准的。第三,通过指出孝道可以获得超自然的回报,孝子故事揭示了伦理世界对有功之人的丰厚回报。这种阴阳儒学思想与家训中的情感相呼应,在家训中,家长告诫子女,家庭的持续幸福取决于对学识和道德品质的掌握。第四,因为吉兆主要出现在平民的行为上,而不是天子的行为上,所以孝子故事中使用了阴阳儒学的预兆思想来表明有道德的、

---

① 对阴阳儒学历史的这一总结,基于以下著作和文章:Chen Ch'i-yün(陈启云),*Hsün Yüeh and the Mind of Late Han China*, Princeton, N. J.: Princeton University Press, 1980, 14 – 37; Chen(陈启云),"Confucian, Legalist, Taoist Thought in Later Han," 767 – 807; Paul Demiéville(戴密微),"Philosophy and Religion from Han to Sui," *Cambridge History of China*, 808 – 872; Hsiao(萧公权),*History of Chinese Political Thought*, 469 – 530, 602 – 667。

当地的男人——进而延伸到他们的家庭——与皇帝统治的合法性是一致的。

第一节　孝感奇迹故事的出现

汉代以前孝道的奇闻轶事中完全缺乏超自然的元素，它们的主人公既没有表现出超人的壮举，他们的行为也没有唤起超自然的反应。例如，在战国和西汉早期舜的传说中，后来被认为是奇迹的事件都是用一种理性的方式来解释的。在《孟子》（公元前3世纪）和《史记》（公元前1世纪早期）两个版本中，舜都是通过他的远见而不是通过魔法或超自然的干预来逃脱父母所下的致命陷阱。在着火的谷仓里，他随身带了两项斗笠，类似于现在的降落伞；至于那口井，他事先在井壁挖了一条逃生通道，才得以不被活埋而死里逃生。①

最早出现奇迹的孝道故事是在刘向的轶事作品中。然而，这些故事中的奇迹并不一定与孝道有关。这方面一个很好的例子可以在刘向关于舜的传说的版本中找到。他为舜的逃跑提供了更离奇的解释：舜去谷仓之前，尧的女儿们告诉他先脱光衣服，然后用鸟的技巧（鸟工）飞到安全的地方；在进入井里之前，他们告诉他先脱光衣服，然后用龙的技巧逃跑。② 尽管如此，在刘向的版本中发现的奇迹仍然与早期中古的记载有根本的不同。在后者中，奇迹是伦理世界对一个孩子的孝道的反应。相比之下，在刘向的版本中，舜逃脱了父母的谋杀阴谋，不是通过天意，而是通过自己或妻子的神奇的技巧。因此，唐朝历史学家刘知几认为，舜从井里逃出来的方法和"方士"（方内之士）没

---

① 《史记》卷一《五帝本纪》，第48—49页；《孟子》5A.2。
② 有趣的是，现存的、曾巩编著的《列女传》，缺少了舜被教导着用飞鸟和龙的绝技来逃脱这样的元素。关于这些技巧的精简段落，见梁端编《列女传校注》，台北：商务印书馆，1983年，1.1a—b。5世纪晚期的固原漆棺上就描绘了使用这些技术的画面，见《固原北魏漆棺画》，第11页。

有什么不同。① 与后来的作品不同的是，刘向并没有把这些奇迹般的脱险与舜的孝道或天意的反应联系起来。这些精彩的逃亡，与其说是歌颂孝子的精神力量，不如说是歌颂舜的神奇力量。

在刘向的《东海孝妻》（公元前1世纪）中，上天感应更加明显，但上天的介入只有在后来的版本中才明确。刘向作品中对这个故事的描述是这样的：

> 东海有孝妇，无子，少寡，养其姑甚谨，其姑欲嫁之，终不肯，其姑告邻之人曰："孝妇养我甚谨，我哀其无子，守寡日久，我老累丁壮奈何？"其后母自经死，母女告吏曰："孝妇杀我母。"吏捕孝妇……太守竟杀孝妇。郡中枯旱三年……于是杀牛祭孝妇冢，太守以下自至焉，天立大雨，岁丰熟。②

尽管孝顺的媳妇很早就成了寡妇了，但十多年来，她精心赡养婆婆。出于对年轻媳妇的同情，婆婆自杀以促使她再婚。然而，嫉妒的小姑子告诉官府说那个孝媳杀死了她的婆婆。孝媳被处死后，县里经历了三年的大旱，直到新的太守及以下官员亲自在她墓前杀牛祭祀才结束。虽然这个故事的主角是一个孝顺的媳妇，但它只是间接地涉及孝顺。在刘向这个故事中，主人公并不是这个东海孝妻，而是丞相西平侯于定国的父亲于公。此外，这个故事的主要焦点不是孝道，而是司法判决的公平和准确性。③ 这可能意味着，这干旱不是天上对她孝行

---

① 《史通通释》，20.572. "方内之士"，或是恩戈（Ngo）所简称的"方士"，从东北方而来，擅长长生不老之术、与神灵沟通、医药和占卜。关于这些人更多的信息，参见 Ngo Van Xuyet（恩戈·范·许耶特），*Divination Magie et Politique dans la Chine Ancienne*, Paris: Presses Universitaires de France, 1976; Kenneth J. DeWoskin（杜志豪）译, *Doctors, Diviners, and Magicians of Ancient China: Biographies of Fang-shih*, New York: Columbia University Press, 1983。

② 《说苑逐字索引》，5.23.

③ 在这个故事中，当孝媳被判死刑时，于公对太守说她孝顺赡养婆婆已经十年，不会是杀母的凶手。在太守不听他的意见时，他强烈地抗议这一审判并辞职。当新的太守上任并奇怪为什么境内发生如此大旱时，于公告诉他是因为一个孝顺的媳妇被不公正地处死了，新的太守便去祭祀了这个孝媳。

第四章　孝感奇迹与汉代阴阳儒学残存

的回应，而是上天对审判不公的愤怒所造成的。相反，通过介绍另一个奇迹，这个故事的早期中古的版本明确表明，孝妻得到了上天的回应：当她即将被斩首的时候，告诉围观群众，如果她有罪，她的血液就会向下流动；如果她是无辜的话，血将顺着附近的旗杆向上流。不出所料，她死后，血顺着旗杆往上流，而且溢过了旗子。① 当然，这个更戏剧性的奇迹，由于她的美德也就是孝顺的力量，而明显地出现了。总之，虽然刘向将孝顺子女与奇迹联系起来，但他并没有将奇迹与孝顺直接联系起来。孝感奇迹——也就是一个孝子典范对父母或兄弟姐妹的孝顺所产生的奇迹——还没有出现。

我们关于孝感奇迹故事的第一个证据出现在王充（27—97）的《论衡》一书中。虽然他没有讨论这些故事本身，但他有时会提到这些故事。在批判他的同时代人只赞扬值得尊敬的先贤、而忽略现在有功劳的人这一倾向时，王充证明了叙述非凡孝子和正义兄弟的口头作品的存在：

> 近有奇而辨不称，今有异而笔不记。若夫琅邪儿子明，岁败之时，兄为饥人所食，自缚叩头，代兄为食。饥人美其义，两舍不食。兄死，收养其孤，爱不异于己之子。岁败谷尽，不能两活，饿杀其子，活兄之子。②

值得注意的是，这个故事与后来许多孝子故事非常相似，在这些故事中，一个堪称典范的儿子经常用自己来代替被残忍的叛军俘虏的兄弟或父母。同样值得注意的是，王充将这些行为描述为"奇"或

---

① 《搜神记》，11.290，长老传云："孝妇名周青，青将死，车载十丈竹竿，以悬五幡，立誓于众曰：'青若有罪，愿杀，血当顺下；青若枉死，血当逆流。'既行刑已，其血青黄缘幡竹而上，极标，又缘幡而下云。"又见《法苑珠林》49.362。
② 《论衡逐字索引》56，250；另见王充《论衡·齐世篇》1：476。倪子明的故事在《后汉书》关于孝义的合传中也有记载，但是其姓为"萌"，详见《后汉书》卷三九，第1300页："齐国儿萌子明，梁郡车成子威二人，兄弟并见执于赤眉，将食之，萌、成叩头，乞以身代，贼哀而两释焉。"

"异",这些都是他用来表示奇迹或超自然的同一术语。这要么是因为子明的行为远远超出了人们的预期,令人难以置信,要么是因为人们认为这些行为的积极结果是通过超自然的干预而产生的。王充进一步指出,许多关于当代孝子和正直兄弟的孝感奇迹作品是存在的,但由于当代对遥远过去的典范的偏见,他们既没有被归入他那个时代的书面文本中,也没有被纳入精英的口头文化里。

尽管如此,王充还是保留了一个来自书面记载的孝感奇迹。《论衡·感虚篇》载,根据"传书言",有一天,曾子外出打柴,一位不速之客正好去他家拜访,曾子的母亲掐了自己的胳膊,奇迹般地把曾子叫回了家。王充接着反驳了这个故事的逻辑,他说:

> 盖以至孝与父母同气,体有疾病,精神辄感。曰:此虚也。夫"孝悌之至,通于神明",乃谓德化至天地。俗人缘此而说,言孝悌之至,精气相动。①

这篇文章在三个方面至关重要。首先,这是现存最早的关于孝感奇迹的书面证据,而这一奇迹毫无疑问的是由孝道引发的。其次,王充揭示了他的同时代人是如何理解这个奇迹的发生,即他们相信,通过孝道净化自己的"气",就能使自己的气和父母一样,所谓"以至孝与父母同气"。因此,如果一个人的父母生病了,因为同样的事情相互影响,这将刺激他的精神,并会产生神奇的反应,他也会感觉父母的痛苦。由此可见,到公元1世纪,中国人已经相信,"至孝"可以通过"同气"的原则带来奇迹。第三,这段文字也证明了至少有少数孝感奇迹故事是通过书面形式流传的。②

《论衡》进一步揭示了后来的孝感奇迹故事的一个重要特征,即故

---

① 《论衡逐字索引》19,73;王充:《论衡·感虚篇》,2:189—190。
② 黑田彰认为这段话很可能是王充从《孝子传》中引用而来的,详见黑田彰《曾参赘语—孝子图与孝子传》,《说话论集第十三集 中国与日本的说话—》,说话与说话文学的会编,大阪:清文堂,2003,第218页。

第四章 孝感奇迹与汉代阴阳儒学残存

事结尾的那句话说，奇迹是对一个楷模的善行的回应。在另一篇中，他还提到，"（传书言:）舜葬于苍梧，象为之耕；禹葬会稽，鸟为之田。盖以圣德所致，天使鸟兽报佑之也。"① 尽管这段文字与孝行无关，② 但因为它的最后两句，所以非常重要，倒数第二句很像"以为孝感所致"这一结束许多孝子故事的套语。用"孝"来代替句中的"圣德"二字，是一个很简单的操作。最后一句特别重要，因为它明确地指出，是上天创造了这个奇迹来奖赏舜和禹。当然，这就是孝感奇迹故事背后的逻辑：上天创造奇迹，是为了奖励孩子杰出的孝行。

最早记载孝感奇迹故事的史书，是由朝廷官方修撰的《东汉观记》。如前所述，它的许多传记可能是在公元120年后不久写的。其中一个故事是关于一个不为人知的孝子，他叫古初，面对熊熊大火，他拒绝放弃父亲的棺材，而是抱着它不肯离去。于是大火奇迹般地熄灭了。故事以"以为孝感所致云"这句话结束。③ 这句话几乎与《论衡》中关于大象为舜掩墓的故事如出一辙。然而，这一次是古初的孝顺，而不是"贤德"，产生了一种神圣的回应。《东观汉记》中其他孝子故事的记载中也包含孝感奇迹。④ 因此，在公元2世纪初，我们已经看到了孝感奇迹故事的成熟模式：一个孩子的杰出的孝道引发了神灵世界为他/她创造了一个奇迹，之后有一句类似"以为孝感所致"公式化的套语来强调情况确实是这样的。

我们应该注意到孝感奇迹故事出现的时间。虽然这些故事明显表

---

① 《论衡逐字索引》16，48。
② 此则材料不涉及孝行，而是关于薄葬的内容。动物们在尧和舜的坟地上翻耕、播种，掩盖了他们埋在那里的痕迹，从而使坟地免遭劫掠。然而，随着时间的推移，大象和鸟类为舜工作的主题与他的孝顺联系在一起。事实上，在《全相二十四孝诗选集》中，标准的舜的图画作品形象表现是，大象和鸟类为活着的舜耕耘土地和播种。然而，笔者在任何早期中古或唐代的舜故事的图像中都没有发现这个主题。
③ 《东观汉记逐字索引》，16.42。《东观汉记》卷一四《郅恽传》："郅恽为长沙，长沙有义士古初，遭父丧未葬，□人failed，及初舍。棺不可移，初冒火伏棺上，会火灭。"此句下聚珍本又有"以为孝感所致云"一句。
④ 还可见姜诗、李善、应顺等人的故事，《论衡逐字索引》17.23，17.25，19.12。

99

现出阴阳儒学的世界观，但孝感奇迹故事在西汉时期并没有出现。相反，它们在公元1世纪和2世纪出现了，这与儒家谶纬的出现和帝国的推广是一致的。许多学者认为，这些文本最早出现在王莽统治末期的内乱期。① 东汉创始人，光武帝刘秀利用这些谶纬来证明他的登基是合法的，于是他把这些谶纬确立为正统文献，并以此来指导政府的政策和仪式。② 中平元年（56）他命令所有的官员都必须熟悉谶纬。他的继任者明帝（58—76在位）和章帝（76—88在位）继续拥护和推广谶纬。由于朝廷官方的保护，有学问的精英阶层对谶纬非常精通。许多学者，包括伟大的经学大师郑玄（127—200），将纬书作为孔子对五经的补充，并在五经典籍中引用它们。③ 谶纬在三国时期（220—280）仍有很大的影响。④ 因此，孝感奇迹故事首先出现和繁荣正是在谶纬的影响达到顶峰时。因此，它们带有谶纬的沉重印记并不奇怪。但是这些故事传达了什么信息，它们又是如何与纬书联系起来的呢？

第二节 《孝经》和纬书中孝的力量

孝感奇迹故事传达的最重要的信息是孝道的巨大功效。对于故事的编纂者来说，创造奇迹的能力是孝道最重要的属性之一，与它在宇

---

① 参见 Jack L. Dull, "A Historical Introduction to the Apocryphal (Ch'anwei) Texts of the Han Dynasty," Ph. D. dissertation, University of Washington, 1966, 186 – 217; Lu Zongli（吕宗力）, "Heaven's Mandate and Man's Destiny in Early Medieval China: The Role of Prophecy in Politics," Ph. D. dissertation, University of Wisconsin, 1995, 20 – 23; Itano Chôhachi（板野长八）, "The t'u-ch'en Prophetic Books and the Establishment of Confucianism," *Memoirs of the Research Department of the Toyo Bunko*, part 2, 36 (1978): 85 – 107。

② 参见 Dull, "Historical Introduction", 217 – 230; 板野长八:《图谶と儒教の成立》，91 – 96。

③ Dull, "Historical Introduction," 264 – 265.

④ Carl Leban, "Managing Heaven's Mandate," in *Ancient China*, ed. David T. Roy and Tsuen-hsuin Tsien, Hong Kong: Chinese University Press, 1978, 315 – 342; Howard Goodman, *Ts'ao P'i Transcendent: The Political Culture of Dynasty-Founding in China at the End of the Han*, Seattle: Scripta Serica, 1998; Keith N. Knapp（南恺时）, "Heaven and Death according to Huangfu Mi, a Third-century Confucian," *Early Medieval China* 6 (2000): 1 – 31.

第四章 孝感奇迹与汉代阴阳儒学残存

宙中的崇高地位直接相关。故事的编纂者们认为"孝"是将天、地、人联系在一起的原则。在《晋书·孝友列传》的序言中,作者对此作了明确的阐述:

> 大矣哉,孝之为德也。分浑元而立体,道贯三灵;资品汇以顺名,功苞万象。用之于国,动天地而降休征;行之于家,感鬼神而昭景福。①

由于"孝"连接并成为所有事情的基础,人们实践它,无论是在宫廷或在家里,将导致神灵世界的某些方面做出积极的回应。现存的《孝子传》序言也提醒人们注意孝道的宇宙哲学意义及其召唤奇迹的能力。② 根据这些序言,由于孝道与天地齐平,没有任何其他美德可以超越它;此外,它的优越性表现在它创造奇迹的能力上。据我所知,在早期中古,没有其他儒家美德被认为具有这种力量。

这种强调孝道的力量和创造奇迹的能力从何而来? 在战国时期,由于官僚政府的兴起,直接征税和征召农民,家庭("家")取代世系("宗")成为最重要的社会和经济实体。秦朝和汉朝都认识到必须有强大的家族首领来保证家庭满足国家的需要,并且相信孝顺父母的儿子也会忠于国家,因此都大力提倡孝道。③ 尽管人们通常不会把"孝"与尊奉法家的秦朝联系在一起,然而,不仅第一个皇帝,秦始皇(公元前221年—前210年在位)在他的诏书中敦促人们要孝顺,而且秦朝法律也允许父母要求国家流放或处死不孝的子女,不允许子女向官

---

① 《晋书》卷八八《孝友传》,第2273页。
② 可参见萧绎《孝德传》的序言(《艺文类聚》20.375)以及阳明本、船桥本《孝子传》序文(《孝子注解》,第17—19页)。
③ 关于这种现象,可参见孙筱《汉代"孝"的观念的变化》,《孔子研究》1988年第3期,第95—102页;赵克尧:《论汉代的以孝治天下》,《复旦大学学报(社会科学版)》1992年第3期,第80—86页;越智重明:《秦时代的孝》,《战国秦汉史研究》,福冈:中国书店,1989年,第323—350页;杨爱国:《汉代的忠孝观念及其对汉画艺术的影响》,《中原文物》1993年第2期,第61—66页;板野长八:《图谶と儒教の成立》,第333-336页。

府告发父母的罪行。①"孝"的重要性使《韩非子》增加了"忠孝"一章,其中提出了孝道观,孝道仅仅是服从,不可能与忠义的价值发生冲突。②汉朝在促进孝道方面做得更多,为孝子典范免除赋税并提供物质奖励,把"孝"作为选官体制中最重要的一个科目,并让臣民阅读《孝经》。渡边信一郎认为,《孝经》是一种强大的同化媒介,因为只有了解了它,人们才有希望被推荐为"孝廉"科目的候选人。③ 这种价值的最重要体现在皇帝的谥号上——除了开国皇帝刘邦,汉朝的每个皇帝死后的谥号中都加上了"孝"这个字。

《孝经》是倡导和颂扬"孝"的主要文本。虽然学者们可能会争论这本书是成书于战国晚期还是西汉时期的,但他们都同意它对汉朝有相当大的影响。④《孝经》将"孝"上升为一种形而上学的原则,从而提高了它的重要性。《孝经·三才篇》云:"夫孝,天之经也,地之义也,民之行也。天地之经而民是则之,则天之明,因地之利,以顺天下。"通过践行孝道,人们重新将他们与天地共享的东西联系起来。人与天地合一,万物便有了秩序。正如池泽所指出的,《三才篇》把"孝"等同于道家的"道"。⑤ 与阴阳儒学思想非常一致的是,在完善这种伦理道德的同时,人可以影响天地。《感应篇》里也称,"宗庙致

---

① Katrina C. D. McLeod and Robin D. S. Yates(叶山),"Forms of Ch'in Law," *Harvard Journal of Asiatic Studies* 41.1 (1981): 148-152.

② 板野长八:《图谶と儒教の成立》,第337-340页;板野长八:《儒教成立史の研究》,东京:岩波书店,1995年,第51—66页。

③ 渡边信一郎:《孝经と国家论—孝经と汉王朝》,川胜义雄、砺波护编:《中国贵族制社会の研究》,京都大学人文科学研究所,1987年,第431—437页。

④ 关于《孝经》的成书时间,可参见William G. Boltz(鲍则岳),"Hsiao Ching," in *Early Chinese Texts*, ed. Michael Loewe, Berkeley: The Society for the Study of Early China, 1993, 142-144;板野长八:《儒教成立史の研究》,22,1—50;渡边信一郎:《孝经の成立とその背景》,《史林》69.1 (1986) 53—86;陈铁凡:《孝经学源流》,台北:"国立"编译馆,1986年,第41—60页;Ikezawa Masaru, "The Philosophy of Filiality in Ancient China," Ph. D. dissertation, University of British Columbia, 1994, 117-146, 198-244。

⑤ Ikezawa Masaru, "The Philosophy of Filiality in Ancient China," 152.

敬，鬼神著矣。孝悌之至，通于神明，光于四海，无所不通"，① 这意味着尽善尽美的孝悌之道可以影响神灵，它的力量是无穷的。

孝的力量的好处之一是，孝顺的人可以免受灾难。《孝治篇》告诉我们，如果为政者用"孝"的精神对待每个人，那么他和他的国家都不会经历人为的或自然的灾害，所谓"是以天下和平，灾害不生，祸乱不作。故明王之以孝治天下也如此"②。同样，在《庶人篇》中云"故自天子至于庶人，孝无终始而患不及者，未之有也"。这两个篇章都暗示了不孝的人招来灾难是因为他们激怒了神灵，而孝顺的人得到了神灵的保护。

这种强调孝顺的神奇力量的倾向在儒家的纬书中达到了高潮。这些纬书的作者非常重视孝道，尤其是传播孝道的经典文献《孝经》。这部著作之所以有这么大的影响，是因为当时的儒家认为它和《春秋》是孔子本人所撰写的唯一的经典著作。公元1世纪的纬书《孝经钩命决》云："孔子在庶，德无所施，功无所就，志在《春秋》，行在《孝经》。"③ 因此，除了《春秋》之外，《孝经》中所附加的谶纬比其他任何经典都要多。④ 我们应该注意到，对于纬书的作者来说，创作了这两部经典著作的孔子不仅是人类的圣人，而且是超人、无冕之王。⑤

---

① 笔者将这一段文字翻译成英文时，参考了 James Legge（理雅各）译，*The Sacred Books of China：The Texts of Confucianism*，Part 1：*The Hsiao King*（Delhi：Motilal Banarsidass，1899，485。值得注意的是，这两段证明孝道宇宙哲学重要性的文句，在《孝义列传》《孝感列传》等关于孝道人物列传的序言中引用。详见《隋书》卷七二《孝义列传》，第1661页；《魏书》卷八六《孝感列传》，第1881页。

② 陈铁凡：《孝经郑注校证》，台北："国立"编译馆，1987年，第112—117页。

③ 安居香山、中村彰八编：《纬书集成》第三版，石家庄：河北人民出版社，1994年。《孝经援神契》同样认为，"孔子制作《孝经》，使七十二子向北辰罄折"，参见《纬书集成》，2：993。

④ 《纬书集成》1：51—52。安居香山、中村彰八恢复了附着在《孝经》上的三十二篇谶纬和附在《春秋》上的三十七篇谶纬篇目。

⑤ 参见 Mark Csikszentmihalyi（齐思敏），"Confucius and the Analects in the Han," in *Confucius and the Analects：New Essays*，ed. Bryan W. Van Norden（万百安），Oxford：Oxford University Press，2002，134–162；王步贵：《神秘文化》，北京：中国社会科学出版社，1993年，第147—148页。

在纬书中，"孝"是美德的象征——人的行为中没有比它更重要的了。因此，《孝经钩命决》云，"孝道者，万世之桎锆"，"正朝夕者视北辰，正情性视孝子"①。换句话说，就像北极星是使天体保持在一起的恒定不变的关键，孝道便是使地球上的一切都保持在一起最完美的行为形式。如果人们用孝道来引导他们的行为，那么完美的秩序就会产生。此外，由于孝道比任何美德更能体现天意，因此它能唤起天意，而其他美德却不能。《孝经右契》宋均（3世纪）的注云："博学笃志，切问近思，仁在其中矣。天仁犹不足明，唯孝为能动天之神，感日之铭，与身相通附矣"②，"天仁"还不足以创造辉煌，只有孝道才能感动天神，才能影响太阳的光辉，才能穿透并附着在身体上。因此，孝道胜过儒家其他一切美德，甚至胜过《论语》所推崇的"仁"，因为只有孝道才能产生奇迹。

下面的叙述来自最早的纬书之一《孝经援神契》，它们描述了孝道所能产生的种种奇迹：

> 元气混沌，孝在其中，天子孝，天龙负图，地龟出书，妖孽消灭，景云出游。庶人孝，则木泽茂，浮珍舒，恪草秀，水出神鱼。③

孝道可以创造奇迹，因为它是未分化的、原始的气的一部分，天、地、人都是由它创造的。通过培养孝道，一个人将自己与伦理世界统一起来，从而使它产生非凡的现象。皇帝的孝能除灾，带来吉兆，并得到神奇的图表，而平民的孝能使土地肥沃，产生珍贵稀有的物品，并使吉祥的动物现身。然而，纬书中提到的所有其他预兆，如甘露、

---

① 《纬书集成》2：1007，1015。对早期中古的中国人来说，北极星很重要，因为它在一年的任何季节都可以看到。由于它的固定性，它被视为"天皇大帝"，统治着所有的天上神灵。参见 Edward H. Schafer（薛爱华），*Pacing the Void: T'ang Approaches to the Stars*, Berkeley: University of California Press, 1977, 44-46.

② 《纬书集成》2：1001，1002。

③ 《纬书集成》2：971。历史资料第一次提到这段文字是在公元25年。

凤凰、甘泉、吉星、赤雀等，都是由皇帝或诸王的孝道感应而来的。这些特殊的非凡现象通常与上天对圣人的德治的回应（感应）有关。[1]

在纬书中，孝道不仅能带来吉祥的预兆，还能吸引上天的直接赏赐。首先，如果一个人尝试去做孝行，但却没有办法去完成它，那么神灵世界就会奇迹般地帮助他或她去完成并有一个完美的结局。《孝经钩命决》云，"人有孝性，天出孝星。孝心感天地，天与之孝行。"[2] 有趣的是，即使一个人只是想做一件孝顺的事，伦理世界也会伸出援助之手。一种可能的方法便是提供药物，让孝顺的孩子能够治愈他或她生病的父母，《孝经援神契》云，"孝悌之至，通于神明。病则致其忧，顾额消形，求翳翼全"[3]，一个人通过破坏自己的健康而救了自己的父母，因为他为了孝顺牺牲自己而感动了上天，上天奇迹般地提供了必要的药物。需要注意的是，这篇文章的第一句是引用了《孝经》，第二句是由此推理而来的。

上天赐给孝子的另一种奖赏便是长寿。根据《孝经左契》，"孝顺二亲，得算二千，天司录所表事，赐算中功，祉福永来"，另一方面，"不孝敬，痹在喉，寿命凶"[4]。这两个片段都表明，纬书利用了人们对长寿的渴望，并利用它来为孝道服务。这些段落也很重要，因为它们表明，纬书的作者相信存在一个天上的官僚机构，精心记录人们的功德行为。

第三节　上天的赏赐

通过继续并详细阐述纬书关于孝顺功效的概念，这些故事颂扬了

---

[1] 《纬书集成》2：976，998，1007，1008。关于这些预兆和王朝合法化之间的联系，参见 Tizianna Lippiello（李集雅），*Auspicious Omens and Miracles in Ancient China: Han, Three Kingdoms and Six Dynasties*, Sankt Augustin, Germany: Steyler Verl., 2001, 40–50, 122–149.

[2] 《纬书集成》2：1017。

[3] 《纬书集成》2：971，998。

[4] 《纬书集成》2：997—998。

孝道的力量，提倡存在一个有意识的、充满关怀的神灵世界，并承诺对那些把其信息铭记于心的人给予丰厚的回报。孝子故事的作者们使用了几种不同种类的奇迹故事来传达这些信息。

第一类型是孝子典范真诚的孝道使神灵世界帮助他或她完成孝道的行为。这种奇迹能使一个儿子或女儿完成一件不可能完成的孝行，或者至少是一件很难完成的事情。典型的例子便是孝顺的儿子寻找他父母想要过季食物的故事。例如，在冬天刚开始的时候，孟宗（卒于271）的母亲想要吃新鲜的竹笋，孟宗找不到竹笋，在竹林里哀声叹气，十分伤心。不久，新鲜的竹笋为他破土而出，人们都认为这是孟宗"至孝之所致感"①。这最后一句特别重要，因为它表明这一不可思议的事情是对孟宗孝道的超自然反应。作者还强调了超自然干预的必要性，人们不能对这种现象寻求一种自然主义的解释。在前面的章节中，我们注意到《孝经援神契》中指出，平民的孝道可以带来珍贵稀有的物品。宋均对这一段的评注，直接将孝道故事与这一原则联系起来，"如曾子之孝，千里感母，能使其域致珍也"②。像孟宗能够得到一些通常不可能得到的东西这样的故事，正是基于孝子楷模的孝可以确保得到罕见的东西这样的观念。

与这一类型相似的故事还有孝子没有办法拯救他/她生病的父母。例如：

> 缪斐，东海兰陵人。父忽患病，医药不给。斐夜叩头，不寝，不食，气息将尽，至三更中，忽有二神引锁而至，求斐曰："尊府君昔经见侵，故有怨报。君至孝所感，昨为天曹摄录。"斐惊起，

---

① 《三国志》卷五〇《吴书·三嗣主传》裴松之注引《吴录》，第1169页。
② 《纬书集成》2：971。虽然不清楚他具体指的是什么故事，当宋均说曾子能够给他所在地区带来罕见的事情时，很明显，他是引用一个特定的故事，就和那个曾子母亲咬手指召唤他回家、曾子在千里之外被母亲所感的故事一脉相承。

视父已差，父云："吾昔过伍子胥庙，引二神像置地，当是此耳。"①

这个故事十分引人注目，因为它与《孝经援神契》最后一节中讨论的段落非常吻合。由于对父亲深深的爱，缪斐陷入了悲痛之中。为了回应他的虔诚，上天提供了一个神奇的解决方案。这种叙述既强调了孝感奇迹故事和纬书之间的密切关系，也强调了一个有感应的、上天官僚机构的存在。

这类奇迹的第二种是儿子或女儿已经表现出典范的孝道，而奇迹促进了孝行的完成。隗通的母亲喜欢从弱水的中央取水。因此，隗通总是划着船到危险的水域去为母亲取水。于是，天上铺了一块横石伸入水中，这样一来，隗通就不用再承受那么多危险和辛苦了。② 在叙述完这个故事后，《水经注疏》增加了一句："今犹谓之孝子石，可谓至诚发中而休应自天矣。"③ 体现这种类型的另一个主题便是孝子决定在没有得到任何帮助的情况下建造父母的坟墓。在这个过程的某个时刻，成千上万的鸟用它们的喙衔着泥土，帮助他建造了坟墓。④ 所有这些主旨都表明，上天会帮助孝行。这样一来，伦理世界不仅标识了"孝"的意义，也确保了它的延续。

第二类型奇迹是上天奖励孝子能改善生活的东西，比如财富，配偶，长寿，或者被朝廷任命官职。孝子羊公收到这种奖励的故事便是

---

① 《太平御览》卷四一一《人事部·孝感》，卷六四四《刑法部·锁》。
② 《太平御览》卷三八九《人事部·嗜好》。《华阳国志》和《水经注》中记载他的名字为"隗相"，见《华阳国志校注》10b，780；郑德坤：《水经注故事考》，第178页。
③ 《水经注疏》卷三，第2961页。在一个类似主题的故事中，姜诗的母亲也喜欢喝从江心中汲取的水。姜诗和他的妻子为了从江心中取水呈给他的母亲而做出了许多牺牲，以至于有一股泉水从他们家旁边喷涌而出，而这泉水的味道和江心的水一样（《太平御览》411.1a—b）。要注意的是纬书中提到，甘泉会出现在真诚的孝道实践中。
④ 关于这一类故事，可参见文让（《太平御览》411.6a）、宗承（《太平御览》37.6b，411.7a）、李陶（《艺文类聚》92.1592）、颜乌（《艺文类聚》92.1592，《孝子传注解》165—166）的故事。

一个很好的例子。这个故事的一个版本中说,羊公因为他的孝顺和仁慈,上天以鹅卵石变成玉的形式给他提供财富,并娶了一个出身望族的妻子,而且他的十个儿子都品德高尚、且都是高官。① 一个早期中古的人还能要求什么呢?虽然上天对其他孝子的奖励没有那么丰厚,但对孝子们来说仍然是很有益的。在纪迈的故事中,作为对纪迈众多孝行的回报,上天赐予他一个妻子,并把他的寿命延长至百岁。② 正如我们已经看到的,为了报答董永为孝顺父亲所做的努力,上天不仅暂时给了他一个妻子,更重要的是,通过妻子超人的劳动,他得以偿还债务、重获自由。郭巨愿意为赡养母亲而牺牲自己的幼子,所以上天赐给他一罐金子。为了强调这是上天对他孝道美德的感应,罐子上有铁券写着:"赐孝子郭巨。"③ 这些金币让他和年迈的母亲以及儿子幸福地生活在一起。孝女也可以从神灵那里得到奖赏。由于屠氏女(5世纪)卓越的孝顺贤惠,山神赐给她治病的本领,很快就有了许多求婚者。④ 简而言之,孝道可以用世间最大的欲望——财富、配偶、长寿和政府官职——来回报它的践行者。

前面提及的羊公的故事很有意思,因为这个故事对他的孝道说得

---

① 《太平广记》292.614。在这个故事的另一个版本中,阳公翁伯(《搜神记》作"雍伯")种石生玉而新增长的财富使他能够娶到北平名门望族徐氏的女儿作为新娘。这一事情的转变使当时的皇帝感到惊讶,于是赐予他一个官职。参见《搜神记》第285页,《水经注疏》2:1234—1235。这个故事的两个版本特别有意思,因为它给了我们一个有多少早期中古的人进入中国社会的顶层的大致印象:依靠他们的财富,他们从显赫的家族娶到新娘,然后通过这样享有声望的姻亲关系来引起皇帝的注意。主人公羊公在不同的版本中有不同的名字,如阳雍、阳翁和阳伯雍。事实上,黑田彰考证了他的名字有20多种不同变体。然而,正如黑田彰所指出的一样,在武梁祠画像石的题记以及葛洪(284—363)《抱朴子》中都称呼他为"羊公"。黑田彰认为这种名字上的混淆,是由于把羊公和其他姓阳的人混为一谈了。参见黑田彰《孝子伝图と孝子伝——羊公赘语》,《孝子伝注解》。
② 《太平御览》卷四一一《人事部·孝感》,第7b—8a页。
③ 《太平御览》卷四一一《人事部·孝感》,第8b—9a页;卷八一一,第8b—9a页;《艺文类聚》83.1424;《法苑珠林》49.361,《搜神记》283。
④ 《南齐书》卷五五《孝义·诸暨东洿里屠氏女传》,第960页。

比较少。① 故事详细描述了羊公在父母去世后,如何搬到一个干旱贫瘠的地方,多年来,他会从其他地方取水,把水带到这里,然后免费送给过往的人。根据这个故事的某些版本,他甚至帮他们补鞋,但从未要求付款。神灵送给他种子,这些种子变成了玉石和硬币。尽管有人可能会认为这只是一个关于互惠和"报恩"的故事,但它的意义远不止于此,还在于它的结构方式。在故事的开头,作者说他是一个优秀的儿子,因此整个故事都是关于孝道的:由于羊公对父母过世的悲哀,他放弃了正常的生活,也就是官场生活,而全心无私地帮助别人。换句话说,他把他的孝顺,他对父母的无私奉献,扩展到所有的人。因此,上天不仅对羊公的善举进行了赏赐,也赏赐了他的孝道,他的孝顺使善举成为可能。②《孝子传》的编纂者们在他们的著作中记载了他的故事,这证实了早期中古的人们认为羊公得到奇迹般的补偿源于他的孝顺。③

第四节 拯救孝子于危难之中的奇迹

第三类奇迹是神灵世界拯救孝子,使他免于自然灾害、野生动物、强盗、甚至残忍父母的伤害等迫在眉睫的危险。既然《孝经》已经提到了这种奇迹,它可能是最古老的一种类型。

---

① 事实上,巫鸿甚至不认为这是一个孝子故事(参见 Wu Hung, *The Wu Liang Shrine*, 144, 168, 182)。《搜神记》中的片段仅仅告诉我们他"至性笃孝";然而《孝子传》的故事版本中,有关于他孝行的更多内容。萧绎的《孝德传》便记载:"公少修孝敬。达于遐迩。父母殁,葬礼毕,长慕追思,不胜心目。乃卖田宅,北徙绝水浆处,大道峻坂下为居。"(详见《太平广记》292.614)。这段文字显然意味着,给陌生人提供水浆是阳雍试图控制对死去父母悲痛的一种疗法。阳明本《孝子传》中对他的孝行有相同的描述,参见《孝子伝注解》,第 242 页。

② 与它的结构和内容相似,可参见唅参(《搜神记》451,《古孝子传》30)和郭文(《太平御览》892.1b,《晋书》94.2440)的故事。

③ 关于包括羊公故事的孝子传,可参见第 91 页注释②。《晋书·孝友传》的编撰者也将阳雍获得赏赐包括在他所列举的孝感奇迹的名单中,参见《晋书》卷八八《孝友传》,第 2273 页。(译者注:《孝友传》序言中有"亦有至诚上感,明只下赞,郭巨致锡金之庆,阳雍标蒔玉之祉。")

由于突发性和不可预测性，自然灾害对早期中古的中国人来说非常可怕。那时的建筑物大部分用木头建造，屋顶是茅草屋顶，人们用蜡烛和油灯照明，在这种情况下，火灾尤其特别危险。难怪会有许多故事描述，一个模范的孝子会在危急时刻得到超自然的感应，帮助扑灭大火。南北朝时期，最受人喜爱的便是蔡顺的故事。他在母亲的棺木即将被大火吞噬时，不顾自己的死活抱着棺木，竟使火焰奇迹般地越过他的房子，没有烧到它。尽管蔡氏被认为有其他非凡的孝行，但5、6世纪的工匠们却只选择用图画来描绘这个故事。① 这个主题非常受欢迎，中国的佛教徒都借用它来传播他们的信仰。② 孝道，还能使人在变幻莫测的大海上旅行时免于可怕的危险。《太平御览》卷六〇《地部·海》：

> 周景式《孝子传》曰：管宁（158—241）避地辽东，遇风船人危惧，皆叩头悔过，宁思惟愆咎，念常如厕不冠而已，向天叩头，风亦寻静。③

管宁同船的人认为，他们所遭遇灾难是因为他们的罪行激怒了灵界。由于管宁人品完美无瑕没有别的过错，仅仅只有在如厕的时候没有着冠，因此他向天叩拜，便风平浪静得救了。尽管这个故事并没有

---

① 这个故事的图像表现，在纳尔逊—阿特金斯北魏石棺、卢芹斋北魏石棺、纳尔逊—阿特金北齐石床、固原漆棺中都可以见到。参见黑田彰《孝子伝の研究》，第200—207页。
② 在4世纪晚期《观世音应验记》这部已知最早的佛教奇迹故事集中，便有关于竺长舒（晋朝）的故事。它记载，"长舒奉法精至，尤好诵观世音经。其后邻比失火，长舒家悉草屋，又正下风，自计火已逼近，政复出物，所全无几。乃敕家人不得輂物，亦无灌救者，唯至心诵经。有顷，火烧其邻屋，与长舒隔篱，而风忽自回，火亦际屋而止。时咸以为灵。"参见孙昌武编《观世音应验记（三种）》，北京：中华书局，1994年。除了因为吟诵观音经的感召外，故事的这个部分无疑是模仿古初和蔡顺的孝道奇迹：一场火灾奇迹般地绕过了一个人的家，因为这个人"至孝"。这个佛教故事甚至有一个标准的句式，这个句式也通常是孝道奇迹故事的结尾："时咸以为灵。"这似乎是一个很明显的例子，即中国的佛教徒借用了孝道奇迹故事，并根据自己的需要加以改编。
③ 《艺文类聚》8.151，《太平御览》卷六〇《地部·海》60.3b，186。虽然我没有发现这个奇迹的更早一些的版本，但3世纪的《傅子》一书认为在管宁身上发生过类似的奇迹，详见《三国志》卷一一《魏书·管宁传》，第358页。

提到管宁的孝道，但它出自周景式的《孝子记》，这其中无疑包含了这一点，读者也自会明白，这个奇迹的发生是由于管宁的至孝。① 船上的其他人没有从天上得到任何回应，显然因为他们没有尽孝。因此这样看来，自然灾害敌不过孝子。

我们可以看到更多的关于孝道的巨大力量证据，它也可以保护一个人免受野兽和强盗的侵袭。《太平御览》记载了韦俊（440）的故事："尝与其父共有所之，夜宿逆旅。时多虎，将晓，虎绕屋号吼，俊乃出户当之。虎弭耳屈膝伏而不动，俊跪曰：'汝饥可食我，不宜惊吾亲老。'虎逡巡而退，屋人皆安全。"② 韦俊的无私和对父亲的真诚关怀彻底击垮了老虎——它们别无选择，只能在韦俊无比的善良面前退却。在一个结构相似的故事中，记载了在一次叛乱中，饥饿的叛军抓住了赵孝的弟弟赵礼，他们正准备吃掉他。赵孝于是把自己捆了起来，对他们说："礼久饥羸瘦，不如孝肥饱。"就像韦俊故事中的老虎一样，赵孝的德行让强盗放下了武器；他们因赵孝的行为感到惊讶和羞愧，于是让兄弟俩毫发无伤地离开了。③ 因此，孝道具有令人敬畏的力量，足以驯服那些未驯化的野兽和残忍的强盗。这种类型的故事和它所传达的信息是如此吸引人，以至于中国的佛教徒们热切地将它们吸收到

---

① 管宁的孝行体现在两个方面，一是在他父亲死后，他拒绝收取亲戚的赠赙而用自己的能力来办理父亲的葬礼，另一方面是对待他很小的时候便死去的母亲，他已不记得母亲的形象，但在祭祀母亲的时候一直伏地流涕。详见《三国志》卷一一《魏书·管宁传》："年十六丧父，中表愍其孤贫，咸共赠赙，悉辞不受，称财以送终……宁少而丧母，不识形象，常特加觞，泫然流涕。"（译者注：《太平御览》卷六九四《服章部·裘》中引《管宁别传》："至孝。每祭祀，未尝不伏地流涕，恒着布裳貂裘。"）
② 《太平御览》卷四一一《人事部·孝感》，7a—b。
③ 赵孝的故事，参见《东观汉记逐字索引》17.23，《后汉书》39.1299。关于这类土匪或叛军因为被孝行感动而不加害于人的相同主题的其他故事，可见淳于恭（《后汉书》39.1301）、王琳（《东观汉记逐字索引》16.43，《后汉书》39.1300）、赵咨（《东观汉记逐字索引》21.13，《后汉书》39.1313）、姜肱（《天平御览》420.7a—b）和潘综（《天平御览》411.3a、《宋书》91.2248）的故事。

佛教故事中。①

　　当时的人们相信这种不可思议、令人惊叹的奇迹是由于孝道的力量而产生的，这一点可以在这些故事后面的评论中看到。在讲述了孝女杨香赤手空拳从老虎手中救出父亲的故事后，这个故事的传播者解释道："香以诚孝致感，猛兽为之逡巡。"② 也就是说，老虎放了她的父亲，不是因为杨香和它搏斗，而是因为她的孝心的力量，即"诚孝所感"。在解释孝子阳威（3世纪）和他的母亲如何从虎口逃生时，《水经注》的作者说，"非诚惯精微，孰能理感于英兽矣"③。关于孝子和强盗，我们可以参见江革的故事（约25—84），在天下动乱的时候，"盗贼并起，革负母逃难，备经阻险，常采拾以为养。数遇贼，或劫欲将去，革辄涕泣求哀，言有老母……贼以是不忍犯之，或乃指避兵之方，遂得俱全于难"。这个故事告诉我们，因为江革"辞气愿款，有足感动人者"④，盗贼们不仅让他走，还告诉他战乱少的路线，这样他们母子得以在危难之中存活下来。和曾子的"气"能够传达母亲的感受一样，江革的"气"也影响到了那些盗贼，使他们对他和母亲都很和善。

　　最后，孝道的力量也可以保护孩子免受狠心父母的伤害。尽管早

---

① 《观世音应验记》载："晋窦传者，河内人也。永和中，并州刺史高昌、冀州刺史吕护，各权部曲，相与不和，传为昌所用，作官长。护遣骑抄击，为所俘执。同伴六七人，共系入一狱。锁械甚严，克日当煞。沙门支道山，时在护营中。先与传相识，闻其执厄，出至狱所候视之，隔户共语。传谓山曰：'今日困厄，命在漏刻，何方相救？'山曰：'若能至心归请，必有感应。'传先亦颇闻观世音，及得山语，遂专心属念。昼夜三日，至诚自归。观其锁械，如觉缓解，有异于常，聊试推荡，忽然离体。传乃复至心曰：'今蒙哀祐，已令桎梏自解，而同伴尚多，无心独去。观世音神力普济，当令俱免。'言毕，复牵挽余人，皆以次解落，若有割剔之者。"这个故事和魏谭（约58—76年）的故事有着不可思议的相似之处，魏谭和其他几十个人被饥饿的强盗抓走了。虽然其中的一个人"特哀念谭，密解其缚"，让魏谭一个人悄悄地逃走，但是魏谭拒绝，并说，"谭为诸君幼，恒得遗余，余人皆茹草菜，不如食我。"（《东观汉记逐字索引》17.24，《后汉书》39.1300）这又是一个例子，佛教徒编撰者把他的故事建立在一个孝道奇迹故事的基础上，但重新调整了它，并强调了观音的灵验。这一借用表明，当佛教作家们在寻找传播佛教的载体时，他们发现孝道故事很吸引人，因为这些故事对它们的中国读者来说已经很熟悉了，而且它们非常有效地突出了超自然存在的功效。

② 《太平御览》卷四一五《人事部·孝女》，4a。
③ 《水经注疏》卷四〇《浙江注》，第3336—3337页。
④ 《后汉书》卷三九《江革传》，第1302页。

112

第四章　孝感奇迹与汉代阴阳儒学残存

期舜的传说已经显示了一个孝顺的儿子如何奇迹般地逃脱了他父母的蓄意谋杀，如前所述，舜自己通过使用不凡的方法创造了这些奇迹。然而，在早期中古的故事中，这种奇迹是作为对孩子孝道的超自然感应而出现的。例如，蒋诩（公元1世纪初）侍奉他的后母，对她百依百顺，但她仍然厌恨他。结果：

> 乃密以毒药饮诩，诩食之不死。又欲持刀杀之，诩夜梦惊起曰，"有人杀我。"乃避眠处。母果持刀斫之，乃著空地。母后悔悟，退而责叹曰："此子天所生。如何加害，是吾之罪。"便欲自杀。诩曰："为孝不致。不令致，母恐罪犹子也。"母子便相逊谢，因遂和睦。①

蒋诩喝了毒药，没有采取任何措施来拯救自己，但他活了下来。后来，又因为一个预言的梦救了他，使他免于被毒死。很明显他是被别人救了而不是自救。船桥本《孝子传》明确表示是上天救了他：当他的继母意识到她不能杀他时，她说："是有天护，吾欲加害，此吾过也。"② 事实上，为了符合这种对孝感奇迹的新理解，舜的传奇故事后来的一些版本甚至改变了他从父母的谋杀意图中被拯救出来的方式。例如，当舜在清理他父母计划要压死他的井时，他的孝道感应了上天，于是井底下变出了银币。因为他贪婪的父母想得到这些钱，这给了舜足够的时间去寻找逃跑的方法。在5世纪晚期的固原漆棺右侧板上的一幅画上写着"使舜□井灌德（得）金钱一枚钱赐□石田（填）时"③。同样，在

---

① 《孝子传注解》185—186页。这个故事最早出现在《东观汉记逐字索引》（21.37）中，它描述了蒋诩的继母如何在他睡觉的时候试图杀死他。然而，根据这个版本，就在她准备捅杀他的时候，蒋诩起身去了厕所。《东观汉记逐字索引》的故事在此处便结束了，因此在这个版本中，并不清楚究竟是大自然的召唤还是上天的干预拯救了蒋诩的性命。还有一个主题相同、但其主人公为更著名的王祥的故事，参见《世说新语笺疏》1.14。

② 《孝子传注解》，第186页。巫鸿在《武梁祠》一书中翻译了这个版本，参见第292页。

③ 宁夏固原博物馆：《固原北魏墓漆棺画》，11。同样地，在晚唐二十四孝舜的故事结尾还附了一首诗，明确地说这是一个上天所赐的奇迹，让他从井里逃脱，"孝顺父母感于天，舜子涛（淘）井得银钱。父母抛石压舜子，感得穿井东家连"。参见《敦煌变文》，2：901。

唐、五代末的《舜子变》中，舜避开了伤害而从燃烧的谷仓中逃脱，这是由于地神的干预，并在井神的帮助下从水井中逃出来。① 这些逃脱的超凡脱俗本质在固原漆棺画上表现得特别生动。在水井这个故事场景中，赤身裸体的舜从被封堵的水井表面坚固的墙壁中爬了出来；在谷仓着火的场景中，同样赤身裸体的舜张开双臂从谷仓的屋顶上跳了下来。(见图3)

图3　舜从着火的谷仓上逃脱
(宁夏固原北魏漆棺画，5世纪，宁夏人民出版社)

第五节　带来吉祥征兆的孝道奇迹

第四种，也就是最后一种孝感奇迹，就是能带来吉祥征兆的。通常这些预兆以动物被不自然的方式驯服或行为与人类相似、吉祥的野兽出现，或意想不到的自然现象等形式出现。这些吉祥的预兆通常出

---

① 《敦煌变文》1：131—132。

现在孝子以一种堪称典范的方式履行丧礼的时候。

孝顺最常见的回报之一是动物对孝顺的孩子表现出深深的尊敬，或者是瑞兽的出现。本章开头所述的那两只在虞国墓前徘徊飞翔了三年的大雁，已经为我们提供了一个例子，说明了孝道是如何使动物做出人类的或不自然的行为。① 通常，动物的这些不自然的行为是由于孩子在哀悼他或她的父母时表现出的令人心碎的悲伤。例如，每当住在父亲墓旁茅屋里的伍子胥号啕大哭时，就会有一只鹿蹲在墓旁也发出惨叫声。② 有时，动物们不仅会和这些孝道楷模一起哀悼，还会帮助他活下来。《水经注》讲述了一位姓秦的孝子的故事，他在哀悼父母时，病得吃不下饭，一只老虎给他哺乳了一百多天。③ 凡是表现得不自然但很友好的动物都是吉祥的兆头，预示着好事很快就会发生在接受者身上。④

这些故事的作者通过提及这些动物是白色的或只有在神话中的野兽的出现，来强调这些动物的吉祥本质。白色的动物通常是由于孝子典型的孝道物化而成的。在苍梧孝子顿琦的母亲死后，"琦独身立坟，历年乃成，居丧逾制，感物通灵，白鸠栖息庐侧，见人辄去，见琦而留"⑤。就像之前故事中提到的动物一样，斑鸠的行为很不自然——它们实际上是在与顿琦为伴。另外，它们的不同之处在于它们的白色，这让它们很特别。作者明确地指出，正是由于顿琦的"至孝"，才使它们出现并留在庐侧陪伴顿琦。由于早期中古的中国人相信白色的动物

---

① 其他的例子，可参见萧芝（《艺文类聚》90.1571、《太平御览》917.8a）、萧国（《艺文类聚》95.1649）和丁密（《艺文类聚》91.1582）的故事。

② 《太平御览》906.7b。其他的例子可参见竺弥（《艺文类聚》92.1599）、皮延（《艺文类聚》92.1599）、徐宪（《艺文类聚》90.1556）、申屠蟠（《后汉书集解》王先谦编，北京：中华书局，1984年，53.9b）和夏方（《艺文类聚》90.1556）的故事。

③ 《水经注疏》卷二八《沔水》，第2381—2382页。与此相同的，可见唐颂（《太平御览》906.8a）和杜牙（《古孝子传》8）的故事。

④ 虽然郑宏不是以他的孝顺闻名，但以下关于郑宏的记载清楚地说明了这一点。《艺文类聚》卷九五《兽部下》："郑弘为临淮太守，行春，有两白鹿随车，侠毂而行，弘怪问主簿黄国，鹿为吉凶，国拜贺曰：'闻三公车辐画作鹿，明府当为宰相。'弘果为太尉。"

⑤ 《艺文类聚》卷九二《鸟部·鸠》引《广州先贤传》，第1600页。相同的孝子楷模，可见丁芸（《艺文类聚》95.1648、《太平御览》906.8a）、方储（《艺文类聚》95.1650）。

是吉祥的，所以它们的出现仍然被认为是一个好的兆头，即使这些动物在孝子故事中既没有帮助也没有安慰到这个孝顺的孩子。① 由孝道召唤而来的动物的吉祥本性，在神话动物出现的故事中更为明显。这些动物的综合特性突出了它们的稀有和那些以美德召唤它们的孝子们的好运。例如辛缮（25—57），"母丧，精庐旁有大鸟，头高五尺，鸡首燕颔，鱼尾蛇颈，备五色而青，栖于门树"②。当辛缮为母亲守丧时，一只大鸟出现在精庐旁，它的身体上有五种颜色（青绿色、红色、黄色、白色和黑色）；它有鸡头、燕颔、鱼尾和蛇颈。这种鸟的吉祥性不仅体现在它的组合特点上，还体现在它的五色上，这五色无疑是与"五行"相对应的。③ 方储（东汉）的故事中也结合了神话中的野兽和白色的动物，"事母，母终，自负土成坟，种奇树千株，鸾鸟止其上，白兔游其下"④。

典型的孝道不仅召唤着不寻常的动物，而且也感应了意想不到的自然现象，这些自然现象往往是甘露降临或甘泉的出现。《东观汉记》为我们提供了这种奇迹的早期例子。汉明帝，"光武帝四子，阴后所生。即祚，长思远慕，至逾年，乃率诸王侯公主、外戚、郡国计吏上陵，如会殿前礼。正月，上谒原陵，梦先帝太后如平生，亲率百官上陵，其日降甘露，积于树，百官取以荐"⑤。在这个故事中，汉明帝非常孝顺，在新年，他率领群臣来到他父亲的陵墓前，当日便有甘露降

---

① 这之外的孝子典范，可参见下面的注释89、90、91。关于一系列的白色动物的吉祥预兆，可参见 Lippiello（李集雅），*Auspicious Omens*，135–139。为什么白色动物被认为是特别吉祥的呢？一个答案是，他们被认为是特别长寿的。《抱朴子》记载，鹿、兔寿千岁，满五百岁则色白（《艺文类聚》95.1648, 1650）。《山海经》中记载，许多白色动物生活在遥远的地方，它们的吉祥属性也可能与它们的稀有有关。《抱朴子》记载："白雉自有种，南越尤多。案《地域图》，今之九德，则古之越裳也。盖白雉之所出，周成王所以为瑞者。贵其所自来之远，明其德化所被之广，非谓此为奇。"（《太平御览》917.8b）

② 《太平御览》卷四一一《人事部·孝感》，6a。

③ 在朝堂的论辩中，这种鸟被认定为"鸾"，一种特别吉祥的鸟。详见《艺文类聚》卷九〇《鸟部下》，第1560页。

④ 《艺文类聚》卷八八《木部上·柏》，第1515页；卷九〇《鸟部·鸾》，第1560页；卷九五《兽部下·兔》，第1650页。

⑤ 《太平御览》卷四一一《人事部·孝感》，1a；《后汉书》10a, 407。

第四章 孝感奇迹与汉代阴阳儒学残存

临并积聚在树上。另外一种情况是，甘泉出现在过去从来没有出现的地方。有些记载还把一种意想不到的自然现象的出现与吉祥动物的到来结合在一起。《艺文类聚》中便引师觉授《孝子传》所载吴叔和的故事，"母没，负土成坟，有赤乌巢门，甘露降户"[1]。

所有这些预兆的一个重要方面是，它们都以儒家的纬书为基础。这些文本告诉我们，当皇帝的孝顺或美德达到其高度时，神灵世界将产生许多我们在孝道故事中也能找到的相同的预兆。例如，《孝经援神契》便载：

> 王者孝及于天，甘露降；泽及地，醴泉涌。
>
> 德至鸟兽，则鸾鸟舞。王者德至鸟兽，则白鹿见。德至鸟兽，则白乌下。德至鸟兽，则白虎见。[2]

由于这部作品可以解释几乎所有的孝道产生的吉兆，所以不难看出孝感奇迹故事的灵感来源。然而，纬书和孝子故事中吉兆的一个主要区别是，吉兆的产生者。在纬书中，是诸王或皇帝，而在孝子故事中，是普通百姓。下一节将讨论这一变化的重要性。

本书通过对孝道奇迹的考察，确立了以下三点：首先，孝子故事中所发现的孝感奇迹，无疑是源于《孝经》和儒家纬书所确立的传统。在这些先人的著作中，每一类的孝感奇迹都有其先例。早期中古的故事所做的就是把在纬书中所发现的奇异事件摘录下来，并记载它们是如何出现在历史上的孝子典范的生活中的。这意味着，如果这些历史人物能够从孝道的神灵功效中受益，每个人都可以。因此，孝道故事仅仅发展了纬书已经确立的关于孝道具有神奇力量的思想。我们不应该忽视的是，在东汉时期，每一种孝感奇迹都已经存在，而这也正是纬书影响最盛的时期。

---

[1] 吴叔和的故事参见《艺文类聚》卷九二《鸟部·乌》，第1592页。
[2] 《纬书集成·孝经篇·孝经援神契》，第977—978页。

其次,这些奇迹故事呼吁人们关注孝道的力量,而不是孝子典范的力量。与舜不同,孝子不会主动通过魔法创造奇迹;相反,他们只是伦理世界奇迹的被动接受者。一些像管宁这样的孝子,虽然有意识地呼唤奇迹,但他们只是刺激上天去创造奇迹。换句话说,创造奇迹的能力存在于神灵世界。因此,孝子只是一种工具,通过这种工具,孝顺无处不在、令人敬畏的力量显现出来。这有助于解释为什么同样的奇迹可以归因于许多不同的孝子们:孝道典范的身份远不如奇迹本身重要。

第三,故事还揭示了故事的作者以拟人化(神人同形同性论)的方式看待宇宙。他们认为天有人类的形态和情感:天是怜悯孝顺子女的神,他们乐意面对难以克服的困难来服侍父母。梁国宁陵人夏侯诉,"母疾,屡经危困,诉衣不释带二年。母不忍见其辛苦,使出便寝息。诉出便卧,忽梦见其父来曰:'汝母病源深痼,天常(帝)① 矜汝至孝,赐药在屋后桑树上。'"上天对孝顺子女的怜悯之心也会使它派遣天神或最近死去的人去帮助或奖励这些孝行楷模。董永的妻子用她的超人织布技术将董永从奴役中解救出来后,告诉他,"我是天之织女,感君至孝,天使我偿之"②。同样地,在做了许多孝顺的事情之后,纪迈突然梦见一个女人告诉他,"昨忽暴死,天神矜愍君无妻,故使相报"③。简而言之,天廷是存在的,天神可以派遣众神和神灵去完成人间的任务。天廷的官员甚至可以根据天帝的旨意逮捕和惩罚其他神灵,正如前面提到的缪斐的故事所展示的那样。④

有时,天地甚至会以实物的形式与孝子楷模互动。晋朝的刘殷(300—318)在隆冬时节,因为曾祖母王氏吃不到想吃的堇菜而恸哭,九岁的他倒在地上哀求,"'皇天后土,愿垂哀愍。'声不绝者半日,于

---

① 《太平御览》411,7a;在《太平御览》的记载中,此处为"天常",但笔者参考茆泮林、黄任恒的校勘,修订为"天帝",详见《古孝子传》19,《古孝汇传》2:18a,b。
② 《太平御览》101,《敦煌变文》2:886—887;《法苑珠林》49.362。
③ 《太平御览》411,7b—8a。
④ 《太平御览》411,7b,644.6a。

是忽若有人云：'止，止声。'殷收泪视地，便有董生焉，因得斛余而归，食而不减，至时董生乃尽。"①羊公的故事中，天神甚至把自己变成了一个学生，用神奇的种子来回报羊公。②简而言之，由于天、地对孝顺的无比推崇，他们常常帮助孝子孝女们的生活，甚至出现在子女面前。这一特点再次证明了该叙述与纬书的密切关系，纬书也以人类的形式描绘了自然和宇宙的力量。③

然而，这让我们不禁要问，为什么早期中古人们如此着迷于孝感奇迹故事。这些奇迹故事传达了什么信息，与他们自己的价值观和关心产生了共鸣？我认为早期中古的精英们赞赏奇迹故事，因为这些故事表明，大自然认可一个等级森严的家庭，并强调任何人都可以通过自身美德的培养而获得财富和地位。因为吉兆的出现表明，地方家族现在可以分享统治的合法性，而这在过去是被皇帝垄断的。

第六节 等级制度的神圣性

扩展家庭的家长们无疑欢迎这些奇迹故事，因为它们清楚地表明，天地和万物都支持他们想要的家庭关系模式：父母的愿望是最重要的，儿女的愿望是次要的。简而言之，孝感奇迹象征着父母和孩子之间不平等、等级森严的关系是神圣的。由于神灵世界认可家庭内部的等级制度，那么这是毫无疑问或不可争论的。从另一个角度来看，由于儒学从道德伦理的角度来看待宇宙，这些故事表明，为了父母的利益而牺牲自己的利益是"自然"的，因为这是天地万物共有的原则。这就是为什么那些能够通过完善自己的孝行来恢复原初"气"的人能够从

---

① 《晋书》卷八八《孝友传》，第2288页。
② 根据这个故事的一个版本，在羊公实践了诸多孝行后，"遂感天神"，天神化作一个书生问他为何不种菜，他说没有菜种，因此天神给他菜种，他种下去后收获到的却是白玉。《太平广记》292.614；《孝子传注解》，241—243。
③ 钟肇鹏：《谶纬论略》，沈阳：辽宁教育出版社，1991年，第189—193页；侯外庐编：《中国思想通史》第五卷，北京：人民出版社，1957年，第2卷，第232—247页。

有生命的和无生命的事物中得到回应。这些故事所传达的信息是，一个人牺牲自己的欲望，只为满足父母的需要而奋斗，他就会与统治宇宙的"道"结盟，这就是孝道。这样做对自己有好处，因为遵循自然规律，即孝道，可以避免灾难，延长寿命，获得财富和崇高的地位，并为子孙后代带来好运。换句话说，孝道不仅是"自然的"，而且由于它的功效，它也是最终有利可图的。

相反，这些故事暗示着，一个人如果不孝顺，就违背了事物的自然秩序，就有可能招致道德伦理世界的愤怒。虽然后来的许多故事都强调了上天如何用雷电惩罚不孝的人，但这并没有出现在任何早期中古的故事中。① 然而，在某些情况下，上天的确会惩罚那些违反正常家庭关系的人。例如，我们已经看到了舜的父母在试图杀死他后的痛苦：他的父亲失明了，他的母亲哑了，他同父异母的弟弟也哑了。换句话说，六朝和唐朝关于舜的传说的版本暗示，他的父母和同父异母兄弟的疾病是上天对他们卑鄙攻击孝顺的舜的惩罚。同样，当丁兰的妻子攻击她的木刻的"母亲"时，她也遭受了超自然的惩罚。②

很能说明问题的是，在每一种情况下，只有当受苦的人仰望上天，忏悔自己的罪过时，惩罚才会停止。如前所述，盗贼也不愿意杀死孝顺的孩子，因为他们认为这样做是不吉利的，这可能意味着他们也害怕上天的惩罚。然而，总的来说，早期中古的故事强调孝道的好处多于上天的惩罚。也许这是因为在那个时代，儒家思想的影响没有后来

---

① 有关这个题材的一个唐末或五代时期的故事，讲的是向生的妻子因为在给婆婆的食物里掺杂猪粪而被上天降雷霹雳至死。又书背上曰："向生妻五逆，天雷霹雳打煞。"（《敦煌变文》2：909）然而，王充在《论衡》中提到，在他的时代（公元1世纪）已经有口头故事说，有人因为喂别人不洁的食物而被天雷击中。而且，这些人的背上会被烙上一些字（《论衡逐字索引》23.89—90，王充《论衡》1：288—290）。在这种情况下，很明显在早期中古的中国，可能存在着像向生妻子那样的故事，这些故事并没有被纳入文学记录中，或者记录它们的文本没有随着时间的推移而保存下来。关于雷电是神惩罚的工具这一信仰的讨论，参见 Charles Hammond, "Waiting for a Thunderbolt," *Asian Folklore Studies* 51.1 (1992)：4－11。

② 详细论述参见附录。

那么大，所以作者决定强调孝道力量的积极方面。

在强调等级制度神圣性的同时，这些故事再次重申了阴阳儒学的观点。董仲舒的创新之处之一就是"阳尊阴卑"：在他看来，阳比阴更重要。① 此外，据《春秋繁露》中董氏的说法，"三纲"即君臣、父子、夫妻间的关系，是以阴阳的形而上学原理为基础的。"君臣父子夫妇之义，皆取阴阳之道。君为阳，臣为阴；父为阳，子为阴；夫为阳，妻为阴"，君主、父亲和丈夫是阳，也就是上者；臣子、子女和妻子是阴，也就是下者。因此，父母是孩子的上天，他/她不应该违背。② 纬书也采用了同样的单向的、分层次的人类伦理观点。③ 因此，孝道故事只是给阴阳儒学理论家所假定的理论骨架填以历史的血肉。

第七节　对任人唯贤的强调

受豪族家长欢迎的另一个重要的阴阳儒学信息，是那些真正有道德的人可以获得财富和地位。阴阳儒学思想家们认为，官职的获得应以美德为基础。有才能功绩的人会被推上高的官位，而具有最好的美德的人会成为统治者。当政府官员都是有美德的人，被贤明的皇帝领导时，大同时代就来临了。④

孝子故事强调主人公的贫困，并指出他们的回报完全来自于他们的孝顺。我们在这一章中所提到的故事，已经给了我们许多贫穷的孝子的例子。为了埋葬父亲，董永不得不卖身为奴。郭巨没有足够的钱同时抚养年幼的儿子和年迈的母亲。当杨公向一个名门大族的女儿求

---

① Queen, *From Chronicle to Canon*, 210–211.
② 《春秋繁露逐字索引》12.6, 15.5；冯友兰：《中国哲学史》, 2：42—45；孙筱在《汉代"孝"的观念的变化》（第97—98页）中提出了这样的观点。
③ 这种父母与孩子之间关系的观点最终来自于《韩非子》中的"忠孝篇"，参见田中麻纱巳《两汉思想の研究》，东京：研文出版，1986年，第121—137页。
④ Hsiao（萧公权），*History of Chinese Political Thought*, 503–514; and Ch'en Ch'iyün（陈启云），*Hsün Yüeh and the Mind of Late Han China*, 20–25. 考虑到这一点，许多儒家拥护者甚至建议皇帝退位，把皇位让给最善良的平民，这一建议从未得到皇帝的同意，毫不奇怪。

婚时，她的父亲嗤笑他并认为杨公一定是疯了。① 邢渠不得不当雇工来养活他的父亲。韩灵珍（5世纪）的贫穷意味着他在母亲死后的三年里没钱埋葬她，直到他种下了能"朝取暮生"的瓜，采卖这些瓜才得以营葬母亲。② 为什么要强调贫穷？

这些故事的作者强调了这些孝子楷模的贫穷，以表明他们的好运气完全来自于他们完美的孝道。换句话说，在孝顺把他们变成拥有这些物质的人之前，楷模也是微不足道的。这些从赤贫到暴富的故事强调，一个人要想出人头地，并不需要出身高贵、社会关系或财富；他只需有值得称赞的行为。这种强调美德能让一个人当官的观点，无疑是早期中古的故事主要关注一个人在成为官员或接到公职召唤之前所做的孝道，而不是他一生所做的孝道的原因。与此同时，这个故事情节的目的是为了颂扬孝道的力量。如果不是因为它的功效，这些男男女女就只能在默默无闻中艰苦劳作和死去。

孝道是提升社会地位的基础，这一信息在早期中古的作家对舜的故事情节进行重新设计时，得到了清晰的体现。在早期的版本中，比如《列女传》中，舜甚至在父母试图杀死他之前就娶了圣贤尧的两个女儿。然而，在这个故事的早期中古版本中，这桩预示着舜将登上王位这一至高无上的社会成就的婚姻，直到故事的结尾才发生。在那之前，舜的父母曾试图杀死他，而他在遥远的历山成功地照顾了他们。在更晚的版本中，舜和尧的女儿的婚姻被明确地描述为是对他所有孝顺行为的奖赏。类书告诉我们，舜奇迹般地治好了他父亲的失明后，尧听说了这件事。然后他把两个女儿嫁给了他，大的叫娥皇，小的叫

---

① 《搜神记》卷一一，第285条，"有徐氏者，右北平著姓女，甚有行，时人求，多不许；公乃试求徐氏，徐氏笑以为狂，因戏云：'得白璧一双来，当听为婚。'公至所种玉田中，得白璧五双，以聘。徐氏大惊，遂以女妻公"。

② 《太平御览》卷四一一《人事部·孝感》："韩灵珍，东海郯人。丧母三年，贫无所葬，与弟灵敏共种瓜半亩，欲以营殡。及瓜熟采卖，每朝取，暮复生，大小如初。遂得充葬。"《南齐书》卷五五《孝义·韩灵敏传》，第958页。

女英。尧于是把王位让给舜①。这一点在图像记录中得到进一步证实。在北朝时期对这个故事的描绘中，前一个或两个场景是他逃离家族的谋杀阴谋，而最后一个场景是他娶了尧的两个女儿（见图4）。② 即使是最不老练的观众，也能明显地看出，最后一个场景是对舜出色的孝行的奖赏。

图4 舜的父亲和同父异母的弟弟正在谋害困于井中的舜，舜娶了尧的两个女儿
此图来源于山西大同出土的司马金龙墓中的漆棺画，北魏，5世纪

但是，既然我们已经看到，大多数《孝子传》的编纂者都来自显赫的家庭，他们可以依靠自己的财富、关系和血统来推动子孙后代的事业发展，他们为什么要重视这种比出身更有价值的信息呢？其原因是，即使是名门望族的家长们似乎也在担心，除非他们不断地通过卓越的行为和学识来表现自己，否则他们的后代将无法长久地保持他们家庭的富裕和地位。我们必须记住，这些人生活在一个危险的时代，

---

① 《敦煌变文》2：901。
② 这个故事场景的例子，还可见于纳尔逊石棺和大同司马金龙漆屏风。

朝代短命，战争频繁，朝廷阴谋险恶。① 几乎可以肯定的是，他们目睹了显赫的家族财富的突然消亡，甚至最显赫的家族成员也难以保持他们在政府顶层的地位。② 因此，在《颜氏家训》中，先祖们告诫后人不要贪图高位和财富，否则会招致其他家庭的仇视和嫉妒。在这方面，颜之推建议一个家庭不应该有超过二十个奴隶，十顷土地和万钱，而且其男性成员在官僚机构中获得中层职位即可。③ 相反，家长们敦促他们的后代集中精力培养美德，而这是通过学习来实现的。总而言之，家训强调学习，因为它教一个人如何行为良好，从而避免他人的敌意，也因为它是一种有用的技能，总是受到赞赏，因为政权总是需要有文化的人。颜之推让我们真切地感受到，在一个混乱的世界里，文化是多么有用：

> 自荒乱已来，诸见俘虏。虽百世小人，知读《论语》、《孝经》者，尚为人师；虽千载冠冕，不晓书记者，莫不耕田养马。以此观之，安可不自勉耶？若能常保数百卷书，千载终不为小人也。④

换句话说，个人的修养和学习是家族成员必须掌握的生存技能，以维持家族的地位——出身、财富和特权都不是一个坚实的基础，也

---

① 南北朝时期，几乎一半的统治者都死于暴力；从 220—589 年，每一个统治者的平均统治时间为 8.6 年，而汉代皇帝的平均统治时间为 15 年，唐为 15 年，宋为 17 年。参见 Dison Hsueh-feng Poe, "348 Chinese Emperors—A Statistic-analytical Study of Imperial Succession," *The Tsing Hua Journal of Chinese Studies* 13.1 - 2 (1981): 69, 118。

② 陈美丽在论文中出色地展示了即使是大名鼎鼎的谢氏家族在维持其朝廷地位时所经历的艰辛：在刘宋初期（420—479）拥有高级官位的谢氏家族的五个分支中，仅仅只有一个一直到萧梁时期继续担任高官。她的研究还表明，在这个时期做高官是极其危险的。Cynthia L. Chennault（陈美丽），"Lofty Gates or Solitary Impoverishment? Xie Family Members of the Southern Dynasties," *T'oung Pao* 85 (1999): 254。

③ 《颜氏家训逐字索引》13, 53. 英译版《颜氏家训》，见 Teng Ssu-yü（邓嗣禹）译，Yen Chih-t'ui, *Family Instructions for the Yen Clan: Yen-shih chia-hsün*, Leiden: E. J. Brill, 1968, 127。

④ 《颜氏家训逐字索引》8, 25. 英译版《颜氏家训》，见 Yen Chih-t'ui, *Family Instructions for the Yen Clan: Yen-shih chia-hsün*, 54。

第四章 孝感奇迹与汉代阴阳儒学残存

不能作为家庭财富的长期基础。这也许就是为什么早慧儿童的主题在这一时期也很流行的原因。①《孝子传》一书的作者韩显宗在上书孝文帝时抱怨官员的任命仅仅基于血统，而不是才能。他接着说：

> 夫门望者，是其父祖之遗烈，亦何益于皇家？益于时者，贤才而已。苟有其才，虽屠钓奴虏之贱，圣皇不耻以为臣；苟非其才，虽三后之胤，自坠于皂隶矣。是以大才受大官，小才受小官，各得其所，以致雍熙。②

这段话很好地反映了阴阳儒学思想的前提：政治官职应该是任人唯贤，不分阶层。然而，在同一上言，韩显宗还抱怨说，在京城，出身高贵的人与平民百姓生活在一起，这意味着平民百姓，尤其是艺人的淫荡行为，正在玷污士人的行为。③ 换句话说，他自己就是上层阶级的一员，他相信有教养的家庭是优越的，平民是低贱的。与此同时，他认为家庭必须通过美德和才能来重申他们的社会价值，否则他们自己就会面临成为平民的风险。因此，《孝子记》所传达的信息无疑是：孝顺是一种手段，通过这种手段，一个人可以重申他或她的社会价值和统治阶级的身份，因为它表明一个人拥有社会和朝廷最需要的才能和美德。

第八节 吉兆产生者转移的合法性

本章前面提到，在纬书中，吉祥的预兆是由于皇帝的美德而实现

---

① 司马安指出，早慧儿童这一主题在东汉文学中特别受欢迎，因为它宣扬的是美德而非出生——尽管早慧儿童有他们的弱点和脆弱性，但他们因为自己的天资而获得认可。这些故事也表明，神对美德的尊重超过了教养和财富。司马安进一步指出，这一主题在东汉时期特别流行，是由于官职竞争加剧而导致的。参见 Anne Behnke Kinney（司马安），"The Theme of the Precocious Child in Early Chinese Literature," *T'oung Pao* 81 (1995): 1-24。
② 《魏书》卷六〇《韩麒麟附显宗传》，第1338页。
③ 同上书，第1340—1341页。

的,但在孝子故事中,它们是对平民的孝顺的回应。这种转变的原因是什么？笔者的答案是,从东汉末年开始,地方豪族开始将这些奇迹据为己有,并将其归功于其创始人或显赫成员,以使其前所未有的权力和地位合法化。由于地方豪族正在履行中央政府以前承担的诸多职能,这种奇迹故事为他们新近获得的权力提供了现成的辩护手段。

当我们观察道教徒如何同时利用帝国的预兆来合法化他们自己的权威时,这种争论就开始有意义了。索安（Seidel）指出,许多后来与道教有关的思想可以在儒家的纬书中找到。随着东汉政府权威的削弱,方士将天上的符号和象征赋予了皇帝权威,并利用它们来合法地宣称自己是帝国的精神守护者。因此,就像皇帝遇到的一样,上天赋予道士们箓（记录有诸天官曹名属佐吏的法牒）,符（神秘符号）,或图,赋予他们权力,超过神明和鬼神。[①] 换句话说,道家们通过攫取用来使皇帝的权威合法化的符号,企图利用帝国的弱点来夺取其对精神世界的控制。现在,如果统治者想要成功地与另一个世界打交道,他们将不得不依赖道教徒作为中间人。

同样,许多关于孝道故事的思想也来源于纬书。因为纬书的主要目的是赋予统治者合法性,而统治者是这些文本的预期受众,它们是非常政治性的文献。孝道故事在很大程度上归功于纬书,这表明它们也有政治目的。如果一个纬书的文本告诉我们,甘露是统治者的仁慈感应而聚集起来的,而同样的事情发生在一个孝道故事中的文人身上,人们就会怀疑这个文人是否具有与统治者相同的政治合法性。坦率地说,孝子故事的作者把过去只归统治者的吉兆归于地方文人,是在影射道德伦理世界赋予孝行楷模统治的合法性。因此,这些故事表明,政治合法性不再仅仅属于皇帝,现在也属于杰出的文人,而他们恰好

[①] Anna Seidel（索安）, "Imperial Treasures and Taoist Sacraments—Taoist Roots in the Apocrypha," in *Tantric and Taoist Studies in Honour of R. A. Stein*, Vol. 2: *Mélanges Chinois et Bouddhiques* 21, ed. Michel Strickmann, Bruxelles: Institut Belge des Hautes Études Chinoises, 1983, 291–371.

是豪强大族的成员。为了证明他们在社会中的特权地位，世家大族创造了奇迹故事，表明他们拥有与统治者相同的美德。

吉兆故事最清楚地表明，奇迹故事涉及政治合法性。与其他奇迹不同，吉兆的出现并不能直接帮助或奖励孝子楷模。现代读者可能会怀疑，在父亲墓旁嬉戏小白兔是否是幸运。不过，这很重要，因为这是一个吉兆，当统治者善待老者，或当他迅速处理事务时，吉兆就会出现。① 这是朝廷德政的标志。早期中古的皇帝渴望提高他们的合法性，热切地寻找并让官员宣布这样的预兆以帮助他们登上王位。事实上，这些预兆具有重要的政治意义，所以在5世纪初期，南北方的史家就开始用特别的篇章来纪念它们。② 由于这些都是善政的标志，当它们出现在回应文人的美德时，它们必须传达同样的政治合法性的信息。因此，吉兆的图像出现在武梁祠，并非巫鸿和包华石（Power）所认为的那样，是批评现任政府为一个好政府所开的良方，③ 而是已经发生的或者声称要发生神的迹象，由此回应武氏家族在当地的声望。李集雅认为，公元2世纪晚期武都郡太守李翕的善政也得到感应产生了吉兆，因为李翕不仅仅是一个官员；在武都人眼中，他是一个仁慈的统治者。④ 换句话说，地方官员或领导人正在占用王朝统治权的象征，以使他们对地方的实际统治合法化。

---

① 《艺文类聚》卷九九《祥瑞部下》，第1715页。
② Lippiello（李集雅），*Auspicious Omens*, 122–153.
③ 巫鸿，*The Wu Liang Shrine*, 96–107；Powers（包华石），*Art and Political Expression in Early China*, 224–278。
④ Lippiello（李集雅），*Auspicious Omens*, 97. 奇怪的是，尽管在武梁祠这个例子中，李集雅（Lippiello）认为吉祥征兆的图画没有政治内容；相反，它们只是表明了家族享受的美好时光，或者他们对来世继续繁荣的愿望（第76页）。然而，她自己也注意到武氏家族富有显赫，和帝国官僚行政有联系。因此，这似乎意味着，在这种情况下，吉兆也给予武氏家族政治合法性。（译者注：东汉灵帝（刘宏）建宁四年（171年）六月十三日镌刻《汉武都太守汉阳河阳李翕西狭颂》摩崖中的《五瑞图》，位于正文前的拐角处，分别刻有"黄龙""白鹿""木连理""嘉禾""甘露降"及"承露人"图像6幅和对应的题榜6处15字。在《五瑞图》与正文间，刻有两行题记，26字："君昔在黾池，治崤嵌之道，德治精通，致黄龙、白鹿之瑞，故图画其像"。在《西狭颂》的正文中，记载他"有阿郑之化，是以三剖符守，致黄龙、嘉禾、木连、甘露之瑞。"）

这些带有吉兆的孝道故事——比如吉祥的彩色动物或意想不到的自然现象——与显赫家族的政治密切相关,但它们在后来的此类故事集中消失了,间接证实了这一点。在最著名的孝子故事合集《二十四孝诗》中会发现,即使这些故事中的大多数可以追溯到早期中古,也没有一个是有吉兆的。① 我认为这样的原因是这些故事太明显地与纬书和政治合法性联系在一起了。尽管有许多禁令,纬书在早期中古仍然很受欢迎,但到了唐朝,纬书似乎逐渐失宠并消失了。② 虽然不知道具体的原因,但也许是由于唐朝的稳定,它的统治者可能认为他们没有谶纬预言这把双刃剑也能统治得很好。同样地,像唐宋这样拥有强大中央政府的国家,可能也会以怀疑的眼光看待那些把通常与皇帝有关的吉兆归于文人的传说。

小　结

本章从多方面表明,早期中古孝子故事传达的阴阳儒学思想,一个人会通过他的道德行为影响神灵,伦理道德世界非常关心人们的行动,并将施以奇迹奖励美德或降下灾难来惩罚恶行。家庭内部的等级制度,即特权的长者和居于次要地位的青少年,是"自然的"。政府职位应该根据功绩来委派。此外,这些故事透露出与儒家纬书的密切关系:人们在孝感奇迹故事中看到的所有奇异事件,在那些纬书文本中都能找到源头。早期中古孝子故事的盛行,表明当时的人们对阴阳儒学思想仍深具欣赏。因此,当吕宗力告诉我们,尽管早期中古反复出现禁断谶纬、纬书的命令,但它们仍然存在,并一直延续到唐朝初期,③ 我们对此不应感到惊讶。

我们也不应该惊讶于奇迹对儒家倡导者的重要性。阴阳儒学学者

---

① 林同(？—1276)《孝诗》中总结的302个孝子故事中,也没有一个包含吉兆的。
② Lu Zongli(吕宗力),"Heaven's Mandate," 25 – 158.
③ Lu Zongli(吕宗力),"Heaven's Mandate," 69 – 78, 251 – 254.

认为自己生活在一个充满活力的宇宙中，在这个宇宙中，人类应该与所有其他事物和谐相处。保持平衡的当然是道德行为。当人们完善了他们与其他事物之间的联系时，阴阳儒学学者理所当然地认为伦理道德世界中的其他事物也会表现出他们的赞同。因此，如果一个人表现出楷模的美德，而不去注意它处于万物之中，那确实是很奇怪的。

最后，这一章指出，这些看似无关痛痒、老生常谈的故事传达了重要的政治信息。阴阳儒学思想首先是一种政治哲学，而这些故事在传达这种哲学的同时，也做出了政治声明。其中一项声明便是，政治合法性不再是皇帝的垄断：各地的豪强大族也可以得到上天的保佑来进行统治。然而，这并不意味着这些豪强大族通过操纵这些谶纬，试图篡夺皇帝的地位。我认为这是显而易见的，因为这些故事的作者并没有认为孝子的行为带来了那些与皇帝最密切相关的吉兆的出现，如独角兽、凤凰、龙等。换句话说，这些故事表明，豪强大族与皇帝拥有同样的合法性，但仍从属于皇帝。对于皇帝来说，孝顺的子女本身就是吉祥的预兆。他们的存在意味着他的仁慈至少影响并激励了他的臣民。在潘综的故事中，叛乱者说杀死一个孝顺的孩子是不吉利的，可能会阻止他们获得帝位，这一事实表明，孝子确实是好运的预兆，值得统治者和叛乱者都珍惜。[1] 因此，正史中关于孝子的列传与关于吉兆的谶纬著作有相似的作用——通过展示那个朝代许多孝子的存在，证明了上天的确对它很眷顾。也许这就是为什么早期中古的皇帝愿意与孝子及其代表的豪强大族少量分享他们政治合法性的原因。

---

[1] 《太平御览》411《人事部·孝感》，3a；《宋书》卷九一《孝义传》，第1248页。

第五章　供养

> 今之孝者，是谓能养。至于犬马，皆能有养；不敬，何以别乎。
>
> 《论语·为政》

正如这段话所指出的，战国时期儒家不断重申，孝道不只是由"养"组成，"养"即用食物或对他们身体的照顾来养育父母。这样的行为应该是自然的，绝不是道德意义上的。对儒家来说，重要的是让父母高兴或感到荣幸的行为。然而，许多早期中古的孝道都与"养"有关。事实上，近一半的故事都是关于那些努力满足父母物质需求和欲望的后代。除了丧事之外，孝子故事中有关养育的主题远远超过了其他任何主题。但是，如果战国时期的儒家竭力把孝与"养"分离开来，那么，为什么在早期中古的故事中，照顾父母是如此重要的主题呢？"孝"的意义怎么可能回到它最早的意义之一，即"奉上食物"上呢？[①]

这一章中将讨论，早期中古故事的作者很大程度上将"孝"定义为"养"，因为在一个时期中央政权很软弱，而豪强大族承担前所未有的权力和影响力，正是孝道的这些具体和古老的方面，通过同时表达

---

① 对于"孝"最初含义的讨论，详见 Keith N. Knapp（南恺时），"The Ru Reinterpretation of Xiao," *Early China* 20 (1995): 197–204。

爱、创建义务和传递等级结构,对扩展家庭的团结最为有利。既然食物是最重要的生命物质,没有什么行为比它的给与更能传达关怀;也没有比它的节制更能表达冷漠的行为了。通过强调"养"是"孝",早期中古的作者也强调对家庭的服务优先于对国家的服务。与此同时,他们又对"养"进行了改造,提出了"供养"这一相对较新的概念,其不同之处在于,这种关爱行为揭示了父母的权威和孩子处于次要地位。"供养"结合了"养"和"敬"的概念,① 从而使人能够通过满足父母身体需要的方式来表达对父母的尊重。

本章还注意"供养"对象的身份问题。近年来,学者们越来越多地考察了儒家对亲子关系的概念化。《论语》《礼记》和《孝经》等典籍中几乎只讲父子关系,提到母亲时仅仅只在"父母"这个复合词中。高雅伦(Cole)认为,儒家孝道仅关注儿子对他的父亲和男性祖先的责任。② 但另一方面,下见隆雄认为母子关系在早期儒家思想中是最重要的。由于中国的家庭制度赋予母亲抚养、教育和惩罚孩子的职责,儿子们对母亲产生了依赖和恐惧。因此,中国的儿子们都是"妈妈的儿子",永远听从以母亲为代表的父系家庭的命令。③ 事实上,早期中古的孝子故事的作家并不走极端,既重视母子关系,也重视父子关系。

第一节 "供养"一词的创造

战国末期,"供养"一词开始出现在文献中,专门针对老者,意为"养老"。"供"的基本意思是"提供"或"供给",但它也有"敬献"和"献上祭品"的引申意义。过去,"供"也可以与"恭"互换,表

---

① 关于"敬"这个字的层级含义,详见 Keith N. Knapp, "The Ru Reinterpretation of Xiao," 206, note 40。

② Alan Cole(高雅伦), *Mothers and Sons in Chinese Buddhism*, Stanford, Calif.: Stanford University Press, 1998, 14–31.

③ 下见隆雄:《孝と母性のメカニズム》,东京:研文出版,1997年,第95—129、169—184页;下见隆雄:《儒教社会と母性》,东京:研文出版,1994年,第253—271页。

示"尊敬"或"恭敬"。"养"的最基本的意思是"喂养"或"提供食物",由此引申出"抚养""养育""照料""培养"等意义。因此"供养"意为"恭敬地关怀"或"恭敬地提供食物"。也就是说,一个人提供食物或物质支持,就好像他提供给长辈或上级一样。① 毫无疑问,因为这个词强调的是物品送出去时的恭敬态度,所以佛教徒们后来就用它来描述那些滋养身心的佛品。② 读者应该注意到,尽管我把"供养"翻译成"恭敬的关怀"是为了强调它所包含的行为的广泛范围,但考虑到故事中对给予食物的强调,在很多情况下,这个词可以很容易地翻译成"恭敬的喂养"。

供养含蓄的、等级分明的一面,在抚养孩子和赡养父母的对比中变得明显起来。韩非子在这个词最早出现的时候就清楚地说明了这一点,《韩非子·外储说左上第三十二》云:"人为婴儿也,父母养之简,子长而怨。子盛壮成人,其供养薄,父母怒而诮之。"③ 注意,一个人对孩子只是简单地"养",而对父母是"供养"。虽然这句话强调了父母和孩子之间的互惠关系,但郭巨的故事表明"供养"远比"养"更优越。在决定是赡养母亲还是抚养年幼的孩子时,郭巨说:"养子则不得营业,妨于供养,当杀而埋焉。"④ 郭巨的决定表明,在对长辈时,不是用"养",而是"供养"。

履行供养最常见的方式之一,就是在上午和晚上参拜父母、为他们奉上美味佳肴。这些参拜,是晚间服侍就寝,早上省视问安这种"定省"的仪式,也是儿子和媳妇像仆人一样侍候父母,提供食物尤其

---

① 因此《玉篇·食部》提供了一个关于"供"的解释,即"养,具珍羞以供养尊者也",参见《原本玉篇残卷》,北京:中华书局,1985年,第84、286页。

② "供养"在佛教中的定义,参见 William Edward Soothill(苏慧廉)、Lewis Hodous(何乐益),*A Dictionary of Chinese Buddhist Terms*, London: Kegan Paul, Trench, Turbiner & Co., 1934., 249。Legge 注意到,在法显(335—420)游历印度的著述《佛国记》中,供养是最常用的复合词之一。法显《佛国记》的英译本见 James Legge(理雅各)译,*Fa Hsien, A Record of Buddhistic Kingdoms*, New York: Paragon Book Reprint Corp., 1965, 20, note 3。

③ 《韩非子逐字索引》32,84。

④ 《太平御览》卷811,8b。

是美味佳肴的一种日常仪式。① 汉代阴阳儒学集大成者郑玄说，在定省的时候，通过给父母送上美食，儿媳们表达了他们的爱和尊重（爱敬）。② 享用美味佳肴、被尊敬的父母，这样的食物既贵又难得到。食物，尤其是美味佳肴，是孩子对父母的爱和关心的具体表现。同时代人的言论证明了一个事实：虔诚的关怀需要财富。因此，王充在《论衡·自纪篇》中抱怨说，年老了却"贫无供养"，因为家里穷，他得不到供养。③ 供养通常包括孩子们向他们的父母提供美味的食物来表示对他们的尊敬。在确定了供养的一般要求之后，让我们看看东汉以前以及早期中古的孝子故事是如何对待养育这同一主题的。

第二节　供养的缺乏

东汉以前，"供养"这个复合词很少出现在现存的文献中，带有赡养主题的故事也很少。最早含有恭敬赡养之意的"供养"这个复合词的文献是公元前3世纪晚期韩非子的著作。在此之后，这个词出现在西汉有限的文本中，尽管并不频繁。④ 在东汉以前，带有赡养主题的孝道故事也很少见，而早期中古流行的供养主题在东汉以前如果有的话，也很少出现。例如，普遍存在的早期中古的孝子故事主题，即孝顺的子女吃不好的食品，以便他们的父母能吃到美味的食品，据笔者所知，

---

① 例如，为了得到聂政的友情，"于是严遂乃具酒，觞聂政母前。仲子奉黄金百镒，前为聂政母寿。聂政惊，愈怪其厚，固辞严仲子。仲子固进，而聂政谢曰：'臣有老母，家贫，客游以为狗屠，可旦夕得甘脆以养亲。亲供养备，义不敢当仲子之赐。'严仲子辟人，因为聂政语曰：'臣有仇，而行游诸侯众矣，然至齐，闻足下义甚高。故进百金者，特以为夫人粗粝之费，以交足下之欢，岂敢有求邪？'"详见《战国策逐字索引》385，《史记》86.14。聂政明确表示，无论他的职业多么卑微，只要他能给母亲提供美食，他就满足了供养的要求。
② 《礼记注疏》，《十三经注疏》27.5b。
③ 《论衡逐字索引》85，372。
④ 在《韩非子》中，这个复合词出现了三次。在西汉的史书中，它出现在《礼记》一次，《新序》一次，《战国策》一次，《淮南子》一次，《史记》三次，《列女传》一次。

只有一次出现在东汉以前的作品中。①

即使在早期的故事中确实存在一些典型的关怀行为，但它们往往也不是故事的主要焦点。在《左传》（公元前4世纪）的两个例子中，孝子为父母保存食物，这一行为本身只是一个次要的主题。例如，赵盾碰到一个十分饥饿的人叫灵辄，便给他食物，但灵辄却把赵盾给他的食物的一半放在一边。赵盾问他原因，灵辄回答说，他已经离开家三年了，他想回家把食物给他的母亲。如果这个故事就此停住，它将类似于一个早期中古的孝道故事；但《左传》接着写道，多年以后，当赵盾遭到伏击，攻击他的人中有一个帮助并救了他，救他的这个人不是别人，正是想要报答赵盾过去济食恩情的灵辄。② 简而言之，这个故事不是关于孝道本身，而是关于善良的回报。同样地，在《左传》中，颍考叔也用给母亲留存食物的行为来提醒庄公的不孝——但其重点不是照料父母动机本身，而是颍考叔微妙的规劝。③ 有人可能会说，《左传》之所以没有强调赡养主题，是因为它们被嵌入在《左传》更宏大的叙事中。然而，当赵盾的故事在《说苑》中再次出现时，还是一个报恩的故事。事实上，在这个版本中，饥饿的人的孝顺行为是如

---

① 即使在这种情况下，它也与后来的情况有所不同，因为孝子禹，一位圣君，牺牲自己来供养他的祖先，而不是他活着的父母，参见《论语》8.21。（译者注：《论语·泰伯第八》"子曰：'禹，吾无间然矣。菲饮食而致孝乎鬼神。'"）

② 刘殿爵等编：《春秋左传逐字索引》，香港：商务印书馆，1995年，B7.2.3。（译者注：《左传·宣公二年》载：灵辄饥困于翳桑时，受食于赵盾，盾并以箪食与肉遗其母。后辄为晋灵公甲士，灵公伏甲欲杀盾，辄倒戈相救。盾问其故，曰："翳桑之饿人也。"遂自逃去。）

③ 庄公发誓要到来世再去见母亲，他问颍考叔为什么不吃他刚端来的肉汤。颍考叔回答说，他要把它带给他的母亲，并与她分享庄公赐给他的所有食物。这句话使庄公明白了自己誓言的无情。于是，故事的叙述者赞扬了颍考叔改变了庄公的行为，而不是称赞他为母亲节省食物的孝顺行为。参见《春秋左传逐字索引》，B1.1.4（隐公一）。（译者注：颍考叔为颍谷封人，闻之，有献于公，公赐之食，食舍肉。公问之，对曰："小人有母，皆尝小人之食矣，未尝君之羹，请以遗之。"公曰："尔有母遗，繄我独无！"颍考叔曰："敢问何谓也？"公语之故，且告之悔。对曰："君何患焉？若阙地及泉，隧而相见，其谁曰不然？"公从之。公入而赋："大隧之中，其乐也融融！"姜出而赋："大隧之外，其乐也泄泄！"遂为母子如初。君子曰："颍考叔，纯孝也，爱其母，施及庄公。《诗》曰'孝子不匮，永锡尔类。'其是之谓乎！"）

第五章 供养

此的微不足道，甚至都看不出来。①

东汉以前关于"养"的故事的另一个特点是，孝顺典范的行为并不极端到别人无法仿效。为了说明周文王和周武王的孝道，《礼记》中记载周文王每天要看望父亲三次，如果父亲身体不舒服，就会影响到周文王的情绪和表情。因此，他的行为值得注意，原因有二。首先，他去看他的父亲不是仪礼上要求的一天两次，而是一天三次。其次，他不仅认真履行了所有必要的仪式，而且当他的父亲身体不好时，他也真诚地受到了影响。然而，不像后来的"供养"故事，他不亲自喂给他父亲饭食，他对他父亲福利的关心远远超过了喂养饭食的重要性。至于武王，当他的父亲生病的时候，他连续照顾（"养"）父亲12天，只有在他自己生病的时候才吃了点东西。② 武王显然是为了他生病的父亲而吃尽了苦头。然而，他的自暴自弃还不至于极端到别人不可能效仿的地步。也就是说，他的行为还没有超过常人。③ 简而言之，两位王都是孝顺的典范，他们的行为都很特别，但并不离奇。

西汉时期关于"养"的主题，有很多故事，其中一个就是儿子为了供养年迈的父母，要么做卑微的官职，要么放弃高位。前一个主题所传达的信息是，即使这种方式不再盛行，或者统治者是不道德的，一个贫穷的孝子无论担任什么职位，无论职位有多低，都要确保他的父母有充足的食物。④ 这就体现了很多西汉儒家典籍中重复的原则，

---

① 《说苑逐字索引》6.18。
② 《礼记逐字索引》，8.1；《礼记》1：343—344。
③ 对此，西汉有一个例外，那就是爰盎对汉文帝孝顺的叙述，"陛下居代时，太后尝病，三年，陛下不交睫解衣，汤药非陛下口所尝弗进。夫曾参以布衣犹难之，今陛下亲以王者修之，过曾参远矣。"参见《史记会注考证》，101.2738；《汉书》卷四九《爰盎传》，第2269页。
④ 当然，这与早期儒家对执政的态度是背道而驰的。早期儒家认为，除非一个人的执政方式特别受欢迎，或者他能够为一个有价值的统治者服务，否则他不应该执政。参见 Robert Eno（伊若泊），*The Confucian Creation of Heaven*，Albany：State University of New York Press，1990，43-52。笔者认为这一变化表明了孝道在汉朝的极端重要性。

"家贫亲老者不择官而仕"①。后一个主题传达的信息是，一个孝顺的儿子拒绝担任要职，因为这在两方面妨碍了他照顾父母：第一，他将不得不住在远离家乡的地方，因此他不可能亲自侍奉父母。② 第二，拥有这样的地位可能会迫使他把人主的利益置于父母的利益之上。曾参拒绝齐国聘他为卿时，便说"吾父母老，食人之禄，则忧人之事，故吾不忍远亲而为人役"③。换句话说，为了确保父母得到很好的照顾，君子应该愿意牺牲自己的雄心，甚至是个人的志节。④

最后一个与担任朝廷官职和照顾父母有关的主题是一种道德困境：一个孝顺的儿子必须决定是侍奉人主还是照顾他的父母。这个例子最后通过自杀来弥补不孝顺或不忠的行为，从而解决了困境。例如，卞庄子在赡养母亲的同时，三次在战场上退却，结果受辱。在为他的母亲举行丧礼之后，在一次战斗中，他带回了三个敌人的头颅来弥补他之前的三次撤退，然后他牺牲自己而为他的主君战斗。⑤ 像这样的故事表明，君子宁死也不做不忠或不孝的人。⑥ 值得注意的是，这些故事并没有把孝道和忠诚其中的一个放在首位；这两种品质都同等重要，而

---

① 《韩诗外传逐字索引》，1.1，1.17，7.7；《说苑逐字索引》3.5；《新语逐字索引》5.30；《古列女传逐字索引》2.6；《后汉书》39.1294，81.2678；《孔子家语》，《四部刊要》，台北：世界书局，1983年，2.17。

② 子路就是一个例子，他说他愿意用现在的显赫地位和丰厚利益来换取他之前食粗粮而给父母挑白米侍奉供养父母的日子。换句话说，身居高位的回报与供养父母所获得的满足感是无法比拟的。参见《说苑逐字索引》3.5及《孔子家语》2.17。（译者注：子路曰："昔者由事二亲之时，常食藜藿之实而为亲负米百里之外，亲没之后，南游于楚，从车百乘，积粟万钟，累茵而坐，列鼎而食，愿食藜藿负米之时不可复得也；枯鱼衔索，几何不蠹，二亲之寿，忽如过隙，草木欲长，霜露不使，贤者欲养，二亲不待，故曰：家贫亲老不择禄而仕也。"）

③ 《孔子家语》，9.88。

④ 徐复观：《两汉思想史》，3：39—42。

⑤ 参见《新序逐字索引》8.14；《韩诗外传逐字索引》10.13。《韩非子》中也提到这个故事，见《韩非子逐字索引》49，147.关于这一主题，还可见庄之善（《韩非子逐字索引》8.9）、申鸣（《韩非子逐字索引》4.14）的故事。

⑥ 正如Lindell所指出的那样，这类故事说明了儒家的一个信条：圣人宁死也不做不道德的事。Kristina Lindell, "Stories of Suicide in Ancient China," *Acta Orientalia* 35 (1973): 180.

且比一个人的生命更珍贵。①

在东汉以前的故事中,孝女的典范也被置于孝道的困境中,但与孝子典范不同的是,她们面临的问题与国家无关,而是与家庭有关。②绝大多数是关于那些面对威胁到她们亲人危险的妇女。妻子通常必须在忠于父亲或丈夫、兄弟或丈夫之间做出选择。她通常会自杀,以避免对任何一方不忠。③ 在其他情况下,母亲必须在拯救自己亲生的孩子或亲人的孩子之间做出选择。她救出的总不是她自己的孩子,而是她哥哥的、主人的孩子或者继子女。④

这些故事的女主人公通过公与私的法律二分法来解释她们的行为。《韩非子·五蠹》:"自环者谓之私,背私谓之公。"⑤ 换句话说,"私"由自私的行为或个人关心组成,而"公"则由共同关心组成。当敌人军队的指挥官问鲁义姑,她为什么会放弃自己心爱的孩子拯救她哥哥的儿子,她回答说,拯救自己的儿子是一种私人的爱(私爱),而拯救她的哥哥的儿子是一个公共的责任(公义)。如果她把个人感情置于公共责任之上,她的国人就会排斥她。⑥ 这个故事由此暗示,即使在一个家庭里,一个人也可能在私与公的利益之间发生冲突。因此,我把"公"翻译成"公共的",而不是更常见的"公众的"。由于一个妇女首先依靠她的孩子在她丈夫的家庭中获得地位,然后依靠她的物质支

---

① 申生的故事是这种高洁自杀模式的一个例外。骊姬想让自己的儿子奚齐成为继承人,因此她让申生和奚齐的父亲晋献公相信申生要毒死他。身边的人劝申生要么逃到别的国家,要么去向他的父亲解释情况,申生不听,他的理由是,"君非姬氏,居不安,食不饱。我辞,姬必有罪。君老矣,吾又不乐"。参见《春秋左传逐字索引》B5.4.6(僖公四年),这一条的英译见Burton Watson(伯顿·沃森),*The Tso Chuan*, New York: Columbia University Press, 1989, 23—24。总之,申生牺牲自己不是为了救他父亲的命,而只是为了让他父亲免于尴尬,让他安心。在某种程度上,通过努力让他的父亲快乐和舒适,申生的死也是为供养他的父亲而作的努力。这也许就是为什么这个故事是早期中古作家们将其纳入《孝子传》的少数几个战国故事之一的原因。参见黑田彰《申生赘语——孝子图与孝子传》,《密教图像》,22(2003),17—31。
② 有一个例外,参见《古列女传逐字索引》,5.3。
③ 《古列女传逐字索引》,5.7、5.14、5.15。
④ 《古列女传逐字索引》,5.6、5.8、5.12。
⑤ 《韩非子逐字索引》,49,147。
⑥ 《古列女传逐字索引》,5.6。

持，她牺牲自己的孩子便危及了自己的福利。鲁义姑抛弃了自己的儿子而选择了哥哥的儿子，她忽视了自己的利益，而实现了娘家的共同利益。这种牺牲为她赢得了国人的认可，因为她表现出一种将个人利益置于集体利益之下的共同价值观。这也阐明了柯启玄（Norman Kutcher）所说的儒家的"社会的平行概念"。由于一个人对他或她的父母和主君（以及更广泛的群体）的义务是相似的，如果这个人忠于一个人，他或她也一定会忠于另一个人。[1]

第三节 自我牺牲的多重层次

东汉以前的故事中，照顾只是一个次要的主题，与之形成鲜明对比的是，早期中古的故事表明，当父母在世时，孝的任何方面都是最重要的。和之前的故事一样，早期中古的故事表明供养是由给父母提供美食组成的；然而，作者强调了它的重要性，强调了孝顺的孩子为了获得这些奢侈品而强加给他们自己的自我牺牲。事实上，这些故事的作者把孝子典范们描述为使他们自己处于四个日益严重的自我牺牲的层次。

在最简单的层面上，孝子典范们会暂时不给自己食物。这可能表现为，一个孝顺的孩子，如果父母还没有吃东西，他（她）就会拒绝吃，或者放弃一种美味，然后他（她）会把这种美味呈送给父母。这样的行为通常被认为是孝子们在他们还是小孩子的时候做的。例如，《太平御览》引师觉授《孝子传》曰：

> 赵狗幼有孝性。年五六岁时，得甘美之物，未尝敢独食，必先以哺父，出辄待还而后食，过时不还则倚门啼以候父至。[2]

---

[1] Norman Kutcher（柯启玄），*Mourning in Late Imperial China: Filial Piety and the State*, Cambridge: Cambridge University Press, 1999, 2-3.

[2] 《太平御览》414, 412.2a；《初学记》17.421。相同的故事，参见《初学记》17.422；《太平御览》411.1b。在殷单身上，也发生了同样的故事："殷单，字子徵，上蔡人。生而有谨愿之性，其在襁褓，母育之不劳。少少出，得瓜果可食之物，辄进与其母，未尝先食。"见《初学记》17.421；《太平御览》卷四一四《人事部·孝下》，412.1b。

赵循（狗）的行为与《左传》的灵辄、颍考叔有很大的不同。首先，赵循故事的唯一目的是唤起人们对他的孝道的关注；它不仅仅是一种解释更大叙事展开的手段。第二，与《左传》的故事不同，上面的叙述将赵循的行为描述为习惯性的，而不是一次性的。第三，尽管前两种叙事都涉及成人，但赵循那时只是一个五六岁的男孩。这个故事的中心思想是，如果连一个小男孩都能以这种方式表现出对父母的供养，那么成年人应该做得更多。

在早期中古的故事中，放弃那些父母无法拥有的奢侈品，尤其是美味的食物，是一个流行的主题。如果父母不能享受这些，那么像他们的儿子或女儿这样不那么重要的人就没有理由享受了。因此，当被问及为什么要用自己挣来的白米去换取更粗糙更便宜的谷物小麦和小米时，何子平（417—477）说："尊老在东，不办常得生米，何心独飨白粲。"[1] 这种想要给父母提供上等食物的强烈愿望，使得一些孝子楷模寻找一些奇特的方法，把美味佳肴寄回家。[2] 其他的孝子们努力避免享用那些不能在他们父母活着的时候提供给父母的奢侈品。如《太平御览》引《孝子传》载：

> 曾参食生鱼甚美，因吐之。人问其故，参曰："母在之日，不知生鱼味；今我美，吐之，终身不食。"[3]

换句话说，一个人在以后的生活中所能享受的快乐应该由为他/她的父母所提供的快乐所决定。孝顺的孩子对待父母应该比对待自己更好。

---

[1] 《宋书》卷九一《孝义·何子平传》，第2257—2258页；《太平御览》413.8a；《艺文类聚》，20.371。

[2] 可参见杜孝的故事，《初学记》17.422；《太平御览》411.5b；《艺文类聚》，96.1673。（译者注：杜孝，巴郡人也。少失父，与母居，至孝。充役在成都，母喜食生鱼，孝于蜀截大竹筒盛鱼二头，塞之以草。祝曰："我母必得此。"因投中流。妇出渚乃见筒横来触岸，异而取视，有二鱼。含笑曰："必我婿所寄。"熟而进之，闻者叹骇。）

[3] 《太平御览》862，862.2b；同样的故事可见《太平御览》，413.7b—8a；《宋书》卷九三《隐逸》，第2295页。

在第二层次的自我牺牲中，一个孝顺的孩子经历了严重的身体困难来虔诚地照顾他或她的父母。为父母准备美食是如此重要，以至于这个主题经常被强调，孩子只有通过身体上的折磨才能做到这一点。如王延"隆冬盛寒，体无全衣，而亲极滋味"①，同样，黄香"尽心供养，冬无被，而亲极滋味"②。换句话说，即使这些孝子们可以给他们的父母提供普通的食物，但为了给他们提供特殊的待遇，他们牺牲了自己最基本的需求，比如让自己保持温暖。

说明了这种程度的自我牺牲最常见的主题，是孝子寻找一种特别难找到的食物，不是不可能得到，通常它不是那个季节所能长出来的。然而，在每一种情况下，孝顺的子女都能得到想要的东西，因为他/她愿意忍受强烈的痛苦，这使得上天来为他/她进行干预。这类故事中最著名的便是王祥卧冰求鲤的故事，隆冬季节，他为了得到继母想要的鲤鱼，脱掉衣服，徒手打破池塘上的冰。③ 许多故事表明，孝顺的孩子甚至冒着生命危险去得到父母想要的食物。姜诗的儿子在为祖母取江水时溺水身亡，凸显了这种探寻的危险。④ 简而言之，这些叙述强调供养是如此重要，以至于任何为之做出的牺牲都是正当的。但可以肯定，《礼记》的编纂者并没有打算让一个儿子冒着生命危险为他的父母提供美味的早餐或晚餐。

走极端的原因是供养需要一个人得到父母想要的任何东西。刘殷（活动于300—318）的故事就证明了这一点：

> 曾祖母王氏，盛冬思堇而不言，食不饱者一旬矣。殷怪而问

---

① 《太平御览》412，5b；《晋书》卷八八《孝友·王延传》，第2290页。
② 《太平御览》412，4a—4b；《初学记》，17.420；《陶渊明集校笺》，8.320。
③ 不同于这个故事的后期版本，它的早期版本没有王祥躺在冰上或睡在冰上。不过在每一个版本中，他都想办法用肢体将冰砸破。《太平御览》26.9b；《初学记》3.60；《世说新语笺疏》1.14；《艺文类聚》9.179—180；《晋书》33.989。另一种说法是，王祥一天又一天地冒着凛冽的寒风在岸边等待鲤鱼（《北堂书钞》158.4a—b）："于时盛寒，河海坚冰，旦旦冒厉风于崖伺鱼。"
④ 《太平御览》411，1a—1b；《东观汉记逐字索引》，17.22；《后汉书》84.2783；《华阳国志》，10b，755。

之，王言其故。殷时年九岁，乃于泽中恸哭，曰："殷罪衅深重，幼丁艰罚，王母在堂，无旬月之养。殷为人子，而所思无获，皇天后土，愿垂哀愍。"声不绝者半日，于是忽若有人云："止，止声。"殷收泪视地，便有堇生焉，因得斛余而归，食而不减，至时堇生乃尽。①

刘殷悲痛欲绝，因为他觉得自己忽略了作为一个儿子的首要职责：确保他的父母或曾祖父母，得到她想要的食物。虽然他每天都给祖母提供食物，但因为这不是她想要的，她从来没有吃饱过。因此，实际上，刘殷痛哭是因为他没有恭敬地照顾她。对于这个故事的作者来说，一个不能满足父母欲望的儿子不是一个真正的儿子。

一个类似的主题是一个孝顺的孩子经历艰难护理他/她的父母恢复健康，或获得药物治愈父母。武王连续十二天不睡觉昼夜侍奉文王而受到称赞。然而，对于早期中古的作家来说，近两周的时间还远远不够令人惊讶。因此，他们把多年不睡觉地照顾父母的孩子视为典范。②为了进一步强调他们行为的非凡性质，上天常常通过为他们提供治疗父母疾病的药膳来奖励他们的努力。③ 获得父母需要的任何药品只是获得父母想要的任何食物的一种变体。这两种主题都以食物的形式结束。这一主题的另一个重要方面是，孝子的壮举无法在现实中复制：故事的作者赋予孝子/孝女超人的耐力，并存在一个富有同情心的天神。

第三层次的自我牺牲涉及去做一些卑微的行为来供养他们父母的孝子楷模。尽管早期中古故事的主角主要是当地显赫的或是上层阶级家庭的成员，但这些故事经常以他们父母的名义，描绘他们做那些通

---

① 《晋书》卷八八《孝友·刘殷传》，第 2288 页。
② 可参见汉文帝（《艺文类聚》20.370）、樊寮（《太平御览》412.4b）、蔡邕（《太平御览》414.2b）、鲍昂（《太平御览》412.2b）和李密（《晋书》88.2274）的故事。
③ 参见夏侯䜣（《太平御览》411.7a）、缪斐（《太平御览》411.7b）、刘灵哲（《太平御览》411.3b）和萧叡明（《太平御览》）的故事。

常只有仆人或奴隶才会做的卑贱或令人作呕的事情。① 因此，孝子们会做一些令人不快甚至可怕的事情来恢复或保证他们父母的健康，比如吮吸父母伤口的脓汁，尝父母的呕吐物或粪便。② 一个孝顺的孩子愿意做这些行为，正是令人钦佩的，因为他或她热心地做了通常被认为是令人反感的事情，下面这个故事就证明了这一点：

> 文帝病痈，邓通常为上吮之。上问曰："天下谁最爱我？"通曰："莫若太子。"太子入，上使吮痈，太子色难。闻通吮之，惭，遂恨通。③

作为儿子，太子听从了父亲的命令，给他吸吮痈疽，但太子并不是没有明显的厌恶表情。尽管太子和邓通都做了同样的事，但邓通对此事的热情无疑提醒太子，他没有按照儒家对待父母既不能表示不快也不能表示不满的原则行事。④

在另一些故事中，尽管有仆人或奴隶，孝顺的孩子坚持做所有的卑微的事情来照顾他们的父母。因为只有孩子知道他们的父母为他们牺牲了多少，只有孩子才能用父母应得的真诚和奉献来侍奉父母。有一个关于释道安（600）这位孝顺和尚的故事清楚地说明了这一点：

---

① 关于早期中古仆人和奴隶的工作，参见 C. Martin Wilbur（韦慕庭），*Slavery in China during the Former Han Dynasty*, New York：Klaus Reprint Co., 1968, 178 – 184, 382 – 392；Wang Yi-t'ung（王伊同），"Slaves and Other Comparable Social Groups during the Northern Dynasties (386 – 618)," *Harvard Journal of Asiatic Studies* 16 (1953): 331 – 344。

② 最早带有此主题的孝道故事仅仅出现在西汉。据《史记》记载，身为高官的石建虽然年事已高，但他每隔五天就会回家一次，给父亲洗内衣，洗夜壶。参见《史记》103.5—6，《汉书》46.2195。关于为父母的伤口吮脓的孝子，参见柳遐（《太平御览》411.4b）、樊寮（《初学记》17.421、《搜神记》11.280）、魏达（《太平御览》742.5b）和蔡顺（《太平御览》743.4b）的记载。关于尝父母呕吐物的孝子，可参见蔡顺（《初学记》17.421）和妫皓（《太平御览》743.4b）的记载。关于尝母亲（译者注：应是父亲易）粪便的孝子，参见庾黔娄（《梁书》47.650—651）的记载。

③ 《太平御览》卷七四二《疾病部·痈疽》，742.5a。

④ 正如《论语》所指出的那样，承顺父母的脾气、脸色乃为难（《论语》2.8："子夏问孝。子曰：'色难。'"）。《礼记》进一步指出，"养则观其顺也"（《礼记逐字索引》25.14）。

第五章 供养

初安之住中兴，携母相近。每旦出觐手为煮食，然后上讲，虽足侍人不许兼助。乃至折薪汲水，必自运其身手。告人曰："母能生养于我。非我不名供养。"①

因为一个母亲对她的孩子表现出爱的方式是替他或她做无数的卑微的工作，所以得到这种温柔养育的孩子必须以同样的方式回报。由于这种想法，江革甚至不让妻子或孩子为母亲做饭而全是自己来做。②这种观念是孔子思想的延伸，孔子说，"吾不与祭，如不祭。"③

有些孝子楷模不仅为父母提供食物，他们甚至坚持自己种植食物。为了孝敬母亲，杨震（卒于124）借用土地种植粮食。当他的学生试图帮他种一些蔘蓝时，杨震把这些蔘蓝拔了出来，重新种在不同的地方。由此，他的乡里称赞他很孝顺。④ 显然，因为杨震有学生，他不必扮演农民的角色，但他坚持这样做，这样他的母亲就可以吃到她儿子种植的食物。有一个汉文帝的故事，不过毫无疑问是杜撰的，讲的是尽管现在已经是皇帝，汉文帝仍然为他的母亲耕地的故事。⑤ 当然，如果皇帝能为自己的父母种植粮食，一个普通的君子就更应该这样做了！在早期中古的故事中，为赡养父母而耕作的行为与经济状况没有多大关系，但与当时的孝道观念有很大关系。

---

① 释道宣：《续高僧传》，《高僧传合集》，上海古籍出版社，1991年，24.307b。引自于曹仕邦《僧史所在中国僧徒对父母师尊行孝的一些实例》，《文史研究论集》，《徐复观先生纪念论文集编辑委员会》，台北：学生书局，1986年，第195—196页。

② 《后汉纪》135。在嵇绍身上也发生了同样的故事，参见《太平御览》412.5a："嵇绍，事母至孝，和色柔声，常若不足，谨身节俭，朝夕孜孜，亲执刀俎。非无使伎，以他人不如己之至诚也。"

③ 《论语·八佾》，3.12。

④ 《后汉书》卷五四《杨震传》引《续汉书》："独与母居，假地种殖，以给供养，诸生尝有助种蓝者，震辄拔，更以距其后，乡里称孝"，第1760页。在王裒的故事中也有相似特点，详见《晋书》卷八八《孝友·王裒传》，"家贫，躬耕，计口而田，度身而蚕。或有助之者，不听。诸生密为刈麦，裒遂弃之。知旧有致遗者，皆不受"。《三国志》卷一一《王修传》裴松之注引王隐《晋书》，第348页。

⑤ 王三庆：《敦煌类书》1：214。这一记载，是以《汉书》中爰盎与汉文帝的对话为基础的，但是这一对话中并没有提到皇帝亲自耕种土地为皇太后提供食物这一点。参见《汉书》卷四九《爰盎传》，第2268页。

143

中古中国的孝子和社会秩序

早期中古最常见的主题之一是虔诚地照顾父母的孝子们，或者"佣赁"，或者"自卖"。例如，郭巨和他的妻子"营业"来供养他的母亲；施延"赤眉之际，将母到吴郡海盐，赁为半路亭，每取卒月直以供养"；宿仓舒"年七岁遭荒，父母饥苦。仓舒求自卖与颍川王氏，得大麦九斛"，他自卖后为饥饿的父母提供九斛大麦；姜诗"遭值年荒，与妇佣作养母"，姜诗和他的妻子以佣作来养活他们的母亲等等。① 值得注意的是，尽管至少自战国时期就有雇佣劳力和奴隶存在，② 但在东汉之前的任何现存的奇闻轶事中，都没有把自己雇佣为劳力来赡养父母这一主题。同样，早期中古的作者经常把孝顺的子女描绘成从事其他不需要接受教育的下层职业的人。③ 然而，我们应该记住，孝子楷模们通常成为雇工或仆役，不是因为他们需要养活父母，而是因为他们想为父母提供更精美的食物。曹植在《灵芝篇》中对董永故事的描述清楚地说明了这一点，"举假以供养，佣作致甘肥"④，为了孝敬父亲，他不得不借钱；他佣作是为了给他父亲提供精美的饭食。简而言之，孝顺的孩子从事这些卑贱的工作，不是因为他们的父母在挨饿，而是因为他们想体面地赡养父母。

这种成为雇佣劳力和奴隶而供养父母的主题在两个方面具有重要意义。首先，它表明，为了父母的利益，孝顺的子女应该心甘情愿地成为社会上最受鄙视的成员之一。在罗马，由于受奴役和依赖他人，

---

① 《太平御览》，411.1a—b，413.7a—b，414.2b。另外一些例子，可见邢渠（《太平御览》411.6a；《孝子传注解》47）、纪迈（《太平御览》411.7b—8a）、申屠勋（《太平御览》413.7a）、李笃（《太平御览》414.1a—b）、施延（《太平御览》414.2b）和展勤（《艺文类聚》97.1683）。

② 关于中国雇佣劳动者的出现，参见渡边信一郎《中国古代社会论》，第22页。关于奴隶和农奴的出现，参见 E. G. Pulleyblank（蒲立本），"The Origins and Nature of Chattel Slavery in China," *Journal of the Economic and Social History of the Orient* 1 (1957–1958): 185–220。

③ 如张楷卖药（《后汉书》36.1243）、程坚磨镜（《太平御览》411.1b）、申屠蟠佣为漆工（《后汉书》53.1751），郭原平构冢营墓（《宋书》91.2244）。

④ 《曹植集逐字索引》11.6.2；《宋书》22.627。关于江革的相同表述，见《陶渊明集校笺》8.321，《后汉书》39.1302。

第五章 供养

雇佣劳力几乎处于社会的底层。① 与之地位相当的人，如奴隶或手功业者也，被视为地位低下，不能上学，不能做官，甚至不能和平民结婚。② 如果环境迫使上层社会的成员从事这样的劳动，那是令人尴尬的。例如，当父亲去世时，吴祐（活动于150）拒绝接受葬礼礼物，而是在沼泽地里边养猪边读书。他父亲从前的一个朋友对他说："卿二千石子而自业贱事，纵子无耻，奈先君何？"③ 尽管吴祐传记中这一记载是显示他的清廉，但长辈的评论揭示了对这种行为普遍的想法。事实上，当一名雇佣劳力被认为是如此的卑下，以至于"佣"这个字经常被用作一种侮辱之意。④ 因此，成为雇佣劳力或奴隶不仅标志着贫穷，也标志着社会身份的屈辱。为了保证他们的父母受到尊敬的照顾，孝子楷模们因此甘愿自己降低身份。但为什么孝子们会被描绘成乐于这样做呢？

孝顺子女的主题，无论是奴仆还是雇工，都强调他们通过贬低自己来提升父母的地位。对儒者来说，自谦是一种尊重他人的基本方式；因此，《礼记》云，"夫礼者，自卑而尊人"⑤。刘邵（活动于250）指出，这一训导并没有在早期中古的人身上消失：

> 人情皆欲求胜，故悦人之谦；谦所以下之，下有推与之意。是

---

① 关于罗马社会雇佣工人低的社会地位，参见 M. I. Finley（芬利），*the Ancient Economy*, Berkeley: University of California Press, 1985, 41–42, 65–67。由于奴隶甚至不被认为是社会的一部分，所以奴隶在中国处于社会等级的最底层。然而，芬利（Finley）指出，在罗马的情况中，奴隶的统一法律地位掩盖了他们之间财富和地位的巨大差异。因此，由于他们附属于一个富裕的家庭，一些奴隶远比那些雇佣劳动者处境更好，更受人尊重（64—67）。中国的奴隶情况也是如此，参见瞿同祖《汉代社会结构》，151–156。

② Scott Pearce（裴士凯），"Status, Labor, and Law: Special Service Households under the Northern Dynasties," *Harvard Journal of Asiatic Studies* 51.1 (1991): 115–116, 123–129; Wang Yi-t'ung（王伊同），"Slaves and Other Comparable Social Groups," 326.

③ 《后汉书》卷六四《吴祐传》，第2269页。

④ 颜之推指出在当时的中国北方，一个重娶的男人死后，"后母之弟，与前妇之兄，衣服饮食，爱及婚宦，至于士庶贵贱之隔，俗以为常。身没之后，辞讼盈公门，谤辱彰道路，子诬母为妾，弟黜兄为佣"，详见《颜氏家训逐字索引》4，6。

⑤ 《礼记逐字索引》，1.7, 33.10。

故，人无贤愚，接之以谦，则无不色怿；是所谓以谦下之则悦也。①

虽然刘邵只是泛泛而谈，但谦逊的好处在家庭中无疑也同样存在。表现得像奴仆或雇工的孝子楷模们，通过表现得好像他们在社会地位上不如他们的父母而使自己变得谦卑。还有什么比从事下层阶级的工作更能表达谦卑感呢？②

孝子楷模还努力通过他们吃的食物和提供给父母的食物来贬低自己并抬高父母。在中国，食物一直被看作是身份的象征，因为特定的食物与特定的社会阶层有关。在早期中古，肉、酒和白米是富人的奢侈品（当然在南方，大米很常见），而蔬菜、小米、小麦、豆类和水是穷人的日常食物。③ 值得注意的是，孝顺的子女给父母的食物都是上等的，而他、他的妻子和孩子们吃的都是穷人的食物。④ 下面这个故事讲述了一个上层社会的男人在一个贫穷的孝子家里吃饭，便揭示了食物是如何被用来确认等级制度的：

---

① 刘邵：《人物志》，《四部备要》，台北：中华书局，1983 年，2.12a。本段的英译文是由下面的书中修改而来的，见 J. K. Shryock（施赖奥克）译，*The Study of Human Abilities: The Ren wu chih of Liu Shao*, New York: Kraus Reprint Corporation, 1966, 137。

② 《列女传》中记载，"文伯出学而还归，敬姜侧目而盼之。见其友上堂，从后降而却行，奉剑而正履，若事父兄。文伯自以为成人矣。敬姜召而数之曰：'……今以子年之少而位之卑，所与游者，皆为服役。子之不益，亦以明矣。'文伯乃谢罪。于是乃择严师贤友而事之。所与游处者皆黄耄倪齿也，文伯引衽攘卷而亲馈之。敬姜曰：'子成人矣。'"（《古列女传逐字索引》1.10）。她的儿子"引衽攘卷而亲馈之"，像一个下级或仆人一样服侍他的长辈，由此表现出他的成熟。请注意，他表达敬意的方式部分是亲自给他们奉上食物。那些孝顺的儿子成为奴隶或雇工的故事也表达了同样的观点，只不过是以一种更夸张的方式。（译者注：敬姜为"鲁大夫公父穆伯之妻，文伯之母季康子之从祖叔母也"，并不是文伯的母亲，原文中误将文伯认为是敬姜的儿子。）

③ 瞿宣颖：《中国社会史料丛钞》，2 卷本，上海书店，1985 年，1：127—128, 134—135。Yu Yingshi（余英时），"Han China," in *Food in Chinese Culture*, ed. K. C. Chang, New Haven, Conn.: Yale University Press, 1977, 74–76; David R. Knechtges（康达维），"Gradually Entering the Realm of Delight: Food and Drink in Early Medieval China," *Journal of the American Oriental Society* 117.2 (1997): 230; K. C. Chang（张光直），"Introduction," in *Food in Chinese Culture*, 15–17。

④ 例如，孔奋时任姑臧长，"唯老母极膳，妻子但菜食"（《陶渊明集校笺》8.320；《东观汉记逐字索引》15.11）。李笃，"家贫夜赁写书，为母买肉一斤，粱米一升，妻子茹菜，有室无蕃"。（《太平御览》414.1a—b）薛包，"归先人家侧种稻种芋，稻以祭祀，芋以充饭"。（《后汉书集解》39.2a，引《先贤传》）

第五章　供养

  茅容，字季伟，陈留人。年四十余，耕于野，时与等辈避雨树下，众皆夷倨，容独危坐。惟林宗（郭泰，128—169）见而奇异，与共言，因请寓宿。旦日，容杀鸡为馔，林宗谓为己设，既而以供其母，自以菜蔬与容同饭。林宗起拜之曰：'卿贤乎哉！'因劝令学，卒以成德。[1]

  还有类似的故事是关于南齐的孝子楷模乐颐（5世纪末），他有意识地模仿茅容，使这一点更加明确，《南齐书》记载"吏部郎庾杲之尝往候，（乐）颐为设食，枯鱼菜菹而已。杲之曰：'我不能食此。'母闻之，自出常膳鱼羹数种。杲之曰：'卿过于茅季伟，我非郭林宗。'"[2] 客人吃不下乐颐和他一起吃的食物，正是因为他不习惯平民的食物。这两件轶事都表明，在真正孝顺的家庭里，父母的地位是如此之高，即使是地位高的客人得到的也是低于父母的待遇。

  那些讲述不恭敬地照顾父母的人遭遇可怕超自然后果的故事，强调了家族等级制度的重要性。不能悉心照料父母的孩子有招致自然惩罚的危险。《南史》中便记载了不孝子朱绪的故事，"于时秣陵朱绪无行，母病积年，忽思菇羹，绪妻到市买菇为羹欲奉母，绪曰：'病复安能食。'先尝之，遂并食尽。母怒曰：'我病欲此羹，汝何心并啖尽。天若有知，当令汝哽死。'绪闻便心忡介介然，即利血，明日而死。"[3] 朱绪不仅没有给母亲想要的东西，而且也没有给她本来可以治好病的东西。因此，别说供养，朱绪连"养"都没有做到，也就是说，连保

---

[1] 《艺文类聚》20.370；《太平御览》卷四一四《人事部·孝下》引《郭林宗别传》，414.1b—2a。从陶侃母亲湛氏的故事中，我们就可以看到上好精美的食物会盛送给尊贵的客人，"鄱阳孝廉范逵寓宿于侃，时大雪，湛氏乃彻所卧新荐，自锉给其马，又密截发卖与邻人，供肴馔"。参见《晋书》卷九六《列女传》，第2512页。湛氏之所以令人钦佩，正是因为她为了正确的事情，即慷慨大方地招待一位重要的客人，而做出了巨大的牺牲。

[2] 《南齐书》卷五五《孝义·乐颐传》，第964页。

[3] 《南史》卷七三《孝义·萧叡明传》，第1815页。这个故事出现在《南史》萧叡明的本传中，萧叡明在听到朱绪不孝养母亲而死的消息后，"大悲恸，不食积日。问绪尸在何处，欲手自戮之。既而曰：'污吾刀。'"但是，有意思的是，这个故事并没有出现在萧叡明早期传记中，参见《南齐书》卷五五《孝义·萧叡明传》，第963页。

全父母性命最基本的事情他都没有做。尽管这样的故事并不多见,但这些故事清楚地表明,神灵世界也憎恶那些违反孝道的儿子和儿媳。

关于孝子成为雇工这一主题的第二个重要观点是,它揭示了一个显著的转变。在东汉以前的孝道故事中,当一个儿子陷入经济困境时,他会违背自己原本的意愿,获得政府官职以此来孝敬父母。但相反,早期中古的孝子楷模们,则依靠为他人做体力劳动或出售自己。简而言之,为了他们的父母,孝子们不仅愿意忍受个人的困苦,而且在一个重视"士庶有别"的时代里,他们还愿意承受来自公众的屈辱。①

最后也是最高层次的自我牺牲是为了父母而牺牲自己的妻子和/或孩子。阐明这一主题的故事通常采取一种道德困境的模式,即一个孝顺的儿子必须在两个令人不快的抉择之间做出选择。然而,在早期中古的故事中所涉及的选择和解决方案与东汉以前流传的以男性为主角的故事大相径庭。在早期中古的故事中,一个儿子必须在拯救父母或孩子、兄弟的孩子或自己的孩子之间做出选择,而不是必须在父亲和主君之间做出选择。引人注目的是,这些困境与东汉以前故事中的女性所面临的更相似,因为它们关注的是关于家庭的选择,而不是家庭和国家之间的选择。早期中古最著名的"孝道困境"是郭巨所面临的抉择:是供养年迈的母亲还是抚育年幼的儿子,最后他决定将儿子活埋,这样他就可以继续供养他的母亲。② 值得注意的是,郭巨像其他孝女孝媳楷模一样,必须决定救哪个家庭成员。因为他必须活着才能这样做,所以他放弃了自杀,就像早期故事中的女性一样,他试图杀死

---

① 随着魏王朝(220—265)九品官人法的建立,很快便以家世作为官职的基础,高门大族试图保持他们在高位上的垄断地位,并竭力与不那么显赫的士族区分开来。他们通过实行内婚制、编纂家谱、培养学识和文雅名声来达到这一样的目的。事实上,士族们都认为自己与平民之间存在着巨大而且是不可逾越的鸿沟。尚书左丞江奥便说,"至于士庶之际,实自天隔",他的同僚们都十分赞同这一论断。参见《宋书》卷四二《王弘传》,第1317—1321页。

② 《艺文类聚》83,第1424页。郭世道的故事与此相似,但缺少孩子被天神干预拯救的情节(《太平御览》413.8a、《宋书》91.2243)。赵咨的故事中也包含了同样的抉择(《艺文类聚》20.370、《后汉书》39.1313)。

自己的儿子。甚至，郭巨给出的活埋儿子的理由——"我们可以有另一个儿子，但我们永远不会有另一个母亲"——也类似于《左传》中雍姬告诉父亲她丈夫要杀他的阴谋。① 在其他的故事中，也像孝女孝媳的例子一样，早期中古孝子最终试图杀死自己的孩子来拯救他们兄弟姐妹的孩子。例如，刘平（约5—61）不顾母亲的反对，在逃难时抛弃了自己的儿子，而选择救死去弟弟的女儿。② 简而言之，早期中古的作家把男主人公放在过去只与女人相关的故事情节中。

构成早期中古孝道困境基础的意识形态，也是以牺牲"个人利益"为代价来满足"公共利益"的意识形态。通过牺牲自己的妻子和孩子，孝子楷模放弃了他通常最珍视的东西，也就是他自己的婚姻家庭。儒家经典著作强调妻子和孩子在感情上对孝子的重要性，常说"孝衰于妻子"③。对于早期中古的男人来说，他们的妻子和孩子是他们自身的延伸。④ 孝子舍弃妻子和孩子，因此他与弟兄所分的，归给他的父母，不再与人同分。简而言之，他为了家族的共同利益而抛弃了个人利益。此外，他牺牲了自己未来的幸福来报答父母过去的恩情。在一具5世纪的漆皮棺材上，郭巨故事插图的榜题写着的"□不德脱私不德与"⑤，肯定了这确实是同时代人认为他在做的事情。换句话说，榜题的作者认为郭巨的牺牲是为了实现公共利益。这个故事在早期中古艺

---

① 关于这一表述，参见《敦煌变文》2：886、905。在《左传》的故事中，当雍姬知道郑伯派丈夫雍纠去杀自己的父亲祭仲这件事后，问她的母亲，"父与夫孰亲？"她的母亲回答道，"人尽夫也，父一而已，胡可比也"。参见《春秋左传逐字索引》B2.15.2（桓公十五年），《左传》英译本见 Watson, *The Tso Chuan*, 12。

② 《后汉书》卷三九《刘平传》，第1295—1296页。值得注意的是，在这个故事中，他兄弟的女儿比他自己的儿子更重要。

③ 《孟子》，5A1，《韩诗外传逐字索引》，8.23；《说苑逐字索引》，10.9。

④ 例如，何子平"除吴郡海虞令，县禄唯以养母一身，而妻子不犯一毫。人或疑其俭薄，子平曰：'希禄本在养亲，不在为己。'"参见《宋书》卷九一《孝义·何子平传》，第2258页。换句话说，如果他用他的俸禄来养妻子和孩子，那他就是在用它让自己受益。

⑤ 韩孔乐、罗丰：《固原北魏墓漆棺的发现》，《美术研究》1984年第2期，第5—6页。

术中的突出地位强调了这个信息对于它的读者是多么有吸引力。①

第四节　社会高于国家

早期中古孝道困境中的女性化现象表明，家庭和国家孰先孰后的问题已不再那么重要。与他们的男性前辈不同，早期中古陷入道德困境的孝子根本不关心国家。几乎没有一个早期中古的故事显示，一个孝子努力满足孝顺和忠诚两方面的要求。② 相反，就像孝女孝媳楷模一样，他们关心的是家庭。这种对政府的漠不关心在张悌（6世纪）的故事中得到了最好的体现，他为了供养母亲而去劫盗富人。③ 通常，国家只在奖励孝顺子女的行为时才出现在故事中——它的意义只在于对家庭美德的认可。忠诚在这些记载中的缺失似乎证实了唐长孺的观点，即在这一时期，忠诚远不如孝道受到尊重。④

早期中古的故事缺乏对国家的关注，因为它们反映了地方士族的利益。逯耀东注意到，早期中古的历史学家很少关注宫廷政治，相反，他们写的大多是与地方士族家庭有关的事情，而这些士族家庭的成员

---

　① 在南北朝遗留下来的文物上，这个故事出现的频率比任何其他故事的都要高。在十二件装饰有孝道故事的南北朝时期的文物中，郭巨故事出现在其中的八分之二到三的作品上。由于工匠们通常用最受欢迎的故事的图像装饰坟墓，它的描绘频率便是它受到欢迎的一个很好的衡量标准。

　② 唯一的例外便是《后汉书》中刘平的传记，描述了刘平作为一名官员如何忠诚地服务于统治者。而早期中古的故事特点是，孝子效忠的不是国家的统治者，而是他的直接上级。《后汉书》卷三九《刘平传》，第1296页。

　③ 《南史》卷七四《孝义下·张悌传》，第1836页："又有建康人张悌，家贫无以供养，以情告邻富人。富人不与，不胜忿，遂结四人作劫，所得衣物，三劫持去，实无一钱入己。"

　④ 唐长孺：《魏晋南北朝史论拾遗》，北京：中华书局，1983年，第238—253页。另一个证实唐长孺先生观点的证据是，记载孝子和忠臣的本传在王朝官修史书中出现的时间。第一个为孝子编写的正史合传是在公元3世纪，而专门为忠臣编写的《忠义传》只出现在公元644年完成的《晋书》中。值得注意的是，在六朝时期的史书中，虽然"孝义（友、感）传"通常在合传中占据最重要的位置，但在唐代编撰的王朝正史中，"孝义（友、感）传"总是排在"忠义传"之后。

第五章　供养

正是这些人。① 但是这些家庭的利益是什么呢？随着东汉中央政府的权力和影响力的下降，地方士族家庭承担了比以往任何时候都更多的政府职能和社会重要性，在这些庞大的大家庭中维持秩序和产生团结成为家长们的一个紧迫问题。给一个大家庭灌输秩序的一种方式是在这个大家庭里实施一种严格的等级制度，这种制度以儒家对理想家庭的设想为基础，也就是说，父母先于孩子，兄弟先于妻子，儿子乐意听从长辈的吩咐。因此，早期中古的孝道两难困境，主张升华自我利益而使大家庭和睦相处。正是这种对维持家庭团结的关心，导致这些故事的创作者将男主人公置于曾经是女性面临的两难境地。因此，正如过去迫使妇女抛弃她们的孩子，即牺牲她们个人的利益来换取扩展大家庭的利益一样，现在敦促男子也这样做。

在这个时代，一个官员最重要的品质就是无私。事实上，一个官员的忠诚仅仅是他无私的结果，东汉循吏任延（卒于69年）说得很清楚，"臣闻忠臣不私，私臣不忠。履正奉公，臣子之节。"② 孝道困境故事也宣扬了同样的观点：真正的孝子是为了家庭的共同利益而牺牲自己个人利益的人。在家里，他是完全无私的，只关心他的大家庭的福利。与平行的社会概念相一致，早期中古的作者认为，如果一个人在任职之前努力实现其家族的共同（"公"）利益，那么他在任职期间肯定会继续无私奉献。一个孝顺的儿子任职清廉，是他在家里无私的延伸。这一假设可能解释了为什么著名的孝子楷模会得到朝廷的职务，以及早期中古常见的说法"求忠臣必入孝子之门"。由于家庭和整个社会都珍视无私精神，这种行为为儿子们获得名声提供了一种手段。③

---

① 逯耀东：《魏晋史学的思想与社会基础》，第122—123页。
② 《后汉书》卷七六《循吏·任延传》，第2462—2463页。
③ 关于无私和名声之间的联系，可见《晋书》卷七五《王坦之传》，第1968—1969页，"夫天道以无私成名，二仪以至公立德。立德存乎至公，故无亲而非理；成名在乎无私，故在当而忘我。"

第五节　养育债的偿还

一个挥之不去的问题是，为什么一个人要做出这么大的牺牲来供养自己的父母呢？答案是，孩子们必须偿还他们欠父母的巨额恩情债务，因为他们父母在童年时代抚育并培养了他们。当父母随着年龄的增长而变得虚弱和无助时，孩子们必须履行自己的义务。① 由于中国佛教强调母子关系，科尔恰当地把这种义务称为"乳债"。也就是说，一个儿子必须永远用孝道来报答他母亲养育他所付出的辛劳、鲜血和痛苦。② 儒家典籍强调，一个人必须报答父母在抚养自己方面所扮演的角色，所以我把这种义务称为"养育债"。在早期的中国，除了表达爱和关心之外，提供食物，或者延伸到物质支持，都是一种义务。如果一个人养活了另一个人，他有义务报答给食者的好意。③ 这种责任感是如此强烈，以至于可以用来作为控制他人的一种手段。④ 同样，子女也有义务偿还父母在他们还是无助儿童时所提供的食物和照顾。《诗经》中的"蓼莪"这首诗强调了一个孩子欠父母双方的债：

　　父兮生我，母兮鞠我。
　　拊我畜我，长我育我，
　　顾我复我，出入腹我。

---

① 关于互惠通常作为中国社会关系，特别是亲子关系基础的研究，参见 L. S. Yang（杨联陞），"The Concept of Pao as a Basis for Social Relations in China," in Chinese Thought & Institutions, ed. John K. Fairbank, Chicago: University of Chicago Press, 1957, 302。

② Cole, Mothers and Sons in Chinese Buddhism, 73, 81-87。

③ 说明这一点的例子，可参见《韩非子逐字索引》33.97 中的管仲。（译者注：管仲束缚，自鲁之齐，道而饥渴，过绮乌封人而乞食，绮乌封人跪而食之，甚敬，封人因窃谓仲曰："适幸及齐不死而用齐，将何以报我？"曰："如子之言，我且贤之用，能之使，劳之论，我何以报子？"封人怨之。）

④ 接受别人的食物，自己的生命就不再是自己的了。因为给食人使他活了下来，所以他必须为之服务来报答给食人的恩情，即使这意味着牺牲自己的生命。关于食物和控制之间明确联系的评论，参见《古列女传逐字索引》2.14。

第五章 供养

> 欲报之德，昊天罔极！①

请注意，这篇文章中使用的许多词，如"鞠"和"畜"，都是"养"的同义词。因此，它明确地提到作者想要回报他的父母在他还是孩子的时候对他的各种抚育（"养"）。"养"是亲子关系的基础，这一事实也可以从为父母守丧三年的基本伦理中看出。因为在孩子生命的最初三年里，他/她的父母喂养他/她，给予他/她无微不至的照顾，所以孩子付出他们三年的痛苦、牺牲和不懈的关注。② 在中古中国，人们通常认为孩子要吃三年母乳，这可能不是巧合。③

偿还养育债务正是早期中古故事中强调供养的基本原理。这个信息在关于孝乌的传说中体现得最为明显：

> 慈乌者鸟也。生于深林高巢之表，衔食供雏口，不鸣自进。羽翩劳悴，不复能飞。其子毛羽既具，将到东西，取食反哺其母。禽鸟尚尔，况在人伦乎。雁亦衔食饴儿，儿亦衔食饴母。此鸟皆孝也。④

乌鸦很孝顺，因为它们会把食物送给年迈的父母，就像父母在它

---

① 《毛诗正义》第202。在英文原著中，笔者稍微修改了高本汉（Bernhard Karlgren）的英译。Bernhard Karlgren（高本汉译），*Book of Odes*, Stockholm: The Museum of Far Eastern Antiquities, 1974, 152–153.

② 《论语》17.21,《礼记逐字索引》39.8。唐代毕构的故事讲述了毕构鞠养两个妹妹，这个故事为这种信仰提供了一些启示："毕构，性至孝，丁继母忧，有两妹皆在襁褓，构乳养嫁遣之。及其亡也，二妹初闻，哀恸气绝者久之。言曰：'虽兄弟无三年之礼，吾倚鞠养，岂同常人！'遂行三年服。"参见《太平御览》422.4a—b。

③ 本土的中国佛经中便称，婴儿要喝三年母亲的血。例如，被认为是鸠摩罗什翻译的《父母恩重难报经》中，认为"三年之中，饮母白血"（《敦煌变文》2：675、677）。李贞德指出，早期中古的中国人认为母乳喂养至少应该持续两年。参见 Jen-der Lee（李贞德），"Wet Nurses in Early Imperial China," *Nan nü* 2.1 (2000): 17–18。更多关于后来中国人认为孩子吃母乳应过三年的材料，参见 Charlotte Furth（傅乐诗），"From Birth to Birth: The Growing Body in Chinese Medicine," in *Chinese Views of Childhood*, ed. Anne Behnke Kinney, Honolulu: University of Hawai'i Press, 1995, 178; Wu Pei-yi, "Childhood Remembered: Parents and Children in China, 800 to 1700," *Chinese Views of Childhood*, 137.

④ 《孝子传注解》，第269页。

们小的时候喂养它们一样，也就是"反哺"①。公元1世纪的字书把乌鸦简单地定义为"孝鸟"②。事实上，到了东汉时期，乌鸦和反哺就成了孝道的象征。③

最能体现这种互惠原则的是邢渠的故事，邢渠的行为与乌鸦的行为极为相似。邢渠的父亲年事已高，牙齿全部脱落不能咀嚼食物。邢渠总是给他咀嚼食物（哺）。他这样做了一段时间后，他的父亲变得健康，长出了一副新的牙齿。④ 换句话说，邢渠为父亲反哺食物，就像乌鸦为母亲反哺食物一样。这个故事的关键词是"哺"，它的基本意思是"咀嚼"或"反刍"，它的引申意思是"喂养"。⑤ 在近代以前的中国，父母经常咀嚼固体食物之后喂给孩子们吃。⑥ 孝子故事表明，这是一种普遍的做法，而不仅仅局限于婴儿期。⑦ 因此，当邢渠还是个无助的婴儿时，他的父亲为他提供食物，甚至可能为他咀嚼食物。而现在他父亲的牙齿掉光了，就像一个无助的婴儿，邢渠"反哺"他的父亲，这

---

① 晋成公绥（230—273）《乌赋序》曰："有孝鸟集余之庐，乃喟尔而叹曰：'余无仁惠之德，祥禽曷为而至哉，夫乌之为瑞久矣，以其反哺识养，故为吉乌。'"参见《艺文类聚》卷九二《鸟部下·乌》，第1593页。

② 《说文解字注》，上海古籍出版社，1981年，4.56a。儒家纬书对乌鸦如何被视为孝顺的解释比比皆是，详见《太平御览》卷九二〇《羽族部·乌》："《尚书纬》曰：火者，阳也。乌有孝名。武王卒大业，故乌瑞臻。"《艺文类聚》卷九二《鸟部下·乌》："《春秋元命苞》曰：火流为乌，乌孝鸟，何知孝鸟，阳精，阳天之意，乌在日中，从天，以昭孝也。"第1591页。

③ 郭沫若：《乌还哺母石刻的补充考释》，《文物》1965年第4期，第2—4页。关于圣君舜的歌，参见蔡邕《琴操》，上海：商务印书馆，1937年，2.15。

④ 《太平御览》卷四一一《孝感》411.6a。这个故事也同时出现在日本阳明本、船桥本两个《孝子传》的版本中，详见《孝子传注解》，第47—48页。

⑤ 《说文解字注》，2.15b。

⑥ 傅乐诗指出，孙思邈（581—682）认为父母应该在婴儿两个月大的时候给他们预先咀嚼过的食物，而婴儿喂养的标准术语是"乳哺"，这包括液体和固体的营养。参见Charlotte Furth（傅乐诗），"From Birth to Birth: The Growing Body in Chinese Medicine," 188。关于中世纪医生认为婴儿应该开始吃预先咀嚼过的固体食物以及他们应该吃什么类型的食物的材料，参见熊秉贞，"To Nurse the Young: Breastfeeding and Infant Feeding in Late Imperial China," Journal of Family History 20.3 (1995): 217-239；熊秉贞《幼幼：传统中国的襁褓之道》，台北：联经出版事业有限公司，1995年，第118—122页。

⑦ 当程曾七岁丧母时，他"哀号哭泣，不异常人。祖母怜之，嚼肉食之，觉有味便吐去"。参见《太平御览》413.7a，《艺文类聚》20.371。

意味着他们之间正在角色互换,儿子来养育他的父母。"邢食父"是东汉孝道故事中最常见的孝子图像,这也说明了孝道观念的重要性。在武梁祠,这个故事的图像比其他地方多。① 这个故事的插图总是描绘着一个年轻的男人,拿着筷子或勺子,向一个老人跪着(参见图5)。大汶口的一块石头上画着两个坐着的人,一个是年轻人,一个是老人,他们互相靠着,嘴几乎碰到了一起(参见图6)。② 它的两个榜题是:"孝子赵狗"和"此狗餂父"。虽然大汶口石碑上的孝子是赵狗(赵循)而不是邢渠,但是赵狗为他父亲咀嚼食物也被认为是同样的孝子行为。在同一块石头上,在这两个人的右边,两只鸟在相对喂食,正如王恩田所指出的,这无疑是一幅乌鸦反哺的画面。③ 显然,"以食为天"的思想体现在一个儿子养育他的父母的形象打动了当代人的心,从而成为葬礼艺术中一个流行的主题。

图5　乐浪漆盒上的"邢渠哺父"的图像,东汉,1—2世纪

---

① 黑田彰:《孝子传研究》,第214页。
② 这正是武梁祠画像石中对邢渠父子的描写。
③ 王恩田:《泰安大汶口汉画像石历史故事考》,《文物》1992年第12期,第77页。

图 6　赵狗骆父画像石，东汉，2 世纪
（山东泰安博物馆大汶口汉画像石，山东省美术出版社、河南美术出版社）

　　另外一个最受欢迎的故事是关于孝顺的孙子原谷的，它暗示了那些拒绝改变角色的人可能会发生什么。有一天，原谷的父母认为他的祖父年纪太大了，已经没用了，所以决定抛弃他。原谷和他的父亲用担架抬着爷爷上山。在他的父亲抛弃了祖父之后，原谷抢过了担架并把它带回家。当父亲问他为什么要这么做的时候，他回答说："后父老不能更作得，是以取之耳。"他的父亲又害怕又羞愧，意识到自己的错误，便把老人找回来，孝顺地服侍他。① 孝乌的故事赞扬乌鸦是因为它们愿意改变角色，而原谷的故事也表达了同样的观点，只是从自身利益的角度。原谷的善行包括通过提醒他的父亲"养"背后的互惠关系来拯救他的祖父。也就是说，儿女养育年迈的无助的父母，不仅因为他们欠下了父母的抚养债，而且还因为他们希望这样做，他们自己的孩子也会反过来养育他们。这种对角色转换的强调也反映在工匠们对祖父的描绘上：他们把祖父画成一个驼背、干瘪、似乎不能走路的老

---

① 《太平御览》卷五一九《宗亲部·孙》，519.3a。

人，以此来强调他的婴儿般的无助感（见图7、8）。这个故事在早期中古艺术品中频繁出现，掩盖了角色转换主题的重要性。在早期中古，除了丁兰以外，没有其他的孝子故事像原谷的故事那样被普遍描绘，①它的图像出现在遥远的四川和朝鲜半岛北部。

图7 原谷祖父状似婴儿在地上爬行
北齐（550—577）棺椁上的雕刻，纳尔逊—阿特金斯艺术博物馆，堪萨斯城，密苏里州
（采购于：纳尔逊 Trust）33-1483A

① 黑田彰：《孝子传研究》，第214页。

图 8　担架上的原谷祖父
石棺雕刻，北魏（6 世纪早期），纳尔逊—阿特金斯艺术博物馆，堪萨斯城，密苏里州
（采购于：纳尔逊 Trust）33 - 1543/1

第六节　母亲和父亲

　　科尔巧妙地表明，中国本土佛教经文，很少提及父亲的关爱孩子的角色，把无限的压力增加给儿子欠母亲的，因为她在抚养孩子时承受了无穷无尽的痛苦，并用乳汁喂养孩子。[①] 然而，从角色互换的孝子故事中，我们可以看出，儒家认为孩子对父母双方都欠下了抚养的债务。角色转换的故事并没有像邢渠和原谷的例子所展示的那样，单独地去偿还欠母亲的债。此外，虽然一个人欠父母的抚养债是巨大的，但它不是无限的，可以通过给父母提供同样的照顾和爱来偿还。

　　父亲的重要性也在舜故事的修改中得到了体现，早期中古的作者将舜故事的主题进行了修改，强调孝便是供养。如前所述，这个故事

---

① Cole, *Mothers and Sons in Chinese Buddhism*（修订版）。

的早期中古作者把历山从一个考验舜的统治价值的地方,变成了一个他努力在物质上支持与他失和的、并距离遥远的父母的地方。① 通过这样做,作者使"供养"成为整个故事的情感中心。根据故事的其中一个版本,舜的父亲梦到一只凤凰叼着米喂他,之后他意识到那一定是他的儿子。后来,他在妻子从市场上买回来的大米中发现了钱,他知道一定是舜放的。于是他悔罪了。② 这个版本通过让鸟给舜的父亲带食物,强调了舜是在"反哺"。正是这种行为使舜的父亲意识到舜是多么爱他,他自己的行为是多么的应该受到谴责。

还要注意的是,这个故事完全集中在父子关系上。这个故事的早期中古版本主要讲述了舜如何失去父亲的宠爱,以及如何重新得到父亲的宠爱。再加上后母的谎言,舜的父亲才背叛了自己的儿子,但通过供养,舜重新得到父亲的爱。父亲在这种关系中投入了大量的精力,这可以从舜的父亲在故事中扮演的积极角色中看出:舜的父亲意识到儿子一定是他的恩人,舜四处寻找他,并在市场上高兴地拥抱他。另一方面,舜的继母却不能和她的继子建立联系。尽管舜尊敬她,她还是不断地试图杀死他。即使在舜一再施以仁慈之后,她也没有意识到舜是她的恩人。简而言之,这个故事颂扬的是父子关系,如果不是因为邪恶的女人的阴谋诡计,这种关系通常应该是一种情感上值得的关系。

舜故事的这一修改版本之所以重要,是因为南北朝时期它在图像视觉上的突出地位。在这一时期装饰着孝子故事场景的十二件作品中,它出现在其中的六件上。更让人印象深刻的是,在描绘了六个孝子故事的多场景的固原漆棺材上,舜的故事有八个场景描绘,远远超过其

---

① 他如何做到这一点取决于故事的版本。根据敦煌出土的类书佚文的片段,他通过在市场上卖给他父母大米拒绝收钱来支持他们(《敦煌变文》2:901,《孝子传注解》26)。在另一个版本里,舜将钱悄悄地放在他们买的米中(《孝子传注解》24)。而在另一个版本中,舜用贵于市价20倍的价格从他继母那儿买来柴薪(宁夏博物馆:《固原北魏漆棺画》11)。

② 《法苑珠林》,49.361。

159

他故事的情节描绘。因此，如果在早期中古的中国，母子关系真的占据了主导地位，那么就有人忘了告诉那些制作棺材和其他工艺品的工匠，这些作品呈现的主要是儿子和父亲之间的孝道故事。

然而，尽管舜的故事很重要，但即便是随便看一眼供养主题的故事，也会发现许多故事都与母子关系有关。更有可能的是，孝子楷模们的行为将奉献给他们的母亲。从数据上看，在82个带有"供养"主题的故事中，有52个故事的接受者是母亲，占63%。另一方面，在21个故事中，父亲或父亲形象是接受者，占总数的25%。父母双方都得到悉心照料的故事约占12%。① 显然，对这些作品的编纂者来说，母子关系是极为重要的。由于在中国文化中，爱常常通过一种喜爱的食物来表达，或许更能说明一个事实，即一个孝顺的儿子拼命寻找父母喜爱的食物的故事，其全部特征是将母亲视为供养的接受者。② 因此，孝顺的儿子只会迎合母亲的心意，而不是父亲的。然而，父亲并不是完全被忽视的。通过将父亲受供养的故事与父母双方都受供养的故事综合起来，我们发现父亲受供养的故事占了37%。当人们看到这些故事的图像时，尤其是来自东汉的图像，这个数字变得更加令人印象深刻。由于董永和邢渠的故事很受欢迎，50%（46个中的23个）的供养故事图像是关于父亲的。③ 南北朝时期的图像代表作中，33%的图像中供养接受者为父亲，38%的接受者是母亲。关于孝顺子女的书面描写和图像描绘之间的区别在于，在图像中，描绘供养父母双方所占的比例要大得多，有29%的图像描绘了父母双方都是供养的接受者。总的来说，父亲们无论是单独还是与妻子一起，得到了供养的图像占到了

---

① 这一数字来自于对《古孝子传》、陶渊明《孝传》以及日本阳明本、船桥本《孝子传》中每一个故事的分析。如果接受者是祖父或男性主人，笔者将其当成"父亲"进行统计。
② 例如，可参见王祥、孟宗、姜诗、隙通和刘殷的故事。
③ 武梁祠画像石榜题和大汶口画像石表明丁兰供养的木雕父母是他的父亲，而不是他的母亲。如果所有的东汉丁兰图像中木雕形象都被认为是他的父亲的话，那么父亲作为接收者的图像的比例将上升到58%。

62%。显然，工匠和他们的主顾都重视为父母双方提供供养。

那么，为什么在书面记录中，母亲比父亲更经常地得到供养呢？她们的优势可能是由于人口因素。母亲可能是供养的主要对象，因为丈夫年龄比妻子大得多，而且往往比妻子死得早。根据李贞德对六朝时期墓志铭的研究，尽管一些上层社会的女性嫁给了年轻的男性，但配偶的平均年龄比她们自己要大 7 岁。此外，这些妇女平均守寡 18.6 年。[1] 尽管李贞德研究的样本太少，不能作为最后的结论，但它确实表明，许多上层社会的男性成长的家庭中，父亲死得早，然后由母亲来领导。因此，母亲在《孝子传》中显得如此重要，或许是因为她们往往比年长的丈夫活得更久。

小　　结

带有供养主题的孝子故事之所以重要，有四个原因。首先，他们将恭顺的"养"概念提升为一种崇高的养育形式——供养，它让人们注意到父母在家庭中的优越地位。早期中古的作家通过展示孝子们乐意忍受各种各样的牺牲，为他们的父母提供精细的食物和衣服，来强调供养的重要性。

其次，孝子传的作者认为，供养如此值得关注，因为它传达了一个信息，即有影响力的家庭的家长希望家庭中较年轻的成员能够接受一点，即成年的儿子女儿（媳妇、女婿）应该把自己的意愿置于父母的意愿之下。此外，无论他们的实际社会地位是什么，在家庭中，孩子应该认识到自己的地位低下，并努力促进家庭的集体利益，而不是满足自己的个人利益。儿子们的动机是，如果他们能做到这一点，不仅大家族内部会充满和谐，而且他们还会通过表现自己是无私的人来吸引外部社会的关注。

---

[1]　李贞德：《六朝妇女生活》，《妇女与两性学刊》1993 年第 4 期，第 62—65 页。

第三，供养主题表明，这些故事的编撰者们更关心为家庭服务，而不是为国家服务。故事中的孝子楷模们既不担心满足忠诚的要求，也不把政府职务视为提供供养的手段。相反，他们担心家人的团结，并在当地社会中设法孝敬父母。因此，这些故事在很多方面反映了早期中古政府的软弱和扩展大家庭的重要性。

最后，早期中古故事的作者并不特别重视母亲与儿子之间的关系，也不强调重视父亲与儿子之间的关系，而认为这两者都是重要的。显然，前者被认为是更亲密的一个；然而，这些故事的图像表明，他们的观众也很重视父子关系。

第六章　过礼：服丧和丧葬主题

　　除了供养，孝道故事中最常见的主题是子女哀悼或埋葬父母的典型方式。在现存的早期中古的记录样本中，服丧和埋葬主题几乎和供养一样频繁地出现：前者占42%，后者占44%。相比之下，关于孝道其他方面的故事相对较少，比如复仇、服从、保身、兄弟之爱或道德困境。① 简而言之，如果早期中古的孝子文本中没有描述一个孩子如何赡养他/她在世的父母，那么几乎可以肯定描述了他/她如何在他们父母死后如何服丧。事实上，在理想的情况下，一个文本应该包括一些独立的轶事，描述孝子是如何以一种典型的方式供养和哀悼父母的。藤川指出，在早期中古，这两种行为都被认为是包括在孝道的定义中，② 这一点在《魏书·孝感传》的序中已经清楚地说明了：

　　　　且生尽色养之天，终极哀思之地，若乃诚达泉鱼，感通鸟兽，事匪常伦，斯盖希矣。③

---

　　① 在日本发现的两种《孝子传》、陶渊明《孝传》和由茆泮林、黄任恒重建的《孝子传》中，共有197个孝子故事，其中83个以服丧和丧葬为主题。唯一出现得更频繁的主题是供养，它在87个故事中出现（44%）。相比之下，接下来受欢迎的主题"复仇"，只出现在11个故事中，占总数的5%。
　　② 藤川正数：《魏晋时代における丧服礼の研究》，东京：敬文社，1961年，第17页。
　　③ 《魏书》卷八六《孝感传》，第1881页。《陈书·孝行传》序言中也有类似的表达，"孝者百行之本，人伦之至极也。凡在性灵，孰不由此。若乃奉生尽养，送终尽哀，或泣血三年，绝浆七日。"在《礼记》中，子路第一次把孝道分为两个部分，子路曰："伤哉贫也，生无以为养，死无以为礼也。"参见《礼记逐字索引》4.35。

值得注意的是，作者将供养与哀悼同归于宇宙至上的天地二元。由此可见，这两种行为是孝道的基本要素。此外，通过将供养与天、哀悼与地联系起来，并暗示尽管两者都是必不可少，但前者比后者更重要一些。因此，对于早期中古孝道的倡导者来说，如何哀悼父母是最重要的。

如果埋葬和服丧仪式的表现是如此重要，那么早期中古故事的作者是如何宣传它的呢？这些故事主要的主题是孝顺的孩子们哀悼他们的父母时会以一种超过礼仪要求的方式来行事，也就是"过礼"。这是令人惊讶的，因为以前的孝道轶事，如西汉提倡遵循礼仪规定，即"如礼"，并惩罚那些超越礼仪的人。那么，为什么早期中古的孝道作品强调"过礼"呢？

传统的答案是，至少在东汉时期，可以在政府那里获得一个不错的官职。① 丧礼是孝道最公开的表达方式，这一点在为期三年的服丧中表现得尤为明显，在这期间，孩子的所有行为都要在很长一段时间内接受社会的监督。父母在世时，很少有人能看到儿子是如何对待父母的；然而，在丧礼期间，由于儿子住在自家以外的一个守丧的庐屋中，整个社会可以密切关注他的行为。② 因为举行丧礼是一种公共行为，它也是在社会上建立声誉的一个机会。而且，由于汉代官员察举的依据往往是一个人的名声，因此，丧礼的典范性表现，尤其是如果一个人以一种引人注目的方式超越了规定的礼仪，可能最终得到政府职位上的显赫任命。最为臭名昭著的因"过礼"而被举荐的例子是平民赵宣。《后汉书·陈蕃传》载："民有赵宣葬亲而不闭埏隧，因居其中，行服二十余年，乡邑称孝，州郡数礼请之。郡内以荐蕃，蕃与相见，问及

---

① 宫崎市定：《中国古代史论》，第 286—294 页；Makeham, "Mingchiao in the Eastern Han," 85 – 94; Nylan, "Confucian Piety and Individualism in Han Ching," 1 – 27.

② Marcel Granet（葛兰言）, "Le langage de la douleur d'après le ritual funéraire de la Chine classique," in his *Études sociologiques sur la Chine*, Paris: Presses Universitaires de France, 1953, 226 – 228.

第六章 过礼：服丧和丧葬主题

妻子，而宣五子皆服中所生。蕃大怒曰：'圣人制礼，贤者俯就，不肖企及。且祭不欲数，以其易黩故也。况乃寝宿冢藏，而孕育其中，诳时惑众，诬污鬼神乎？'遂致其罪。"[1] 赵宣在埋葬了他的父母之后，他没有封闭墓道，而是住在坟墓里面，服丧了二十多年。不幸的是，他所在郡的太守陈蕃（约95—168）发现赵宣在服丧期间生了5个孩子。他指出赵宣不仅违背了《礼记》中丧礼的禁忌，更不能原谅的是，他在父母的坟墓里与妻子发生性行为孕育并抚养了五个孩子。因此，有人可能会说，强调服丧"过礼"的孝道故事是为了宣传主人公的杰出行为，希望借此获得朝廷的举荐。[2]

虽然这也许可以解释为什么东汉有许多关于服丧过礼的记载，但这并不能解释为什么这个主题会引起早期中古人们的想象。因此，它无法解释为什么在仅仅根据一个男人的血统而不是他的名声来获得官职后很久才产生了这样的故事，或者为什么这些故事中有一些是关于没有希望获得官职的女人的。此外，即使东汉时期的服丧过礼故事是作为社会进步的工具而创造出来的，因为这些故事在主人公死后很长一段时间内仍在流传和被欣赏，传统的推理无法解释这些故事的持续流行。因此，本章将试图破译这些故事的信息，以考察为什么这一主题在早期中古的公众中引起如此大的反响。

神矢法子在其开创性的丧葬礼仪研究中认为，儒家三年服丧礼仪直到魏晋时期才成为中国的普遍习俗，而魏晋时期正是朝廷法律认可官员丧葬礼仪的时期。在此之前，法律并没有规定官员要为他们的父母服丧多长时间。因为没有固定的标准，三年以上服丧的这种"过礼"是没有错的；相反，它被视为一种积极的手段，以鼓励其他人实践儒

---

[1] 《后汉书》卷六六《陈蕃传》，第2159—2160页。第164页注释②中提到的三种文献中都引用了这个故事。

[2] 宫崎市定：《中国古代史论》，第289—290页。

家的丧葬礼仪。① 尽管神矢法子只是谈到孝子服丧超过礼仪规定的三年，没有讨论"过礼"的普遍现象，她告诉我们，答案会在有学识的士族们如何、何时开始实践服丧三年的礼仪这一历史中被发现。本章将对比西汉与早期中古服丧主题的故事，并通过考察在多大程度上早期中古士族实践了儒家服丧礼仪，从而揭示"过礼"的主题变得流行，是因为它鼓励人们虔诚地实践儒家服丧礼仪，而不是漠视这些礼仪，漠视服丧礼议的行为之所以出现，原因是在东汉后半叶。虽然还没有得到法律的认可，但服丧三年的礼仪实践已经成为士族生活中不可避免的一部分。由于这种服丧行为不再是自愿的，它变得非常正式，以至于这样的礼仪发展成为人们必须遵循的无意识的习俗，而不是用来表达悲伤的仪式。因此，以"过礼"为主题的孝子故事，再次肯定了以真情履行丧礼的重要性。

第一节 践行丧礼

在《儒家对孝的再解释》一文中，笔者认为早期儒家思想的创新之一是支持丧礼，尤其是为逝去的父母服丧三年，超过祭祀那些远逝先祖的祭礼。② 当时，儒家最关心的事情之一就是对丧礼的提倡。正如高延所指出的那样，儒家的礼仪规范中没有对其他仪式比对丧礼进行了如此详细的规定。③ 同样，荀子著名的《礼论篇》主要考察了丧葬仪式，而在这一章的最后只粗略地提到了祭祀仪式。即使在这里，作者也暗示它们是丧礼的产物：它们是由于孝子或忠仆突然思念父母或

---

① 关于这一观点，参见神矢法子《后汉时代における过礼おめぐって》，《东洋史论究》，7（1979），27—40；神矢法子：《汉晋间における服丧礼の规范の展开》，《东洋学报》63.1—2（1981），63—92；神矢法子：《礼の规范の位相と风俗》，《史报》15（1982），1—12。

② Knapp, "The Ru Reinterpretation of Xiao," 209 – 216.

③ J. J. M. de Groot（高延）, *The Religious System of China*, 6 Vols; Taipei: Southern Materials Center, Inc., 1982, 2: 490.

第六章 过礼：服丧和丧葬主题

主君而产生的。① 尽管早期儒家拥护者很重视丧葬礼仪，但令人惊讶的是，关于人们如何以显著的方式践行丧葬仪式的记载却少之又少。此外，不像早期中古的故事有太多的服丧主题，西汉时期这类故事只有三个。

值得注意的是，这三个主题不是强调孝顺的孩子守丧应该超出丧礼的规定，而是强调他们应该严格遵守这些规定。第一种是孝子完全按照规定的礼仪来给父母服丧。在《礼记》中，采取的形式是赞扬一个孝子楷模的哀悼行为几乎与父母死后孩子该如何行动的既定的礼仪一字不差。② 第二种是权威人物，通常是孔子，严厉斥责那些超过规定服丧限度的弟子。③ 第三个是赞美那些服丧为规定的三年的人，即使他们的感情本来会让他们做其他事情。在最后一个主题的故事中，两个主人公完成丧礼后，孔子给他们一张琴。一个弟子因为他挥之不去的悲伤而无法弹奏它，而另一个弟子因为他的痛苦已经消散而高兴地演奏起来。虽然这两个人对三年的服丧期表达出来的感情程度并不相

---

① 刘殿爵主编：《荀子逐字索引》香港：商务印书馆，1996年，19.97-98。John Knoblock（王志民），*Xunzi: A Translation and Study of the Complete Works*, Vol. 3, Books 17-32, Stanford: Stanford University Press, 1994, 72-73.

② 关于颜丁的例子，参见本书第二章。尽管是"东夷之子"，《礼记》中孔子也赞扬了他们："少连大连善居丧，三日不怠，三月不解，期悲哀，三年忧"，参见《礼记逐字索引》21.8。他们的行为完全照搬了《礼记》中的规定，参见《礼记逐字索引》50.7；刘殿爵编：《孔子家语逐字索引》，香港：商务印书馆，1992，43.11。同样地，高柴（字子羔）被认为是孝子的楷模，因为他"执亲之丧也，泣血三年，未尝见齿"，参见《礼记逐字索引》3.38；《孔子家语逐字索引》，12.22。这种行为与父母生病时儿子的仪礼一致，当父母生病时，儿子不能笑得露出牙齿，"父母有疾，冠者不栉，行不翔，言不惰，琴瑟不御。食肉不至变味，饮酒不至变貌，笑不至矧，怒不至詈。疾止复故"，参见《礼记逐字索引》1.29。

③ 下面是这类轶事的三个例子：（1）孔子责备弟子伯鱼为母亲服丧超过一年的期限，"伯鱼之母死，期而犹哭，夫子闻之曰：'谁与哭者？'门人曰：'鲤也。'夫子曰：'嘻！其甚也。'伯鱼闻之，遂除之"。参见《礼记逐字索引》3.27；《孔子家语逐字索引》，42.29。（2）子思批评曾子七日水浆不进，而不是规定的三天，"曾子谓子思曰：'伋！吾执亲之丧也，水浆不入于口者七日。'子思曰：'先王之制礼也，过之者，俯而就之，不至焉者，跂而及之。故君子之执亲之丧也，水浆不入于口者三日，杖而后能起'。"参见《礼记逐字索引》3.32。（3）孔子斥责子路为未出嫁的姐姐服丧超过一年的规定期限，"子路有姊之丧，可以除之矣，而弗除也，孔子曰：'何弗除也？'子路曰：'吾寡兄弟而弗忍也。'孔子曰：'先王制礼，行道之人皆弗忍也。'子路闻之，遂除之"。参见《礼记逐字索引》3.25。

167

同，但孔子对这两个弟子都大加赞赏，因为他们都严格按照礼仪行事。①

换句话说，这三个主题都或含蓄或明确地批评"过礼"。原因是，服丧三年的限制是对所有人设定的一个标准，所有人不管他们的道德禀赋是什么，都希望达到这个标准。坚持这一共同标准的孝子楷模是值得赞扬的，因为他们把全体人的利益置于他们个人感情的表达之上。②坚持一个共同的标准是至关重要的，因为如果道德品质最优秀的人超过了这个标准，就没有人能够够得上他们的行为。

> 卞人有母死而孺子之泣者，孔子曰："哀则哀矣，而难继也。夫礼为可传也，为可继也，故哭踊有节，而变除有期。"③

孩子们通常对礼仪知之甚少，只允许情感来引导他们的行为。卞人之所以行为不称，是因为他表现得像个孩子，也就是说，他完全是根据自己的情绪，而不加控制地表达自己的悲伤。因此，虽然他的悲伤是值得注意的，但他用了一种别人无法模仿的方式表达出来。如果他的行为被认为是值得尊敬的，并成为其他人的标准，那么就没有人能够践行服丧的礼仪，而这些仪式将被废弃。因此，具有讽刺意味的

---

① 在《说苑》中，故事的主人公为子夏和闵子骞，"子生三年，然后免于父母之怀，故制丧三年，所以报父母之恩也。期年之丧通乎诸侯，三年之丧通乎天子，礼之经也。子夏三年之丧毕，见于孔子，孔子与之琴，使之弦，援琴而弦，衎衎而乐作，而曰：'先生制礼不敢不及也。'孔子曰：'君子也。'闵子骞三年之丧毕，见于孔子，孔子与之琴，使之弦，援琴而弦，切切而悲作，而曰：'先生制礼不敢过也。'孔子曰：'君子也。'子贡问曰：'闵子哀不尽，子曰君子也；子夏哀已尽，子曰君子也。赐也惑，敢问何谓？'孔子曰：'闵子哀未尽，能断之以礼，故曰君子也；子夏哀已尽，能引而致之，故曰君子也。'"详见《说苑逐字索引》，19.25；《孔子家语逐字索引》，15.5。在《礼记》中，这个故事的主角为子夏和子张，详见《礼记逐字索引》，3.53。主人公身份的这种可变性现象强调了这些故事的虚构性。

② 对于这一说法，详见《说苑逐字索引》19.25，子夏和闵子骞这段的最后一句，重复了《荀子·礼论篇》中的一个观点，即"夫三年之丧，固优者之所屈，劣者之所勉"。见《荀子逐字索引》19.96，Burton Watson（华兹生）译，Hsun Tzu, New York: Columbia University Press, 1963, 106-107。

③ 《礼记逐字索引》3.60（《礼记》1：145—146 英译本）；《孔子家语逐字索引》，42.21。

是，对"过礼"的重视威胁着它们的传播。

这种依附于丧礼的观点反映了荀子《礼论篇》的观点，其中荀况（公元前313—前238）认为三年之丧是人们表达哀思、送别死者的一种规范的方式。这三年也是一个过渡时期，哀悼者在这段时间慢慢地使自己习惯于逝者的离去，并准备恢复正常生活，所谓"岂不以送死有已，复生有节也哉！"① 超越精心设计并校准的礼仪是错误的，因为它既阻止了服丧者过渡到日常生活，又诱使他们通过过礼而获得恶名。因此，他们会重视自己的表现，几乎不会感到任何悲伤，"创巨者其日久，痛甚者其愈迟"②。由于服丧超过礼仪而变得过瘦也可能危及服丧者的生命。因为这些仪式的目的是让哀悼者回归日常生活，同时恭敬地与死者保持距离，对于荀子来说，"过礼"根本没有任何意义，"刻生而附死谓之惑；杀生而送死，谓之贼"③。因此，"过礼"危及哀悼者的生命，无限期地延长服丧期而扰乱正常的社会生活，只会招致他被谴责。

这种对紧紧地依附于礼仪而不超越礼仪的强调，无疑也是因为丧礼难以实行的缘故。由于它们必须遵循复杂的礼制规定，并要求长时间的自我牺牲，尤其是为父母服丧期间，践行这些礼制规定对任何人来说都是极具挑战性的。《淮南子》强调了长时间保持悲伤的难度，"夫三年之丧，是强人所不及也，而以伪辅情也"④。事实上，非儒家的人并不是唯一觉得丧礼很难执行的人。《礼记·檀弓上》讲述了高柴

---

① 这就好像死去的人从来没有生活过，对他周围的人没有任何影响，"将由夫愚陋淫邪之人与，则彼朝死而夕忘之"。
② 《荀子逐字索引》19.94；Knoblock, *Xunzi*, 3: 65 – 66; Watson, *Hsun tzu*, 101。
③ 《荀子逐字索引》19.96；Knoblock, *Xunzi*, 3: 68 – 69; Watson, *Hsun tzu*, 105。池沢优指出，荀子认为孝道不应与社会价值观脱节，参见池沢优，"The Philosophy of Filiality in Ancient China," 104 – 109。
④ 刘安（前179—前122）著，刘殿爵编：《淮南子逐字索引》，台北：商务印书馆，1992，11.175；原文英译参照 Benjamin E. Wallacker（华立克）译, *The Huai-nan-tzu*, Book Eleven: Behavior, Culture and the Cosmos, New Haven, Conn.: American Oriental Society, 1962, 36。

服丧三年不露牙齿,"高子皋之执亲之丧也,泣血三年,未尝见齿"之后,作者感叹"君子以为难"。同样,子路嘲笑鲁国人在服丧三年结束前唱歌,孔子责备他说:"由,尔责于人,终无已夫?三年之丧,亦已久矣夫。"① 因此,这些故事的作者赞扬那些行为完全符合三年服丧礼仪的人也就不足为奇了。

值得注意的是,除了没有很多服丧主题外,东汉以前关于孝子楷模服丧的故事也很少。这些被引用的例子大多来自《礼记·檀弓》,这一章几乎完全是关于丧葬礼仪的问题。因此,它是服丧例证的宝库也就不足为奇了。然而,当我们翻到西汉的儒家训诫典籍时,我们发现关于丧礼的记载很少,更不用说那些以典型的方式来履行丧礼的人的故事了。② 唯一提及这一主题的西汉儒家典籍是《孔子家语》。尽管如此,它的前九章与其他说教式的文献合集几乎没有什么不同:它们有七段涉及丧葬仪式,但其中只有两段专门记载了以经典的方式服丧的孝子楷模。③ 另一方面,最后一章几乎完全涉及丧葬礼仪。然而,其内容几乎完全来自《礼记》。④ 由此看来,虽然服丧是西汉孝道的一个组成部分,但对于这些合集的编撰者和它们的观众来说,服丧好像仍然没有对活着的人尽孝那么重要。

第二节 历史幻影? 西汉的三年服丧

西汉儒家典籍不鼓励过礼的另一个原因是,在实践中,很少有人

---

① 《礼记逐字索引》,3.16;《礼记》英译本,1:127。
② 这一时期许多孝道轶事的重要来源《韩诗外传》,仅有一章是关于服丧的,参见《韩诗外传逐字索引》3.11。也没有一篇文章描写了一个儿子以典型的方式为父母服丧。《新序》中没有关于服丧的章节。虽然《说苑》对这个问题表现出了一定的兴趣,但它只讲述了子张和闵子骞的故事,以及一些讨论服丧仪式的段落。《说苑逐字索引》19.674,19.675,19.676,19.677,19.678。(译者注:按《说苑》原文,此处"子张"为"子夏"之误)
③ 关于服丧和葬仪的段落,参见《孔子家语逐字索引》,8.17、12.22、15.5、26.2、37.4、40.4、41.19。书中提到的三个非凡孝行的孝子分别是高柴、闵子骞和子夏。
④ 《孔子家语》与其他文本的对照表,参见 Robert P. Kramers(贾保罗)译,*K'ung Tzu Chia Yu: The School Sayings of Confucius* (Leiden: E. J. Brill, 1950),376-379。

第六章　过礼：服丧和丧葬主题

真正执行它们。如果几乎没有人在一开始就践行这些礼仪，那么敦促人们以一种更显著的方式践行这些礼仪就毫无意义。在《儒家对孝的再解释》一文中，笔者认为三年的丧礼是儒家创造的，但在战国时期很少实行。① 也许只有儒家诸子和他们的弟子才会践行如此艰巨的服丧仪式。这种模式可能一直延续到西汉。有迹象表明，完成三年服丧不仅值得注意，而且值得大加赞扬。公孙弘（前200—前121）"养后母孝谨，后母卒，服丧三年"②，他最值得注意的孝顺行为之一是他为继母服丧三年。正如中国著名学者胡适所指出的那样，公孙弘自视为儒学大师，但他践行这一服丧礼仪并不表明这是一种普遍的习俗；此外，他的传记中强调了这种行为的罕见性。③ 尽管于永年轻时放荡不羁，但在公元前40年，他的父亲于定国去世后，他因为"如礼"为父亲服丧而出名，"居丧如礼，孝行闻"④。当河间惠王在其母亲去世后"服丧如礼"时，汉哀帝（前7—前1）下诏褒扬他这一行为，"河间王良，丧太后三年，为宗室仪表，其益封万户"⑤。显然，如果河间王良因为履行了三年服丧的礼仪而得到如此丰厚的回报，那么皇室成员这样做的情况肯定是极其罕见的。同样，游侠原涉（前10—24）"父死，让还南阳赙送，行丧冢庐三年，繇是显名京师"，由于他拒绝接受父亲葬礼中亲朋故吏的赙送，并服丧三年，他的名字在京城家喻户晓。似乎是为了强调这些行为是多么的不同寻常，同卷中载"时又少行三年丧者"⑥。

---

① Knapp, "The Ru Reinterpretation of Xiao," 209-216. 进一步表明三年服丧之礼在古代中国很少实行的证据，参见章景明《先秦丧服制度考》，台北：中华书局，1972年，第12—30页。
② 《史记》卷一一二《公孙弘传》；《汉书》卷五八《公孙弘传》，第2619页。
③ 胡适：《三年丧服的逐渐推行》，《胡适学术文集：中国哲学史》，第2卷，北京：中华书局，1991年，第947页。
④ 《汉书》卷七一《于定国附永传》，第3046页；Burton Watson（华兹生）译，*Courtier and Commoner in Ancient China*, New York: Columbia University Press, 1974, 170。
⑤ 《汉书》卷五三《景十三王·河间王传》，第2412页。
⑥ 《汉书》卷九二《游侠·原涉传》，第3714页；Watson, *Courtier and Commoner in Ancient China*, 240。

儒家服丧之礼的相对不重要性也在一个事实中反映出来,即这一时期的两个主要的历史记录,《史记》和《汉书》上都没有提及。如果西汉史学家重视这些仪式,那么这两部史书中应该会有很多关于践行这些礼仪的典型人物的记载。然而,与《后汉书》相比,这两部史书都没有太多关于服丧仪式的内容。表示践行丧礼的复合词很少出现在这两部史书中。①此外,《史记》和《汉书》中都没有提到"过礼"这一主题,而"过礼"是后来孝子故事的一个主题。这两部史书也不谴责那些没有完成三年服丧仪式的人。例如,薛宣(公元前32—前6年)的继母去世时,他拒绝辞掉自己的官职为她服丧三年,并告诉准备服丧三年的弟弟薛修"三年服少能行之者"②。虽然因为没有践行服丧三年的礼仪,被兄弟的朋友批评诋毁,但是班固还是这样赞扬薛宣,说他"所在而治,为世吏师,及居大位,以苛察失名,器诚有极也"③。因此,即使是儒家的史学家班固,也认为相比薛宣的行政能力,他不

---

① "行服"(执行丧服穿着礼仪)这一复合词没有出现在这两种作品,而在《后汉书》中出现了12次(16.614、24.828、34.1180、37.1255、39.1294、39.1307、44.1495、58.1873、63.2094、64.2122、66.2160、81.2684)。复合语"行丧"(践行丧礼)没有出现在《史纪》中,在《汉书》中仅出现了4次(76.3210、3211、83.3395、92.3714),但是在《后汉书》中出现了14次。复合语"服丧"(穿着孝服)在《汉书》中出现的次数和在《后汉书》中的一样多,都是5次;然而,其中3个用例都与王莽的服丧有关,他是一个狂热的儒者,可能是第一个践行三年服丧仪式的中国皇帝。"服丧"在《史记》中仅有单独一例,参见《史记会注考证》112.1215而在《汉书》中提到5次(53.2412、58.2619、99上.4078、99上.4090、99下.4132)。在《史记》《汉书》出现了10次的"居丧"(处于丧期)中,仅有2例称赞主人公如何为其父母服丧;相反,在《后汉书》《三国志》《晋书》中,这一复合词常用在描写典范式服丧哀悼的段落中,关于"居丧"用于描写典范式服丧的两个段落,参见《汉书》71.3048、82.3369。《后汉书》中出现的4次"居丧",参见《后汉书》14.563、29.1023、44.1510,和83.2773。《三国志》中出现8次的"居丧",其中有7次描写典范式服丧,参见《三国志》6.174、201、8.253、19.577、21.604、28.783、52.1232。《晋书》中出现的29次中有20次也表达了同一意思,参见《晋书》33.987、37.1095、38.1123、38.1126、38.1130、40.1165、43.1225、43.1233、44.1253、50.1391、51.1434、70.1857、75.1982、77.2023、83.2164、84.2194、88.2292、88.2294,和90.2338。

② 《汉书》卷八三《薛宣传》,第3394页。之后,《薛宣传》记载博士东海申咸给事中,"毁宣不供养行丧服,薄于骨肉,前以不忠孝免,不宜复列封侯在朝省。宣子况为右曹侍郎,数闻其语,赇客杨明,欲令创咸面目,使不居位",在处理这个案件时,薛况因罪徙敦煌,虽然薛宣坐免为庶人,但他并不是因为未践行服丧三年的丧仪而获罪。

③ 《汉书》卷八三《薛宣传》,第3409页。

履行服丧三年的礼仪是一件小事。总之，尽管这两部最早的王朝史书都提出了许多不同类型的道德典范，但都没有特别大书特书那些热心践行丧礼的人。事实上，司马迁和班固都没有把丧礼放在首要地位。显然，在他们的时代，践行这些丧仪仍然没有被视为必须优先的事项。

最后一个迹象表明，西汉人很少践行这些仪式是法律不允许他们这种做法。汉文帝认为，如果实行儒家这一丧礼，会对人民产生不利的影响，因此他明确表示，他不希望为他举行为期三年的丧礼。① 相反，他想要的是只需举哀三十六天，这成为所有皇室成员和高级官员的标准哀悼期。既然一个人的主君相当于他的父母，如果一个人只能哀悼皇帝三十六天，他怎么能哀悼他父母更长的时间呢？因此，官员们只是在这么短的时间内哀悼他们的父母。虽然当时的博士翟方进（卒于公元前7年），"及后母终，既葬三十六日，除服起视事，以为身备汉相，不敢逾国家之制"②，他想为母亲服丧三年，但因为不敢触犯法律，他只为母亲哀悼了36天。然而，正如神矢法子所指出的，没有法律规定普通官员和平民应该为他们的父母服丧多长时间或以什么方式居丧。③ 西汉时期为数不多的关于丧礼持续时间的法令之一是由汉哀帝颁布的，规定博学之士和他们的弟子可以回家为他们的父母服丧三年，"博士弟子父母死，予宁三年"④。博士是专门研究五经的博学之才，也就是说他们是专攻儒家典籍的儒学大师。很明显，西汉政府并没有提倡这种为期三年的服丧仪式。

与之前的孝道故事形成鲜明对比的是，早期中古的孝道故事有更多的服丧主题，几乎所有这些主题都强调了"过礼"，而不仅仅只是践

---

① 汉文帝在遗诏中认为，"今崩，又使重服久临，以罹寒暑之数，哀人父子，伤长老之志，损其饮食，绝鬼神之祭祀。"详见《史记会注考证》10.40；《汉书》卷四《文帝纪》，第132页。他的观点反映了墨家学派对儒家礼教的批评。
② 《汉书》卷八四《翟方进传》，第3417页。
③ 神矢法子：《礼の规范的位相と风俗》，第1—9页。这一观点最早由清代学者赵翼提出，详见《廿二史札记》第2卷，台北：世界书局，1970年，1：41—43。
④ 《汉书》卷一一《哀帝纪》，第336页。

行这些仪式。事实上，在这一时期的故事中，复合词"过礼"是司空见惯的。在接下来的一节中，我们将通过对每一个主题及其所传达的信息进行简要的分析，试图弄清为什么"过礼"的主题变得如此重要。

第三节　毁瘠成疾和悲痛致死

在儒家仪礼经典中，有一条严格的规定，那就是在哀悼父母（居丧）的时候，既不能弃食，也不能悲伤到严重伤害身体的程度。《礼记·曲礼》最清楚地阐明了这一原则："居丧之礼，毁瘠不形，视听不衰。升降不由阼阶，出入不当门隧。居丧之礼，头有创则沐，身有疡则浴，有疾则饮酒食肉，疾止复初。"[1]《礼记·杂记下》载，"子贡问丧，子曰：'敬为上，哀次之，瘠为下。'"[2] 孔子甚至认为，表达对死者的尊敬比表达哀痛更重要，而使身体消瘦是服丧中最不重要的方面。这些理性的指导方针表明，即使这些仪式意味着一个人将遭受痛苦，也不应该以对服丧者造成严重身体伤害的方式进行。这是因为这样做会妨碍他或她进行其他必要的仪式。换句话说，因为成为孝顺的孩子仅仅只是一个人所扮演的重要社会角色的其中一个，服丧礼仪只是孝道的一个方面，他或她需要履行生活其他的礼仪义务，如生育孩子来延续下一代和祭祀死者等。

尽管儒家的礼仪经典规定禁止孝顺的子女禁食直至生病，但许多早期中古的故事颂扬了这样做的人。最温和的例子是孩子们，在他们的父母死后，拒绝所有的食物和水超过三天，这是礼仪规定的限制。例如，顾悌（3世纪）父亲死后"水浆不入口五日"[3]。其他故事生动

---

[1]《礼记逐字索引》1.33, 34. 英译《礼记》，参见理雅各译，Li Chi, 1：87-88。另外一些篇章和著作中也提到这一点，详见《礼记逐字索引》4.58, 21.24, 21.25；刘殿祥主编《孝经逐字索引》18，香港：商务印书馆，1995年；《孔子家语逐字索引》43.9；《荀子逐字索引》，19.94。

[2]《礼记逐字索引》，21.8。

[3]《艺文类聚》卷二〇《人部四·孝》，20.370。

第六章　过礼：服丧和丧葬主题

地描述了一个孝子吃得如何之少。桑虞（317—380）就是最好的例子：

> 年十四丧父，毁瘠过礼，日以米百粒用糁藜藿，（其姊谕之曰："汝毁瘠如此，必至灭性，灭性不孝，宜自抑割。"虞曰："藜藿杂米，足以胜哀。"）①

正如《晋书·桑虞传》中笔者用括号标记的文字所表明的那样，桑虞知道他是在危害自己的身体，但他觉得只有惩罚自己才能充分表达自己的悲痛。同样地，许多孝顺的子女饿得只能依靠拐杖才能站立。② 其他典型的孝顺孩子消瘦到几乎让他们无法完成这种礼仪的程度，例如，在为母亲服丧时，何子平"居丧毁甚，困瘠踰久，及至免丧，支体殆不相属"③。在他们结束居丧后，一些孝子楷模需要几年的休息和药物才能再次站立。④ 在少数情况下，孝子实际上是自己把自己饿死的。⑤ 至于为什么这些人把自己弄得如此羸弱，阳明本《孝子传》载曾子，"父亡七日，浆水不历口。孝切于心，遂忘饥渴"⑥。值得注意的是，《礼记》批评了曾子的这种行为，但这部早期中古的著作认为

---

① 《艺文类聚》卷二〇《人部四·孝》，20.370；《北堂书钞》144.14a—b；《太平御览》413.8a，859.8b；《晋书》88.2291。
② 《晋书》卷八八《孝友·许孜传》载，许孜"二亲没，柴毁骨立，杖而能起"。其他的例子，还可见《晋书》33.987，38.1130，70.1857，88.2292，89.2310；《南齐书》24.450；《梁书》16.270；《魏书》72.1611，86.1885，86.1886，105/4.2426；《北齐书》13.170；《周书》32.561，42.761；《南史》31.817，38.984，59.1453；《北史》51.1844，67.2357，70.2436，84.2830，84.2831。
③ 《宋书》卷九一《孝义·何子平传》，第2258页。相类似的例子，还可见《后汉书》卷八〇《文苑》，第2613页；《宋书》卷九一《孝义·孝义传》中贾恩、郭世道"居丧过礼"，第2245页。
④ 《太平御览》卷四一二《人事部·孝上》载张表，"遭父丧，疾病旷年，目无所见，耳无所闻"。《后汉书》卷二六《韦彪传》载"彪孝行纯至，父母卒，哀毁三年，不出庐寝。服竟，羸瘠骨立异形，医疗数年乃起"。
⑤ 《宋书》卷四六《张邵附子敷传》载张敷："父在吴兴亡，成服凡十余日，方进水浆，葬毕，不进盐菜，遂毁瘠成疾。伯父茂度每譬止之，敷益更感恸，绝而复续。茂度曰：'我比止汝，而乃益甚。'自是不复往，未期年而卒。"
⑥ 《孝子传注解》，第200、202页。

它是值得赞扬的。①

　　孝顺的孩子不因饥饿而伤害自己，却因过度悲伤而伤害自己。许多故事都讲述了居丧儿女的悲恸，他们晕倒了很长一段时间后才苏醒过来。例如，当纪迈得知养母已经去世后，"迈绝复苏者日数四"②。虽然昏厥听起来并不特别严重，但对前现代中国人来说，昏厥等同于死亡，这一点从用来表示昏厥的复合语，比如"气绝"或"断绝"的意义就可以清楚地看出来。通常，一个孝顺的英雄是如此悲恸，他或她几乎死亡。③ 在少数情况下，有的孝子楷模死于悲伤。例如，在吴坦之埋葬了他的母亲之后，"设九饭祭，坦之每临一祭，辄号恸断绝，至七祭，吐血而死"④。

　　孝顺的孩子死于悲伤，因为在这个世界上，父母比什么都重要。因此，当父母去世时，他们毫不犹豫地离开这个世界。余齐民感应到父亲将要死去，因此加急赶到家时，他的父亲刚刚死去。他"号踊恸绝，良久乃苏。问母：'父所遗言。'母曰：'汝父临终，恨不见汝。'曰：'相见何难。'于是号叫殡所，须臾便绝"⑤。余齐民在这里遵循的古老习俗"殉葬"；即使他没有和他父亲的尸体一起被活埋，他也会为了在来世安慰他的父亲而自杀。当然，其他在居丧期间死去的孝顺子女也被认为是这样做的。然而，当余齐民心甘情愿地抛弃自己的生母，

---

　　① 《礼记逐字索引》3.32。
　　② 《太平御览》卷四一一《人事部·孝感》。与之相同，张敷（景胤）听到他父亲暴疾连续三天三夜赶到吴兴郡，"气绝吐血，久乃苏"，详见《艺文类聚》卷二〇《人部四·孝》，第371页。
　　③ 参见阮籍（《三国志》21.604）、刘殷及其妻子（《晋书》88.2289）、王延（《晋书》88.2290）、张洪初（《梁书》11.205，《南史》56.1381）、韩怀明（《梁书》47.653、《南史》74.1842）、何点（《梁书》51.732、《南史》30.787）、刘讦（《梁书》51.746、《南史》49.1227）、柳雄亮（《周书》46.829）的例子。
　　④ 《艺文类聚》卷二〇《人部四·孝》，第371页。这一主题的其他故事，可见竺弥（《初学记》1.21）、宿仓舒（《太平御览》413.7a—b）、顾悌（《太平御览》413.5a、《艺文类聚》20.370）、杜栖（《南齐书》55.966）、剡县小儿（《南史》55.966）、女胜（《魏书》92.1985）、李氏（《魏书》92.1984）、张建女儿（《太平御览》415.3a）和夏孝先（《水经注疏》）。
　　⑤ 《宋书》卷九一《孝义·余齐民传》，第2255—2256页。

去陪伴死去的父亲时，他怎么能被吹捧为孝顺的楷模呢？再说，孝顺的孩子怎么能如此不孝顺，还没办完丧事就死了呢？还有，为什么这些作品强调为父母而死？

第四节　居丧无期

荀况认为，如果不限制为父母服丧的期限，君子就不会停止对父母的悼念；因此，圣贤们确定，最长的丧礼只持续三年，"三年之丧，二十五月而毕，哀痛未尽，思慕未忘，然而礼以是断之者，岂不以送死有已，复生有节也哉"①。然而，早期中古的故事颂扬那些无限期地为父母服丧的孝顺孩子。在某些情况下，他们大大延长了服丧的时间而远远超过了三年的期限；在其他情况下，即使他们结束了正式的居丧仪式，他们仍然继续以各种方式非正式地悼念他们的父母，从而拒绝回归世俗生活。

早期中古的一些记载显示，孝顺的子女为父母服丧的时间不是按照丧礼规定的连续三年，而是六年。虽然这种记载并不总是很明显，但在某些情况下，这可能是因为父母几乎同时去世：也就是说，孝顺的孩子为父母中的一位服丧三年后，又为另一位服丧三年。② 然而，更常见的是，一个孝顺的孩子会哀悼六年，因为他或她参加了"追服"。这意味着，在完成了为期三年的居丧之礼后，孝顺的孩子会认为自己在践行这种礼仪时存在某种缺陷。于是，为了弥补这一缺陷，孝子会为第一个逝去的严亲再服丧三年。《后汉书》载刘"臻及弟蒸乡侯俭并有笃行，母卒，皆吐血毁眦。至服练红，兄弟追念初丧父，幼小，哀

---

① 《荀子逐字索引》，19.96；Knoblock（王志民）译，*Xunzi*, 3.370；Watson, *Hsun tzu*, 107。

② 与之相关的孝子楷模（典范），有李恂（"遭父母丧，六年躬自负土树柏，常住冢下"，《东观汉记逐字索引》19.20）、萧固（"少有孝谨遭丧六年"，《法苑珠林》49.362）、薛包（"后行六年服，丧过乎哀"，《后汉书》39.1294）、臧涛（"父母丧亡，居丧六年，以毁瘠著称"，《宋书》55.1543、《南史》18.508）、张稷（"父永及嫡母丘相继殂，六年庐于墓侧"，《南史》31.817）、门文爱（"伯父亡，服未终，伯母又亡。文爱居丧，持服六年，哀毁骨立"，《魏书》87.1893）、唐颂（"遭丧，六年庐于墓次"，《太平御览》906.8a）。

礼有阙，因复重行丧制"①。刘臻（卒于157年）和他的弟弟刘建以一种"过礼"的方式为母亲服丧后，追念他们因年纪小未给早年过世的父亲服丧，于是又给父亲服丧三年。因此，"追服"的习俗使刘氏兄弟有理由将服丧期延长一倍。然而，由于儒家早期文献中没有关于"追服"的记载，这无疑是早期中古的一种创新。将礼制规定的最长丧期延长一倍，为孝顺的孩子提供了一种引人注目的方式来表达他们深深的悲痛。没有人质疑这种仪式的有效性，这表明早期中古的人们是多么自然地看待它。

即使早期中古的孝子们居丧三年后脱下了丧服，他们仍然找到了"过礼"的方法。一种常见的做法是，孝顺的孩子在丧事结束后很长一段时间内继续遵守某些丧礼禁忌或苦行。根据礼制，当一个人在服丧时，他会避开好的食物、衣服和住所，因为他的悲伤会使这些东西变得毫无用处。《论语·阳货》载孔子回答宰我，曰："夫君子之居丧，食旨不甘，闻乐不乐，居处不安，故不为也。"②服丧三年后，脱去丧服，结束对自己的各种约束和禁忌，并回归家庭。也就是说，他/她恢复正常的生活。然而，在早期中古的故事中，孝顺的孩子往往拒绝以完全正常的方式生活。他们仍然像服丧时期那样牺牲自己正常的生活。例如，许多孝顺的孩子在居丧结束后很长一段时间，仍然不吃那些在居丧期间被禁止的食物。③ 还有一些孝子楷模拒绝回家，而在他们的余

---

① 《后汉书》卷四二《光武十王·东海孝王刘臻传》，第1426页。这一点引自神矢法子《后汉时代における过礼おめぐって》，第29页。其他因"追行服丧"而服丧六年的例子，可参见袁绍"遭母丧，服竟，又追行父服，凡在冢庐六年"（《三国志》6.188）和李显达"六年庐于墓侧，哭不绝声，殆于灭性"（《魏书》86.1885、《北史》84.2830）的记载。

② 《论语》17.19；英译本见刘殿祥（Lau），*Confucius：The Analects*，147。关于这一段的英译，笔者修改了刘殿祥（Lau）的译文。

③ 例如王灵之（"年十三丧父，二十年盐醋不入口"，《太平御览》411.8a—b，《太平广记》162.324中载为王虚之）、申屠蟠（"九岁丧父，哀毁过礼。服除，不进酒肉十余年"，《后汉书》53.1751）、刘瑜（"丧母，三年不进盐酪……服除后，二十余年布衣蔬食"，《宋书》91.2243）、郭原平（"父服除后，不复食鱼肉，于母前，示有所啖，在私室，未曾妄尝，自此迄终，三十余载"《宋书》91.2245）、薛天生（"母未免丧而死，天生终身不食鱼肉"，《南齐书》55.958）等。

生中，他们都住在父母墓旁的庐舍中。① 还有一些孝子楷模在父母去世后拒绝结婚。② 正如所有这些行为所表明的，虽然孝顺的子女严格遵守礼制坚持服丧三年，但在之后的日子里中，他们放弃了平常生活的乐趣和舒适，仍然表现出了无尽的悲伤。阳明本《孝子传》谢弘微（卒于433年）传记的一段对话，概括了这些不在经典著作里的自我牺牲的基本原理："谢弘微遭兄丧，服已除，犹蔬食。有人问之曰：'汝服已讫，今将如此。'微答曰：'衣冠之变，礼不可踰，生心之哀，实未能已也。'"③ 简而言之，虽然必须遵循这些礼制规定，但对于特别孝顺的孩子来说，这些还不足以表达他们的悲伤，因此他们必须找到其他的方式来表达他们的悲伤。

上述主题的重要性可以从以下事实中看出：稍晚一些的故事可能会将所有这些主题合并成一个故事。我们可以从一个名叫杨引的年老孝子楷模的故事中看到这一点。

> 杨引，乡郡襄垣人也。三岁丧父，为叔所养。母年九十三卒，引年七十五，哀毁过礼。三年服毕，恨不识父，追服斩衰，食粥粗服，誓终身命。终十三年，哀慕不改。④

这一记载结合了"追服"和居丧无限的主题。杨引的行为尤其引人注目，因为他不仅连续六年为他的父母服丧，而且他已经75岁高龄，已经远远超过了礼制规定的人们践行完整的丧仪的年龄。⑤ 简而言

---

① 例如，鲍昂（《后汉书》29.1023）、周磐（《后汉书》39.1311）、王裒（《三国志》11.349、《晋书》88.2278）、许孜（《晋书》88.2279—2280）、王延（《晋书》88.2290）、婴儿子（《太平御览》415.4a）、陈氏三女（《太平御览》415.1b—2a）、屠氏女（《南齐书》55.960）、秦绵（《南史》73.1804—1805）、徐孝肃（《北史》84.2839）。

② 郭文（《晋书》94.2440）、许孜（《晋书》88.2279—2280）、孙法宗（《宋书》91.2252）、刘讦（《梁书》51.747）、婴儿子（《太平御览》415.4a）、陈氏三女（《太平御览》415.1b—2a）、屠氏女（《南齐书》55.960）。

③ 《孝子传注解》134。

④ 《魏书》卷八六《孝感·杨引传》，第1883页；《初学记》17.422。

⑤ 《礼记·曲礼》载："五十不致毁，六十不毁，七十唯衰麻在身，饮酒食肉，处于内。"详见《礼记逐字索引》1.34。

之，杨引以他的高龄来完成这些丧葬仪式，已经超过了儒家经典的记载。像这样的故事说明，无论年龄大小，真正孝顺的孩子永远不会停止对父母的追念。

所有这些居丧弃世的行为无一例外地表明服丧者拒绝完全参与世俗生活。服丧者的一部分思想将永远奉献给对他/她父母的回忆。而那些做出更极端的弃绝世俗生活行为的人，比如在服丧期结束后仍住在父母坟墓旁，或者拒绝结婚，则完全与世俗世界隔绝而为逝去的父母尽孝。这一点很明显地体现在一个事实上，即那些践行这些更极端的弃世行为的人，会不断地拒绝被地方或中央政府的征辟。做这种事的孝子们会无限期地为他们的父母居丧。如郭世道后母亡，"服除后，哀戚思慕，终身如丧者，以为追远之思，无时去心，故未尝释衣帢"①。显然，这些记载告诉我们，没有什么比父母更重要。一旦他们逝去，世俗生活就没有什么意义，并很容易被抛弃，一个人应该完全为他们而活。

事实上，永远哀悼父母的儿子或女儿拒绝放弃孩子这一角色。像这样的孝顺孩子，正如巫鸿所说，是"不老的孩子"②。虽然《礼记》的作者严厉斥责了像孩子一样服丧的成人，但早期中古文献的作者认为这是值得赞扬的。例如，当何子平的母亲去世时，尽管他已经快60岁了，但他仍"有孺子之慕。宋大明末，饥荒，八年不得营葬，昼夜号叫"③。尽管何子平已经是一个完整地完成了供养父母并为他们服丧这一成人职责的老人，但作者认为值得赞扬的是，他对父母的感情和他作为一个脆弱、依赖父母的年轻人是一样的。

一个孝顺的孩子永远不会对父母失去童真般的爱的缩影就是老莱子。尽管老莱子已经七十岁了，但为了取悦年迈的父母，他扮演了一个孩子的角色：他会穿色彩鲜艳的衣服、玩玩具鸟、在地上爬行、骑

---

① 《宋书》卷九一《孝义·郭世道传》，第2243页。
② Wu Hung（巫鸿）, "Private Love and Public Duty: Images of Children in Early Chinese Art," in *Chinese Views of Childhood*, ed. Kinney, 99–101.
③ 《艺文类聚》20.371；《太平御览》26.9b；类似的记载，还可见《初学记》（17.421）中荀顗的故事。

竹马，当他滑倒时，还会像婴儿一样哭。因此，《孝子传》的作者赞扬他说："若老莱子，可谓不失孺子之心矣。"① 这个故事的早期中古图像的创作者强调了老莱子对父母的退让，总是把他描绘成一个小孩子形象，而不是一个老人（图9、图10）。早期中古的作家们并没有把孩子当作一个情感不受仪式约束的象征，而是把孩子当作一个对父母有着纯洁而专一的爱的人，因此当父母去世时，他们会感到诚挚而深切的悲痛。由此，对这些作者来说，一个孝顺的儿子或女儿应该永远保持童心。根据下见隆雄的观点，这是孝道故事的中心思想。②

图9　老莱子娱亲
武梁祠画像石，山东省嘉祥县，东汉，公元151年
注意他手上拿着的鸠杖表明他其实是一个老人。图片来源于外文出版社

---

①　《太平御览》卷四一三《人事部・孝中》，关于他的孝行，还可见《太平御览》413.7a、《艺文类聚》20.369、《孝子传注解》第101—102页、《敦煌变文》2：903。下见隆雄认为，关于老莱子的孝顺，有两种早期的文本传统：一种是他做这样孩子气的恶作剧来取悦他的父母，另一种是他这样做是为了防止他们考虑自己的实际年龄。下见隆雄在这一不同点上着力很多，因为据说老莱子为了取悦父母而表现得像个孩子，但这暗示着他这样做是为了让父母忘记自己和他们都在迅速衰老。详见下见隆雄《孝と母性のメカニズム》，第22—38页。

②　下见隆雄：《孝と母性のメカニズム》，第38—39页。

图 10　老莱子在其父母前玩耍游戏
石棺图像，北魏，公元 524 年。感谢明尼阿波利斯艺术学院，
威廉·胡德·邓伍迪基金

有一种思想认为一个儿子应该永远以一个孩子的渴望来看待他的父母，这种思想直接来源于孟子：

> 人少则慕父母，知好色则慕少艾，有妻子则慕妻子，仕则慕君，不得于君则热中。大孝终身慕父母，五十而慕者，予于大舜见之矣。①

孟子认识到人的欲望在一生中会发生变化。虽然他们开始重视父母，但很快他们就更加重视女人、社会认可，并想成为贵族阶层。然而，让人钦佩的是，尽管舜的年纪大了，但他拒绝了这些通常优先考

---

① 《孟子·万章章句上》。这一段的英文翻译，笔者在 D. C. Lau（刘殿爵）译，*Mencius*（New York：Penguin Books, 1970, 139）和 James Legge（理雅各）译，*The Works of Mencius*（reprint Taipei：Southern Materials Center, 1985, 345）的基础上做了修改。在另外的篇章中，孟子说五十岁时对父母的思念是完美孝行的一个标志，"大孝终身慕父母。五十而慕者，予于大舜见之矣"，详见《孟子·万章上》。

虑的改变,并保留了对父母孩童气的爱。虽然他可以拥有国家,但只有父母的爱才能让他满足。早期中古的人们将孝顺子女的行为与这一思想联系在一起,这可以从赵岐对孟子上述言论的注中看出,"大孝之人,终身慕父母,若老莱子七十而慕,衣五彩之衣,为婴儿匍匐于父母前也"①。赵岐在对这一段文字做注时以老莱子的故事为例,它似乎并不牵强认为早期中古文人可能会认为其他孝子故事说明同样的原则,即没有什么比取悦父母,保留"孩子气"给他们快乐更重要的了。简而言之,早期中古的作者摒弃了荀子礼仪的理性主义,转而接受了孟子强调的取悦父母的思想。

第五节 事死如事生

孝子们放弃世俗生活,永远哀悼他们的父母,这让我们看到了服丧主题的第三个主题:"事死如事生,事存如事亡"。早期儒家典籍认为,对待死者必须像对待活人一样。虽然这些相同的作品只是象征性地采用了这一规则,但早期中古孝道故事的编纂者们却从字面上理解了这一规则。因此,早期中古的孝子们对待逝去的父母就像他们活着的时候一样,有时甚至会为了死者而牺牲自己的生命。

在早期儒家文献中,"事死如事生"主要是指情真意切地服丧和祭祀。《礼记·中庸篇》中,这一原则便是"宗庙飨之,子孙保之"②,这意味着正确地祭祀祖先,并延续祖先的仪式。而根据《礼论篇》荀子的说法:"故丧礼者,无他焉,明死生之义,送以哀敬,而终周藏也。故葬埋,敬藏其形也;祭祀,敬事其神也;其铭诔系世,敬传其名也。事生,饰始也;送死,饰终也;终始具,而孝子之事毕,圣人之道备矣。刻死而附生谓之墨,刻生而附死谓之惑,杀生而送死谓之

---

① 赵岐(注):《孟子》,《汉魏古注十三经》第二卷,北京:中华书局,1998年,第80页;下见隆雄:《老莱子孝行说话における孝の真意》,《东方学》92,1996,第46页。
② 《礼记逐字索引》31.13;英译本见理雅各译 *Li Chi*,2:310—311。

贼。大象其生以送其死，使死生终始莫不称宜而好善，是礼义之法式也，儒者是矣。"① 在《礼记·祭义篇》中，"事死者如事生，思死者如不欲生，忌日必哀，称讳如见亲。祀之忠也，如见亲之所爱，如欲色然"②，因此，只有在丧礼、祖先祭祀和忌辰纪念日时，人们才会像对待活人那样对待死者。即便如此，人们还是用一些微妙的方式来表明死者与生者是不同的。

另一方面，在早期中古的故事中，孝顺的英雄们对待死去的双亲就像对待活着的一样。这种行为不仅限于服丧期或忌日。最生动地表达了这一点的主题是，在暴风雨中，孝顺的子女冲到父母的坟墓前去安慰陪伴死去的父母，因为父母活着的时候害怕打雷。孩子们完全重复着父母在世时他们孝顺的行为。孩子侍奉已故父母的故事更清楚地体现了"事死如事生"的原则。丁兰非常想念他死去的母亲（东汉故事版本中是他的父亲），于是他雕刻了一个她的木雕像，并把她当作活着的母亲一样对待，已经达到了这样一种程度，即如果有人想从丁兰家人那里借东西，他会向母亲的木雕像请求许可。当邻居毁坏了这个木雕像，丁兰杀了他。当他的妻子烧毁雕像时，根据不同的版本，他要么殴打她并与她离婚，要么强迫她为木雕像服丧三年。③所有这些故事的共同点是，真正孝顺的孩子对待逝去父母的方式和对待活着的父母的方式没有什么不同，这再次强调了一个人应该永远是一个孩子。

"事死如事生"的原则十分重要，孝顺的子女甚至应该为了警戒或保护父母的遗体而使自己处于危险之中。在一些孝子故事中我们可以

---

① 《荀子逐字索引》19.95；英译本见 Knoblock（王志民）译，*Xunzi*, 3：62-73；《礼记逐字索引》3.69；英译本见理雅各译 *Li Chi*, 2：310—311。
② 《荀子逐字索引》25.7（24.7）；英译本见理雅各译 *Li Chi*, 2：310—311。
③ 关于丁兰故事的不同版本，参见附录。其他有关侍奉死去父母的雕像有如他们活着一样的孝子故事，参见华光（《太平御览》385，5b，413.6b）、徐孝肃（《北史》84.2839）的记载。

第六章　过礼：服丧和丧葬主题

看到，有的孝子冒着熊熊烈火而保护父母的遗体。① 其他孝顺的孩子，有的为了保护、或者取回父母的遗体而不顾自己的生命安危。② 虽然上天常常会干预以拯救做这种英雄行为的孝子，但情况并非总是如此。③ 简而言之，父母的死亡不应该改变孩子对他们的行为——如果一个孩子愿意冒着生命危险去拯救活着的父母，他/她也应该愿意为死去的父母做同样的事情。

第六节　亲营殡葬

最后一个主要的主题是关于超越了礼仪的精神而不是文字的孝子。他们这样做是通过坚持在没有任何帮助的情况下完成父母葬礼等许多方面，这无疑是前一章所看到的信念的延伸，即孝顺的孩子必须亲自完成供养父母所必需的日常任务。简而言之，别人不能代表自己履行孝道，因为别人不会真心实意地践行孝道。因此，为了使仪式有效，人们必须亲自去做。虽然孔子只在祭祀中提到了这一原则，但在早期中古的故事中，孝子们把它应用到父母葬礼的各个方面。

事实上，有几个孝顺子女楷模试图亲自为父母操办葬礼的方方面面。屠氏的女儿就是这种楷模的体现。当她的父母去世时，"亲营殡葬，负土成坟"④，她亲自把他们的尸体入殓，带他们到坟墓，肩挑着泥土堆成土堆。郭原平在他父亲逝去后，"以为奉终之义，情礼所毕，

---

① 参见古初（《东观汉记逐字索引》16.42）、蔡顺（《后汉书》39.1312）、王惊（《太平御览》413.7b）、何琦（《晋书》88.2292—2293）、刘殷和他的妻子（《晋书》88.2288）、贾恩和他的妻子（《太平御览》415.3b、《宋书》91.2243）等人的故事。
② 伍袭（《太平御览》411.7b）、殷陶（《陶渊明集校笺》321）、吴猛（《艺文类聚》20.371）、王琳（《东观汉记逐字索引》16.43）、廉范（《陶渊明集校笺》321、《后汉书》30.1101）。为了抢救父母的尸体而牺牲自己生命的女性孝行典范，参见第七章。
③ 贾恩和他的妻子张氏、王惊等都是为了从大火中抢救父母的尸体而死去。也许他们死亡的一个原因就是这些都是实际的记载。因此，虚构或夸大的蔡顺故事激励这些后来的人们模仿他的行为，但当然，他们没有受益于同样虚构的奇迹。虽然王惊是什么时候出生的不清楚，但贾恩比蔡顺晚一百多年，所以他很可能听说过蔡顺的孝道故事。
④ 《南齐书》卷五五《孝义·屠氏女传》，第960页。

营圹凶功，不欲假人"，然而，由于他不知道如何建造坟墓，他首先要拜师学习，"乃访邑中有营墓者，助人运力，经时展勤，久乃闲练"①。郭原平显然认为，不仅要履行礼制，而且要以只有他才能表达的、正确的情感态度履行礼制。

更典型的是，一个孝顺的孩子只会独自徒手营建父母的坟墓。以这样主题的许多故事都强调，尽管有仆人、奴隶或邻居可以帮助他完成这一任务，但这位孝顺的英雄坚持要自己建造坟丘。这种行为是如此感人，它经常刺激道德世界奇迹般地帮助这样的孝子完成他的任务，如宗承（约200—220）"父资丧，葬旧茔，负土作坟，不役童仆。一夕间，土壤高五尺，松竹生焉"②。这一主题的一个显著特点是，它要求上层社会的人从事要求很高的体力劳动，从而使服丧仪式更加难以完成。许孜的故事揭示了，将坚持传统的服丧仪式与要求孝顺孩子自己为父母建造坟墓这一新的体力需求相结合是多么困难："俄而二亲没，柴毁骨立，杖而能起，建墓于县之东山，躬自负土，不受乡人之助。或愍孜羸惫，苦求来助，孜昼则不逆，夜便除之。"③ 许孜居丧期间消瘦到不能再独立生活的地步，超过了传统的居丧礼制。然而，这似乎还不够，即使在他身体极度虚弱的情况下，他仍然坚持艰苦的体力劳动为父母亲自营造坟墓。这一主题表明，即使父母已经去世，孝顺的子女也必须履行君子的礼仪和平民的劳动来侍奉逝者。这一主题的流行可以从东汉碑文中看出，它经常强调后人如何为他们的亲戚搬运泥土，并亲自为他们建造坟墓。④ 同时，这也表明早期中古的作者认为，执行规定的仪式远远不足以表达一个孝顺孩子的悲伤。

---

① 《宋书》卷九一《孝义·郭原平传》，第2244页。
② 《太平御览》卷四一一《人事部·孝感》，411.7a。
③ 《晋书》卷八八《孝友·许孜传》，第2279页。这个故事和杨震、王裒的故事差不多，他们拒绝任何帮助来孝养他们的父母。参见第五章。
④ 加藤直子认为用自己的劳动为父母建造坟墓是非常重要的，因为在东汉时期，建造坟墓是孝道中最明显也是最重要的方面。因此，一个人在社会上的声誉将取决于他/她在多大程度上用尽自己的劳动和资源使去世的亲人得益。参见加藤直子《ひらかれた汉墓——孝廉の'孝子'たちの戦略》，第71—72页。

早期儒家著者可能从来没有想过葬礼仪式包括诸如亲自为父母建造坟墓或营造墓丘这样的活动,这些实际上比仪式更重要。然而,正如我们在这一节中所研究的所有主题所显示的那样,对于早期中古的人来说,规定的仪式还远远不足以彻底消除一个儿子或女儿的悲伤。孝子的行为"过礼",因为这是他们表达悲痛的唯一方式。但是为什么这一时期特别强调如何充分表达悲伤呢?要解释为什么这些服丧主题在早期中古变得如此突出这一问题,我们现在必须看看东汉和魏晋时期儒家服丧仪式的实施历史。

第七节 三年服丧的胜利

三年服丧在西汉并不普遍,但到东汉时期,情况突然发生了变化。服丧三年的仪式在公元1世纪变得更加普遍,然后在2世纪得到很好的确立。到了3世纪,这些仪式成为士族无可争议的礼仪实践;到了3世纪末,国家将它们纳入法律。具有讽刺意味的是,儒家服丧三年制度化的这一时期,正见证了儒家作为占主导地位的思想流派,其知识分子的活力和地位的下降。

在公元1世纪,为期三年的服丧仪式变得越来越普遍。其最有力的支持者之一就是篡位者王莽。公元5年,王莽还只是摄政者的时候,他便下令中级及其以上的官员必须履行服丧三年的礼仪。① 他亲自为他的姑母皇太后文母践行了服丧三年的礼制。② 一些东汉的统治者也完成

---

① 这是否明确意味着官员们应该为刚刚去世的平帝或自己的父母举行这些仪式,目前尚不清楚。然而,主张为君主践行三年丧礼,也可能意味着他/她也要为父母践行三年丧礼。

② 《汉书》99a. 4078, 99b. 4132。杨树达:《汉代婚丧礼俗考》,上海:上海文艺出版社,1988年,第241页。有趣的是,尽管当他的母亲在公元8年去世时,王莽"意不在哀",所以他让太后命令他只践行最轻和最短的服丧。尽管如此,他还是命令长孙为母亲主持三年的仪式。《汉书》99a. 4090—4091, 英译本《汉书》见 Homer H. Dubs(德效骞)译, *History of the Former Han*, 3: 243 – 247。

了服丧三年的礼制。① 普通官员也越来越多地践行这种做法。藤川正数认为，在汉明帝统治时期，官员辞职为父母守丧三年是正常的。② 甚至有一些公元 1 世纪的例子中，用"过礼"一词来描述孝子哀悼父母的方式。③ 然而，没有法律要求官员必须进行服丧三年的仪式。神矢法子已经指出，即使汉明帝谴责邓衍（58—75）没有辞官哀悼他的父亲，邓衍仍然没有被免职。④ 换句话说，在文人士族中践行为期三年的服丧仪式变得越来越普遍，但仍然没有得到法律的支持。

然而到了公元 1 世纪后期，这服丧三年的仪式已经成为士族的仪式惯例。最明显地说明了这一点的是，在越来越多的作品中记载东汉后期的男子要么践行这些礼仪，要么辞官后服丧三年。⑤ 而且，官员们辞职不仅是为了给他们父母服丧，有时也为了其他亲属，如兄弟、祖母、祖父、伯父、堂兄弟，在一个例子中，还有为了叔叔。⑥ 在情势变得稍有失控之下，公元 107 年，安帝（107—125 年在位）下令禁止为除父母外的任何人服丧；126 年，左雄（卒于 138）抱怨这一法律经常

---

① 汉明帝（58—75 年在位）、和帝（89—105 年在位）、献帝（190—220 年在位）和邓太后（105—120 年在位）都践行了服丧三年的礼仪。杨树达：《汉代婚丧礼俗考》，第 244—245 页。
② 藤川正数：《汉代におけ礼楽の研究》，东京：风间书房，1968 年，第 280—281 页。
③ 参见郅恽（《后汉书》29. 1023）、樊鯈（《后汉书》32. 1122）的故事。
④ 神矢法子：《礼の规范的位相と风俗》，第 6 页。《后汉书》33. 1153.
⑤ 杨树达：《汉代婚丧礼俗考》，第 250—255 页。
⑥ 同上书，第 259—263 页。藤川正数在书中整理了一份东汉官员为他们父母以外的亲人服丧而辞职的名单。虽然他引用了一些公元 1 世纪的例子，但大多数都来自于公元 2 世纪。参见藤川正数《汉代におけ礼楽の研究》，第 281—283 页。朱彝尊也提供了一份为悼念父母以外的亲人而辞掉官职的东汉官员的名单，参见应劭著，王利器编《风俗通义校注》，台北：汉京文化事业，1983 年再刊，第 221 页，注 19.（译者注：朱彝尊曰："东汉风俗之厚，期功之丧，咸得弃官持服，如贾逵以祖父，戴封以伯父，西鄂长杨弼以伯母，繁阳令杨君以叔父，上虞长度尚以从父，韦义、杨仁、刘衡以兄，思善侯相杨著以从兄，太常丞谯玄、槐里令曹全以弟，广平令仲定以姊，王纯以妹，马融以兄子，陈寔以期丧，皆去官；范滂父字叔矩，以博士征，因兄丧不行；圈令赵君，司徒杨公辟，以兄忧不至；陈重当迁会稽太守，遭姊忧去官；至晋而嵇绍拜徐州刺史，以长子丧去职，陶潜以程氏妹丧自免；见于史传及碑版，如此之多。盖古人尚孝义，薄禄位，故能行其心之所安也。《通典》曰：'安帝初，长吏多避事去官，乃自非父母之服，不得去职。'自是因噎废食之见，后人于父母之丧，且有不去官者矣。"）

第六章 过礼：服丧和丧葬主题

被违反。① 也许没有什么比服丧三年的对象范围扩展到举主更能证明这一仪式的普遍性了。到了公元2世纪，为举主服丧三年的行为变得司空见惯。②《汉益州太守北海相景君铭》载汉安二年（143），生前曾为北海相的景遽逝世，碑阴载87位北海故吏掾属为他服丧三年，这个碑铭为这种现象提供了一个令人震惊的例子。③ 显然，如果为父母服丧三年不是一种普遍的做法，人们也不会为自己的恩主这样做。

公元2世纪，服丧三年的礼仪在士族阶层中广泛流传，促使政府两次试图迎合社会习俗。两位受儒学熏陶的太后曾短暂命令官员进行为期三年的服丧礼仪。元初三年（116），邓太后（卒于121年）在执政期间，命令所有的高级官员履行服丧三年的礼仪。④她还命令，任何不执行这一礼制的官员，从上到下，都不能被推荐任职。⑤ 虽然第一个诏令在五年内被废除，但后一个被纳入东汉律法。⑥ 我们应该注意到，邓太后受过良好的儒学教育，是杰出的女学者班昭（49—120）的学生。邓太后是最早以堪称楷模的方式进行为期三年服丧仪式的女性之一。⑦ 永兴二年（154），另一位深受儒教学说熏陶的女性执政者梁太后

---

① 藤川正数：《汉代におけ礼楽の研究》，第283—284页。
② 除了李恂（约89年）外，杨树达所引用的例子都来自于2世纪，参见杨树达《汉代婚丧礼俗考》，第266—268页。值得注意的是，《荀爽传》（128—190）记载，荀爽为他的举主服丧三年之后，他同时代的人被他的行为所感动，这种行为成为习惯，"司空袁逢举有道，不应。及逢卒，爽制服三年，当世往往化以为俗。"详见《后汉书》62.2057。详细地探讨这一现象及其影响，可参见甘怀真《中国中古时期君臣关系初探》，《台大历史学报》，21，1997年，第19—58页；甘怀真《魏晋时期官人间的丧服礼》，《中国历史学会史学季刊》27，1995年，第161—174页。
③ Patricia Ebrey（伊佩霞），"Patron-Client Relations in the Later Han," *Journal of the American Oriental Society* 103.3 (1983): 537；《隶续》卷一六《北海相景君碑阴》。
④ 《后汉书》卷五《孝安帝纪》，第226页，元初三年十一月，"丙戌，初听大臣、二千石、刺史行三年丧"。
⑤ 《后汉书》卷三九《刘恺传》，第1307页，"元初中，邓太后诏长吏以下不为亲行服者，不得典城选举"。
⑥ 《汉书》卷八七下《扬雄传》，第3569页，注引应劭曰："汉律以不为亲行三年服不得选举。"
⑦ 《后汉书》卷一〇《和熹邓皇后纪》，第418—430页，"永元四年，当以选入，会（父）训卒，后昼夜号泣，终三年不食盐菜，憔悴毁容，亲人不识之。"邓太后传记的英译本，详见 Nancy Lee Swann（孙念礼）译，"The Biography of Empress Teng," *Journal of the American Oriental Society* 51 (1931): 138–159。

(106—159),下令所有的高级官员进行为期三年的服丧仪式,"二月辛丑,初听刺史、二千石行三年丧服";永寿二年(156),她命令中层官员也这样做。① 不过,这些改革以她在 159 年去世而告终。这可能不是偶然,这两个试图给予服丧三年这一礼制以法律许可的女人都是来自显赫的大家族。然而,同样重要的是,要注意她们的努力以失败告终。

这些强迫官员执行三年仪式的企图,和它们的失败在几个方面是有重要意义的。首先,改革表明是社会而不是国家建立了这种习俗。这一改革方案的提出者认为,如果高级官员不践行完整的服丧仪式,那么没有人会这样做,因为每个人都会以他们为榜样。② 然而,由于到了公元 2 世纪,有学问的士族成员普遍践行服丧三年的礼仪,情况就完全不同了。这种礼仪变化的动力来自于世家大族而不是皇族。藤川正数曾指出,两次要求所有官员践行儒家丧葬仪式的尝试都是由外戚家族发起的,而反对的人则是对集中皇权最感兴趣的宦官。③ 我们也应该记住,曾命令官员践行完整丧葬仪式的王莽,作为外戚家族的成员而获得了对朝廷的控制。皇室践行礼制明显落后于世家大族,在公元 2 世纪,皇子们仍然因为仅仅履行了这一礼制而得到额外丰厚的奖赏。④ 第二,这两个诏令的有效期都只有 5 年,这也表明东汉政府还没有完全受儒家思想的影响。

事实上,直到西晋(265—317),国家才完全批准了服丧三年的礼

---

① 命令高级官员必须践行为期三年丧礼的法令,详见《后汉书》7.299、《后汉书》64.2122。命令中级官员服丧三年的法令,参见《后汉书》卷七《孝桓帝纪》永寿"二年春正月,初听中官得行三年服"。李贤注云:"中官,常侍以下。"邓太后的本纪,详见《后汉书》卷一〇《和熹邓皇后纪》,第 438—440 页。
② 参见刘恺(《后汉书》39.1307)、陈忠(《后汉书》46.1561—1562)、荀爽(《后汉书》62.2051—2052)的本传。
③ 藤川正数:《汉代におけ礼楽の研究》,第 295—310 页。
④ 同上书,第 278 页。

仪。在三国时期，高级官员仍然不能辞官为他们的父母服丧三年。① 然而，在西晋时期，这一切都改变了。公元265年，晋武帝（265—290在位）即位第一年，下令所有二千石及以下的官员必须为他们的父母服丧三年；278年，他将这一命令扩大到朝廷的最高级官员。武帝自己也曾数次被劝说不要为他的家人践行完整的丧礼。当他父亲死后，虽然他没有履行完整的三年服丧仪式，但他仍然在三年中穿着普通的衣服，吃着最简单的食物。②此外，晋朝还弹劾和惩罚了那些在三年服丧仪式中有缺陷的官员。③ 神矢法子指出，这些法律被严格执行，虽然那些被弹劾的官员充其量只犯了轻微的违规行为；此外，他们的"违规行为"常常也是有争议的，以至于成为朝堂有司辩论的话题。④ 藤川强调说，这些辩论不是理论上的，而是技术层面上的：它们的核心是被讨论的那个人是否为那个特定的情况践行了一整套正确的服丧仪式。⑤

换句话说，到3世纪末期，艰难而漫长的三年服丧仪式成了这个国家的法律。即使是最高官员也别无选择，只能辞去官职践行这一礼制。⑥ 因此，整个六朝时期的问题不在于是否应该践行这些礼制，而在于如何正确地践行。由于正确地践行服丧仪式对早期中古的士族来说是如此重要，由此产生了大量的、前所未有的关于丧葬礼仪的学术作

---

① 《宋书》卷一五《礼志五》，第388页："孙权令诸居任遭三年之丧，皆须交代乃去，然多犯者。"然而，许多官员违反了这些规定，如有名的孝子吴令孟宗，"丧母奔赴，已而自拘于武昌以听刑。陆逊陈其素行，因为之请，权乃减宗一等，后不得以为比，因此遂绝"。参见《三国志》卷四七《吴书·吴主传二》，第1412—1413页。

② 《宋书》卷一五《礼志五》，第388—392页。祝总斌：《略论晋律之"儒教化"》，第111页。

③ 晋朝官员因执行三年丧礼不当而被弹劾或被处罚的例子，详见祝总斌《略论晋律之"儒教化"》，第111页；藤川正数《魏晋时代におけ丧服礼の研究》，第20—21页；周一良《两晋南朝的清议》，《魏晋南北朝史论集续篇》，北京大学出版社1991年，第117—124页。

④ 神矢法子：《晋时代における违礼审议》，《东洋学报》67.3—4，1986年，第49—80页。

⑤ 藤川正数：《魏晋时代におけ丧服礼の研究》，第5页.

⑥ 与之有趣的一个对比是，Kutcher（柯启玄）在他的 *Mourning in Late Imperial China* 一书中，讨论了这一过程的逆转，在这一过程中清朝政府试图将服丧之礼对官员的干扰程度减少到最低。

品。木岛史雄的研究认为，这些作品中的大多数都是行动指南，回答了读者关于应该如何践行这些礼仪以及在什么情况下应该使用哪一套礼制的问题。这些作品并没有对经典进行解释训诂，而是回答了一些关于服丧的问题，而这些服丧仪式正是儒家经典中没有预料到的，或者是这些经典中相互矛盾的记载。① 换句话说，这些著作是如何践行服丧之礼和处理丧礼过程中可能出现的问题的实用行动指南。因此，它们提供了无可争辩的证据，表明在3世纪末到4世纪受过教育的士族不仅践行服丧三年之礼，而且还以一种彻底的、前所未有的方式来践行。

早期中古儒家的丧葬仪式之所以变得如此普遍，只是因为它是一种加强亲属关系和社会关系的有效的礼制手段。儒家礼制的实践发展成为一种手段，通过这种方式，家庭成员可以意识到他们与其他亲属的关系和义务。为亲属穿上丧服，使家族成员们清楚地意识到自己的亲人是谁，也是表达对亲人忠诚的一种具体方式。因此，通过确保每个成员都知道自己在大家庭中的位置，通过让他/她亲自经历长时间的苦行来表达忠诚，儒家丧礼的实践使大家族更为团结，并巩固了个人在大家庭中的身份。与此同时，由于一个人也有为他的君主或举主服丧三年的义务，儒家的服丧仪式也为当地士族提供了一种礼制手段，以加强他们与那些没有血缘关系、但在政治上重要的人之间的私人联系。由于在这一时期，个人的公职和朝廷远不如他的私人关系和家庭的力量重要，服丧仪式加强了他的私人关系，而这种关系在士族的生活中至关重要。

第八节 对抗冷漠

前一节已经表明，在2世纪中古中国的士族普遍践行服丧三年的

---

① 木岛史雄：《六朝前期の孝と丧服——礼学の目的・机能・手法》，小南一郎编：《中国古代礼制研究》，京都：京都大学人文科学研究所，1995年，第367—400、451—453页。

第六章 过礼:服丧和丧葬主题

礼仪,到3世纪这些仪式已经有了官方法律上的支持。关于服丧三年的大事记给为什么那些故事强调"过礼"提供了答案。这个主题的目的并不是鼓励人们去进行三年的仪式,而是强调真诚地去践行。

要理解服丧"过礼"这一主题的目的,就必须弄清楚它的时机。如果它出现在这些仪式被普遍践行之前,那么它可能是为了鼓励这些仪式被实践;然而,如果它出现在其后,那么它可能有一个完全不同的目的。关于服丧"过礼"的故事最早出现在公元2世纪,而这正是服丧三年这一礼制被广泛实行的时期。现存最早的"过礼"记载是《东观汉记》。[1] 虽然它是在东汉不同时期编纂完成的,《东观汉记》中那些品德高尚的士族和著名政治家的传记可能编撰于公元107年后,[2] 而在这些传记中出现了居丧"过礼"的主题。司马彪（240—306）《续汉书》是第一部用"过礼"这一专门词汇表示典范性服丧的断代史。[3] 服丧过礼的孝子实证记载,出现在服丧三年这一礼制在士族阶层中根深蒂固以后,而不是在这之前。

当这些故事出现的时候,服丧三年的仪式已经是上层社会的现实,显然他们并不是为了鼓励这样的仪式。到了公元2世纪,尤其是公元3世纪,如果一个人想从政或在当地士族社会中有任何地位,他必须践行服丧三年的仪式而别无选择。既然如此,那些自封的道德卫士们就不需要担心社会精英们无法履行这些仪式。神矢法子提醒我们,在晋代,由于丧礼法律的严格执行,严重违反丧礼的情况极为罕见。[4] 除了

---

[1] 奇怪的是,"过礼"这一词汇在《东观汉记》中并没有出现。然而,这本书包含了许多服丧期超过礼制规定的人的记载,参照古初（《东观汉记逐字索引》16.42）、廉范（《东观汉记逐字索引》18.12）、李恂（《东观汉记逐字索引》19.20）、黄香（《东观汉记逐字索引》19.22）、张表（《东观汉记逐字索引》19.30）的传记。

[2] 为了继续编纂这部著作,公元120年,邓太后又诏令谒者仆射刘珍以及谏议大夫李尤、刘騊駼、刘毅等学者编撰名臣、节士、儒林等传。参照郑鹤声《各家后汉书综述》,第8页;Beck, *Treatises of Later Han*, 24—25。如前所述,邓太后本人就是儒学价值观的倡导者和典范,也是东汉两位下令即使是高级官员也必须践行三年服丧仪式的统治者之一。

[3] 王文台:《七家后汉书》,京都:中文出版社再刊,1979年,第401页。

[4] 神矢法子:《晋时代における违礼审议》,第52—62页;《礼の规范的位相と风俗》,第9—10页。

法律制裁之外，因为服丧三年之礼是孝道最公开的一面，在一个崇尚这种美德的社会里，人们会期望大多数有地位的人会一丝不苟地践行这一仪式。事实上，东汉的社会批评家们很少批评那些不履行三年服丧礼的人；相反，他们批评人们在赡养活着的父母上花的精力太少，而在埋葬死去的父母上花的精力太多。①

"过礼"叙事的主要目的不是鼓励服丧三年之礼的践行，而是对抗伴随礼俗制度化而来的冷漠。这些故事的作者们担心的是，那些别无选择的人可能会敷衍了事或以欺骗的方式践行服丧三年之礼。换句话说，士族践行丧礼只是因为政府或同辈压力的要求，而不是因为他们对死者感到悲痛。因此，践行这一仪式有变成公共戏剧表演的危险。同样，葛洪（284—363）批评了北方丧葬习俗以固定的声调节奏来恸哭，并以固定的表达方式修饰其声音，因为它并不重视哀哭的情感内容，而只是把它变成了一种审美体验。②《抱朴子外篇》卷二六《讥惑篇》载：

> 乃有遭丧者，而学中国哭者，令忽然无复念之情。昔钟仪庄舄，不忘本声，古人嘉之。孔子云：丧亲者，若婴儿之失母。其号岂常声之有！宁令哀有余而礼不足，哭以泄哀，妍拙何在？而乃治饰其音，非痛切之谓也。③

葛洪的这些批评与我们在"过礼"的故事中看到的最重要的主题之一相呼应：服丧仪式的目的是为了倾吐对离世父母的深切追思，这种思念如此强烈，就像一个小孩对他/她不见的父母。就像一个孩子的

---

① 《后汉书》39.1315；《潜夫论逐字索引》1.20。
② 对这一批评以及六朝时期南北方丧葬习俗差异的探讨，详见唐长孺《魏晋南北朝史论丛》，北京：生活·读书·新知三联书店，1955年，第357—360页。
③ 葛洪（284—363年）：《抱朴子》，《诸子集成》八卷本，上海书店，1986年，26.151。这一段的英译文参照了 Jay Sailey（杰伊·塞雷），*The Master Who Embraces Simplicity: A Study of the Philosopher Ko Hung A. D. 283 – 343*, San Francisco: Chinese Materials Center, Inc., 1978, 158 – 159。

第六章 过礼：服丧和丧葬主题

哀悼，悲伤应该是自发的和情真意切的。正是对礼制的详细规定和对礼制践行时间的重视，而忽略了礼制的情感内容。

由于是政治和社会的命令，而不是个人的悲伤，要求践行这些丧仪，一个人可能会试图偷偷违反一些服丧禁忌。一个人不仅要长时间地为自己的父母服丧，而且还要为其他亲戚，如叔叔、兄弟、姐妹服丧，这一定会使这种企图在许多人的心中更加突出。葛洪告诉我们，许多士族便以疾病为借口来违背丧礼：

> 又闻贵人在大哀，或有疾病，服石散以数食宣药势，以饮酒为性命，疾患危笃，不堪风冷，帏帐茵褥，任其所安，于是凡琐小人之有财力者，了不复居于丧位，常在别房，高床重褥，美食大饮，或与密客，引满投空，至于沈醉。曰："此京洛之法也。"①

虽然《礼记》确实规定了一个生病的服丧者可以吃肉和喝酒，但葛洪的一些同代人显然是用疾病作为借口，停止了所有的服丧苦行，让自己纵情享乐。甚至以正直为人所知的人也会犯这种错误，尤其是那些惯于安逸的人。例如，当深爱的弟弟去世时，谢安（320—385）几乎十年不听音乐。然而，在成为宰相之后，即使是在悼念近亲的时候，他也从未离开过音乐和女伎。② 王坦之（330—375）为此严厉地责备了谢安，但在服丧期间，他自己也会下"围棋赛"，因为他认为这是"手谈"的一种形式。③ 鉴于人们经常违背服丧三年之礼，所以，难怪早期中古的故事会强调：一个真正的孝子需要亲自参与葬礼的各个环节，不吃肉、不喝酒、不穿奢华的衣服，即使在服丧结束很久以后也

---

① 《抱朴子》，26.151。这一段的英译文参照了 Jay Sailey（杰伊·塞雷），*The Master Who Embraces Simplicity: A Study of the Philosopher Ko Hung A. D. 283–343*, 159–160。
② 《世说新语笺疏》，8.128。
③ 《世说新语笺疏》，21.10。虽然王坦之没有违反礼法的字义，不和客人说话，但他在服丧时款待客人并参加娱乐活动，无疑违反了礼法的精神。

不例外。

到了3世纪中叶，甚至有人故意违反丧礼禁忌。这些人与传说中的"竹林七贤"有关，他们相信普通的儒家行为标准并不适用于他们自己。因此，他们被称为"方外之士"。他们饮酒、吃肉、下棋、纳妾、参加宴会，严重违反了服丧三年之礼。① 他们用这种方法抗议强制的丧葬仪式越来越索然无味的本质，不过也为此付出了沉重的社会和政治代价。②

这些方外之士的故事强调，尽管他们故意违反儒家丧礼，他们表现出的悲伤，即使没有超过，但也与那些完成所有丧葬仪式的世人的悲伤相同。阮籍（210—263）"当葬母，蒸上肥豚，饮酒二斗，然后临诀，直言穷矣！都得一号，因吐血，废顿良久"③。尽管阮籍明显违反了丧礼，但他的悲伤和许多传统孝子一样：他无法控制自己的悲伤，吐血、晕倒。也就是说，《世说新语》的作者把他作为孝子的楷模。因此，这个故事并不是对孝道本身的攻击，而是对儒家丧礼的有效性和实用性的质疑，因为它们不再表达悲伤，而这本应该是它们的主要目的。④ 可以说，在丧事中，最重要的不是遵循礼仪，而是表达对父母的思念之情。

将遵循儒家丧礼与违反这些丧礼的人的故事进行比较，更清楚地说明了这一点。这种类型的例子中最著名的是将和峤与王戎的服丧相

---

① 参见《世说新语笺疏》阮籍相关的记载，阮咸（234—305）居母丧时追回已怀孕的妾、谢尚（308—357）酣宴的记载，详见《世说新语笺疏》，23.1，23.2，23.9，23.11，23.15，23.33。

② 阮咸和阮简都因为父母服丧时的错误方式而被逐出官场多年，参见周一良《两晋南朝的清议》，第117页。如果何曾（199—278），那个著名的孝子，按照他的方式来行事的话，阮籍很可能会因为在为母服丧期间饮酒食肉这种不合礼法的行为而掉脑袋，参见《世说新语笺疏》，23.2。

③ 《世说新语笺疏》，23.9；这一段的英译文见 Richard B. Mather（马瑞志）译 Liu I-ch'ing, *Shih-shuo Hsin-yu: A New Account of Tales of the World*, 374。

④ 关于阮籍居丧故事及其隐含的反仪式主义的讨论，详见 Donald Holzman（侯思孟），*Poetry and Politics: The Life and Works of Juan Chi A. D. 210–263*, Cambridge: Cambridge University Press, 1976, 74–80。

第六章 过礼：服丧和丧葬主题

比较。和峤（卒于292）遵循儒家三年服丧之礼；而王戎（235—305）虽然没有遵守这种礼仪，但他恸哭悲伤，变得非常憔悴，不能下床。这促使刘毅（约210—285）告诉皇帝：

> 和峤虽备礼，神气不损；王戎虽不备礼，而哀毁骨立。臣以和峤生孝，王戎死孝。陛下不应忧峤，而应忧戎。①

王戎非传统的服丧方式超过了和峤坚持的儒家仪式，在服丧时情凄意切的悲伤让他哀毁骨立。换句话说儒家的服丧仪式不再有效地宣泄悲伤。和峤可以遵循儒家的丧礼而不损害自己的健康，这表明他没有感到足够的悲伤。这一记载传递了这样的信息，即与表达一个人因失去所爱的人而感到发自肺腑的悲痛相比，举行丧礼仪式次要。而儒家的丧礼已经失去了意义，因为它们已经失去了情感的寄托。②

虽然孝子故事的作者们无疑会对阮籍这样不顾礼义的人嗤之以鼻，但他们也会认为，当时人们在丧礼上的虚伪是一个压倒一切的问题。具有讽刺意味的是，孝子故事中强调"过礼"的孝道故事，与传统的服丧故事一样，都是为了达到同样的目的，即为了确保人们在服丧时能够真正地表达真诚的悲痛。然而，对于孝子故事的作者来说，做到这一点的方法并不是忽视儒家礼仪，而是超越他们的命令。简而言之，既然完成仪式不再表示对死者的悲痛，那么要真正表达一个人的悲痛就必须走向极端，即"过礼"。

---

① 《世说新语笺疏》，1.17；《晋书》，43.1233；这一段的英译见 Richard B. Mather（马瑞志）译 Liu I-ch'ing, *Shih-shuo Hsin-yu: A New Account of Tales of the World*, 10-11。

② 另一记载便是将居母丧时不遵循丧仪食肉饮酒的戴良与他"非礼不行"的兄长伯鸾相比较，详见《后汉书》，83.2773。这个故事是否发生在东汉时期似乎是个问题。仅存的版本是5世纪的《后汉书》。东汉早期历史的片段中没有一个包含它。此外，戴良"驴鸣悦母"的主题，在六朝时期也很盛行。《世说新语》第十七章中包含了两个这样的故事（《世说新语笺疏》，17.1，17.3）。由于这段文字的情感与魏晋关于非传统男人的故事非常吻合，而且我们没有证据表明它的起源更早，这使我怀疑这个故事本身是不是在3世纪或4世纪捏造的。

小　结

本章清楚地指出，带有服丧主题的早期中古故事所传达的信息与以前的故事明显不同。东汉以前的故事强调践行礼制，而不是超越礼制，这可能是因为当时很少实行三年服丧之礼。另一方面，早期中古的记载，强调的重点是超过服丧仪式，即"过礼"因为它们是在受过教育的士族们普遍践行这种仪式的时候被创造出来的。

践行这些仪式的普遍存在，迫使这些故事的目标从提倡坚持这些仪式，转变成以真诚和发自内心的方式践行它们。当人们为了在社会和政治上取得进步而必须进行为期三年的服丧仪式时，丧礼就日益面临着仅仅被视为一种工具的危险；进行三年的仪式不再是来表达一个人的痛苦，而是为了获得一个世俗的结局。为了对抗这种现象，孝子故事的作者们强调，一个人不仅要践行礼仪，而且要超越礼仪的要求。这样做会显示出一个人的悲伤是如此无以复加，以至于仪式不能给他们充分的发泄。那些热情地为死者牺牲自己的利益或亲自操办葬礼细节的人，现在被视为令人钦佩的人——仍然保持着仪式本质精神的人。

通过证明早期中古的故事是在试图与这些仪式制度化后的冷漠做斗争，这一章明确指出受过教育的精英何时被儒家化及其原因。在公元2世纪的士族阶层中，践行这套离散的仪式变得普遍起来。到了3世纪，国家迎合了习俗，制订法律规定官员们必须践行这些仪式。换句话说，如果这些困难和昂贵的仪式的实现，是衡量儒家思想渗透到士族的仪式程序和价值系统程度的标尺，我们便可以放心地假定，到2世纪它对受过教育的士族的世界观和行为标准产生了重大影响。这种变化的动力来自于地方世家大族，他们发现服丧三年之礼是一种促进大家庭和世系之间产生团结的方便、有效的方式。具有讽刺意味的是，在这些仪式上落后的只有皇室成员和高级官员，他们仍然坚持简短的服丧期。换句话说，这种做法是从社会中产生的，后来被国家逐渐采用。这与世家大族的存在相类似，它们的存在直到3世纪初才得到国家的法律认可，而曹魏法律禁止父母和子女拥有独立的财产，尽管这在1、2世纪已经是士族社会的一个重要特征。

第七章　孝女或儿子的替身

提到中国的孝道，由于儒家思想对父子关系的重视，人们会本能地把它与儿子，而不是女儿联系起来。如果将性别因素考虑在内，那么我们就会想到母亲和儿子之间的紧密联系——库思在《中国佛教中的母亲和儿子》一文中已将这种关系很好地阐释过。然而，孝道过去和现在都不仅仅是男性的美德。无论是过去还是现在，中国女性都在以一种堪称楷模的方式履行这一职责。但是什么样的行为构成了女性的孝道呢？库恩的研究表明，欧洲古代史晚期和中世纪早期的圣徒传记作者对男性和女性的圣洁有着不同的理解。中世纪的圣徒传记作者认为，女性本质上是放荡、奢侈、情绪化的，他们把女性圣徒描绘成完全服从男性教会权威的人，在与世隔绝的环境中过着俭朴的生活，做着家务，有着无限的简单信仰。换句话说，中世纪早期的作家们强调美德，认为美德可以抵消或利用女性特有的弱点。① 这让人不禁要问，在早期中古的中国，女性孝道与男性孝道有多大的不同？它是如何随时间变化的？与男性的孝道相比，它有多重要？

本章通过对孝女轶事的细读，力图证明以下四点：第一，对孝女的描写在早期中古开始普遍。第二，男性和女性对孝道的表达方式基

---

① Lynda Coon, *Sacred Fictions: Holy Women and Hagiography in Late Antiquity*, Philadelphia: University of Pennsylvania Press, 1997.

本相同，除了女性需要更极端的表达自己的孝道。在大多数情况下，某种形式的文字或形象暴力标志着他们行动的极端，无论是身体上的自杀、社会性的自杀，还是杀婴。第三，孝道行为的这种显著的相似性是因为孝道被认为是一种男性美德，而女性在没有男性亲戚的情况下也会践行这种美德。简而言之，孝顺的女性是儿子的代理者。第四，由于她们的孝顺是派生出来的，虽然在中国帝国初期也流传着一些关于孝顺妇女的故事，但这些故事相对较少，也不重要。

第一节　早期中国孝女故事的稀少

要使女性孝道故事记载开始流行在早期中古这点成立，让我们先来考察东汉之前触及女性孝道的刘向《列女传》，这一最早的专门记录女性生活的著作。正如瑞丽（Raphals）所指出的，尽管孝顺在西汉是很重要的，刘向著作中关于道德品行的六章中却没有一章关注孝顺。① 事实上，没有一个故事是专门用来宣传这种价值观的。然而，有两种类型的故事，在同时赞扬其他美德时，认可或至少提到孝道。这两种类型的故事关于道德困境的，其中之一便是女性凭借推理能力将她们的亲人从危险中拯救出来。

《列女传》有四个故事，讲述的是女性拯救犯下重罪的血亲的故事。然而，在女儿救父亲免于死刑的"齐伤槐女""赵津女娟""齐太仓女"三个故事中，刘向赞扬的不是主人公的孝顺，而是她们高超的辩论技巧。② 例如，"赵津女娟"便记录了娟愿意为免去父亲之罪而替他去死的故事，"赵津女娟者，赵河津吏之女，赵简子之夫人也。初简子南击楚，与津吏期，简子至，津吏醉卧，不能渡，简子怒，欲杀之，

---

① Lisa Raphals（瑞丽），"Reflections on Filiality, Nature and Nurture," in *Filial Piety in Chinese Thought and History*, 219-220.
② 《古列女传逐字索引》，6.4、6.7、6.15。Lisa Raphals（瑞丽），"Reflections on Filiality, Nature and Nurture," 7.

娟惧，持楫而走，简子曰：'女子走何为？'对曰：'津吏息女。妾父闻主君东渡不测之水，恐风波之起，水神动骇，故祷祠九江三淮之神，供具备礼，御厘受福，不胜巫祝，杯酌余沥，醉至于此。君欲杀之，妾愿以鄙躯易父之死。'简子曰：'非女之罪也。'娟曰：'主君欲因其醉而杀之，妾恐其身之不知痛，而心不知罪也。若不知罪杀之，是杀不辜也。愿醒而杀之，使知其罪。'"① 在早期中古的记载中，赵娟自愿代替她父亲死去是故事的中心，以此来记录她典范性的孝行。然而，在这个故事中，这只是她试图拯救父亲的手段之一。而且，由于君主似乎对她的无私请求无动于衷，这甚至不是最有效的方法。作者在结束叙述时并没有赞扬她的孝道，而只是说"女娟恐惶，操楫进说，父得不丧，维久难蔽，终遂发扬"②。强调这类故事的重点是女儿的推理能力，而不是她主动提出代替父亲去死这一点，在"齐伤槐女"故事中，也惊人的相似。"齐伤槐女"没有提出代替父亲去死，而只是通过她的逻辑论证去拯救他。③ 另一方面，淳于缇萦（公元前2世纪）能够拯救她的父亲，是因为她提议自己成为一个官奴婢，以换取她父亲的生命；然而，她的请求最重要的方面是使汉文帝意识到残害身体的肉刑的残酷。④

许多《列女传》故事都是"道德困境"故事。人们可以把有关孝顺的道德困境故事分为两种：一种是关于女儿或儿媳必须选择来救她的哪一个亲戚，另一种是关于女婢必须在救她的主人或她自己之间做出选择。

《列女传》中两个道德困境故事与孝女有关。其中一个为京师节

---

① 《古列女传逐字索引》，6.7。这一段的英译见 Albert Richard O'hara（郝继隆）译，*The Position of Women in Early China：According to the Lieh Nu Chuan*, "The Biographies of Eminent Chinese Women"; reprint, Westport, Conn.: Hyperion Press, 1981, 165 – 166。

② Albert Richard O'hara（郝继隆）译，*The Position of Women in Early China*, 167.

③ 《古列女传逐字索引》，6.4，Albert Richard O'hara（郝继隆）译，*The Position of Women in Early China*, 159 – 161。

④ 《古列女传逐字索引》，6.15，Albert Richard O'hara（郝继隆）译，*The Position of Women in Early China*, 183 – 185。

女,"其夫有仇人,欲报其夫而无道径,闻其妻之仁孝有义,乃劫其妻之父,使要其女为中谲。父呼其女告之,女计念不听之则杀父,不孝;听之,则杀夫,不义。不孝不义,虽生不可以行于世。"她不得不在拯救她的父亲或丈夫中进行选择,但她对这两种选择都不满意,于是"欲以身当之,乃且许诺,曰:'旦日,在楼上新沐,东首卧则是矣。妾请开户牖待之。'还其家,乃告其夫,使卧他所,因自沐居楼上,东首开户牖而卧。夜半,仇家果至,断头持去,明而视之,乃其妻之头也。仇人哀痛之,以为有义,遂释不杀其夫"①。节女为救父亲和丈夫,牺牲了自己的生命。另一个故事为"珠崖二义",描述了珠崖令之后妻及前妻之女初的故事。"女名初,年十三,珠崖多珠,继母连大珠以为系臂。及令死,当送丧。法,内珠入于关者死。继母弃其系臂珠。其子男年九岁,好而取之,置之母镜奁中,皆莫之知。遂奉丧归,至海关,关候士吏搜索,得珠十枚于继母镜奁中,吏曰:'嘻!此值法无可奈何,谁当坐者?'"于是初与继母为了免除对方的过错,都承认是自己的错误要求惩罚自己,最后感动了关吏,免除了对二人的追责。② 这两个故事的一个重要的方面是,孝敬父母是如此重要,以至于为了他们而死也不是太高的代价。由于继母在前现代的中国和前现代的欧洲一样被鄙视,因此"珠崖二义"中的初愿意为继母而死的事实凸显了孝道的重要性。

尽管在中国的家庭中,经常紧张和难以驾驭的婆媳关系十分重要,但是《列女传》中只有两个故事描述了孝顺的媳妇。一个是"陈寡孝妇"的故事,"年十六而嫁,未有子。其夫当行戍,夫且行时,属孝妇曰:'我生死未可知。幸有老母,无他兄弟,备吾不还,汝肯养吾母乎?'妇应曰:'诺。'夫果死不还。妇养姑不衰,慈爱愈固。纺绩以为家业,终无嫁意。居丧三年,其父母哀其年少无子而早寡也,将取而

---

① 《古列女传逐字索引》,5.15。
② 《古列女传逐字索引》,5.13。

嫁之。"年轻且没有子女的陈寡妇,必须在是遵从她父母的命令再婚,还是信守她对她的丈夫的承诺来照顾赡养他的母亲这两者之间做出选择。她认为,"'宁载于义而死,不载于地而生。'且夫养人老母而不能卒,许人以诺而不能信,将何以立于世!夫为人妇,固养其舅姑者也。夫不幸先死,不得尽为人子之礼。今又使妾去之,莫养老母。是明夫之不肖而着妾之不孝。不孝不信且无义,何以生哉!"于是她以自杀作为要挟,其父母害怕而不敢劝她再嫁,她赡养婆婆二十八年,直到婆婆八十四岁寿尽而亡。淮阳太守"贵其信,美其行",赐予她"孝妇"的美称。① 另一个孝顺的媳妇为鲁秋洁妇。讲述的是鲁国秋胡子在结婚五日后便去陈地任官五年后才回到家乡,在回家的路上,调戏一名路旁采桑的妇人并打算赐金于她而遭到严词拒绝。回家之后,他将这钱奉送给母亲,并发现路旁遇到的采桑女正是他的妻子,她批评秋胡子:"束发修身,辞亲往仕,五年乃还,当所悦驰骤,扬尘疾至。今也乃悦路傍妇人,下子之装,以金予之,是忘母也。忘母不孝,好色淫泆,是污行也,污行不义。夫事亲不孝,则事君不忠。处家不义,则治官不理。孝义并亡,必不遂矣。"因为不忍直视秋胡子不孝不义,于是她选择了投河自杀。②

这两个儿媳的故事在很多方面都具有启发性。首先,这两个故事都不是专门讲孝道的。在这两个故事中,正直(义)和诚信(信)与孝道同等重要。第二,这两个故事似乎都表明,妻子们并不认为在母亲去世前赡养她是一种道德义务;她们愿意这样做只是因为其他家族男性亲属不在家不能承担赡养的责任。陈寡妇觉得有义务照顾婆婆,只是因为她答应过她的丈夫她会这样做。③ 我们还应该注意到,她的丈

---

① 《古列女传逐字索引》,4.15,Albert Richard O'hara, trans., *The Position of Women in Early China*, 124–126.

② 《古列女传逐字索引》,5.9。

③ Holmgren 在论文中已经指出了这一点,详见 Holmgren, "Widow Chastity in the Northern Dynasties: The Lieh-nü Biographies in the Wei-shu," *Papers on Far Eastern History* 23 (1981): 170–171。

夫之所以要求她这样做，只是因为他没有兄弟，通常这些兄弟是应该供养母亲的。因此，陈氏只是在丈夫不在的时候帮助他履行孝道。同样地，秋胡子的妻子认为她有责任在她丈夫不在家的时候照顾她的婆婆。在路旁蚕桑的她拒绝秋胡子给她的钱，说"嘻！夫采桑力作，纺绩织纴，以供衣食，奉二亲，养夫子。吾不愿金，所愿卿无有外意，妾亦无淫泆之志，收子之赍与笥金"。她自己的劳动所得使她能够履行赡养婆婆和养育孩子的义务，因此她不需要不道德地获得金钱。但现在她的丈夫回来了，她甚至没有考虑她照顾婆婆和孩子的责任，自杀了。简而言之，一旦她的丈夫能赡养照顾他的母亲，她的义务就结束了。"陶荅子妻"讲述的故事与此相同："荅子治陶三年，名誉不兴，家富三倍。其妻数谏不用。居五年，从车百乘归休。宗人击牛而贺之，其妻独抱儿而泣。姑怒曰：'何其不祥也！'妇曰：'夫子能薄而官大，是谓婴害。无功而家昌，是谓积殃。昔楚令尹子文之治国也，家贫国富，君敬民戴，故福结于子孙，名垂于后世。今夫子不然。贪富务大，不顾后害。妾闻南山有玄豹，雾雨七日而不下食者，何也？欲以泽其毛而成文章也。故藏而远害。犬彘不择食以肥其身，坐而须死耳。今夫子治陶，家富国贫，君不敬，民不戴，败亡之征见矣。愿与少子俱脱。'姑怒，遂弃之。处期年，荅子之家果以盗诛。唯其母老以免，妇乃与少子归养姑，终卒天年。"① 陶荅子数次拒绝妻子的警告来改变他不义的行为，妻子认为如果一个家庭的繁荣建立在贪婪而不是美德上的话，可能会面临灾难。于是她向婆婆请求她带着孩子脱离这个家庭，果然，后来劫匪杀死了她的丈夫和他所有的亲戚，除了他年迈的母亲，陶荅子的前妻回来照顾她的前婆婆。简而言之，尽管她之前与丈夫脱离了关系，但一旦他去世，他的前妻就觉得有义务照顾以前的婆婆，因为这位老妇人已经没有其他人来赡养她了。

另一种关于孝道道德困境的故事是关于一个仆人必须在救她主人

---

① 《古列女传逐字索引》，2.9。

的孩子或她自己的孩子，或救她的主人或她自己之间做出选择。由于仆人，如女佣，媵妾，乳母，是家庭的一部分，像其他人一样，他们也被期望向家庭族长和长者显示孝道。因此，《列女传》中许多道德困境的故事都讲述了这种对主人的孝顺。例如，鲁国公子称的保姆听说篡夺叔父王位的伯御要杀了她照料的年幼公子称时，就将自己的儿子穿上公子称的衣服并放在称的床上，自己带着称逃走了，公子称即后来的鲁孝公。换句话说，为了更好地侍奉她的主君，保姆故意留下自己的儿子去替鲁公死。由于这些行为，她被誉为"鲁孝义保"。[1] 李贞德指出，在现实中，奶妈们常常会挽救那些濒临死亡的孩子们的生命。[2] 另一种道德困境，可见"周主忠妾"的记载："周主忠妾者，周大夫妻之媵妾也。大夫号主父，自卫仕于周，二年且归。其妻淫于邻人，恐主父觉，其淫者忧之，妻曰：'无忧也，吾为毒酒，封以待之矣。'三日，主父至，其妻曰：'吾为子劳，封酒相待，使媵婢取酒而进之。'媵婢心知其毒酒也，计念进之则杀主父，不义，言之又杀主母，不忠，犹与因阳僵覆酒，主父怒而笞之。既已，妻恐媵婢言之，因以他过笞欲杀之，媵知将死，终不言。"媵妾故意弄洒了本来是要给的主人的一罐毒酒。尽管知道打碎容器会遭到毒打，但她还是这么做了，因为她既不能杀死主人，也不能暴露女主人的杀人意图而危及女主人的安全。尽管在故事中，媵妾被描述为"忠"，但她的忠诚也可以被理解为"孝顺"，这一点是通过使用"主父"和"主母"这一词汇描述媵妾的主人和主人的妻子来暗示的。[3]

同样地，刘向在《列女传》中唯一使用"供养"一词是与傅妾有关。"卫宗二顺"故事讲述了卫灵王的夫人无子守寡，而其傅妾生下了王子。灵王死后，有王子的傅妾八年以来，一直恭敬地照顾着没有子

---

[1]《古列女传逐字索引》，5.1。同一卷中还有一个类似的故事"魏节乳母"。当秦国进攻魏国时，魏节乳母带着自己哺育的魏国公子一起出逃，尽管藏匿魏国王室成员的惩罚是灭族。参见《古列女传逐字索引》，5.11。

[2] Jen-der Lee（李贞德），"Wet Nurses in Early Imperial China," 20–23.

[3]《古列女传逐字索引》，5.10。

女的灵王夫人。卫灵王夫人告诉之前的傅妾,她的儿子现在已是王位继承人,但她仍然像以前那样恭敬地照顾。因此,夫人提出要搬出去。傅妾伤心地回答说:

> 妾闻忠臣事君无怠倦时,孝子养亲患无日也。妾岂敢以小贵之故变妾之节哉!供养固妾之职也。①

这一段话特别重要,因为傅妾直截了当地说,她对她主人的固有责任包括供养。她还把自己的所作所为类比成"孝子"和"忠臣"的行为,因此她的行为兼具孝顺和忠诚。和其他故事一样,夫人固辞而孝顺忠诚的傅妾只能说夫人的决定让她别无选择,只能自杀。当然最后夫人心软了,傅妾便可以供养其余生了。

通过对《列女传》粗略的考察,就会惊讶地发现很少有故事涉及关键的婆媳关系。事实上,关于奴婢的故事更多。这些记载的另一个共同特征是,它们的起源几乎都是同时代的。下见隆雄对《列女传》进行详尽研究后发现,在8个关于孝道的故事中,只有3个是早已存在的资料。② 这意味着剩下的五个故事中,四个关于孝女或儿媳的可能是汉朝当代人的故事,也可能是刘向自己编造的。③ 由于《列女传》中绝大多数的故事都是从其他作品中摘取的,④刘向不得不编造或使用当代的故事,这一点表明,他很难在现有的文学作品中找到关于孝女

---

① 《古列女传逐字索引》,4.12。
② 这三个故事的文本前身是两个乳母的故事和一个妾放下了本来是给她主人的一瓶毒药的故事。
③ 例如,下见隆雄认为讲述卫宗室灵王的傅妾常年供养照顾无子的灵王夫人的"卫宗二顺"的故事是刘向创造的,因为这个故事的作者把许多历史事实弄错了。第一,《史记》中没有记载卫国曾经有过灵王;此外,故事中提到,一旦卫国灭亡,它的统治者被降为平民;但另一方面,故事又说,"封灵王世家,使奉其祀"(《古列女传逐字索引》,4.12)。下见隆雄:《刘向列女传の研究》,东京:东海大学出版会,1989年,第504—505页。下见氏还认为珠利和京师节女的故事都是汉代的故事,参见下见隆雄《刘向列女伝の研究》,第613页。
④ 在《列女传》包含的105个故事中,下见氏没有找到其已存文本来源的仅18个故事。引人注目的是,包含了所有关于孝道故事的第四卷和第五卷,也是没有文本先例的故事最多的两章(共12个)。关于每个故事的文本先例的表格,参见下见隆雄《刘向列女伝の研究》,第886—895页。

和孝媳的故事。显然,确保女性对家人的孝顺是一个新的关注点。然而,由于很少有故事关注这个问题,显然它还不是很重要。

第二节 竭尽全力的必要性

在许多方面,早期中古关于孝女的记载与刘向《列女传》中的描述截然不同。在前者中,女性孝道是一个重要得多的主题,这显然是一种趋势的开始,因为到五代时期(906—960)孝道成为相关著作中描述杰出女性的两种美德之一。① 不同的是,早期中古的故事直接聚焦于一个女人对她亲生父母和公婆的行为,这在许多关于孝女和孝媳的故事中很明显。另一方面,孝顺的仆人的故事似乎消失了。此外,早期中古的作者似乎对道德困境故事不再那么着迷;因此,这些故事仅仅是为了颂扬一个女人的孝行,而不是展示她试图实现两个同样重要但相互竞争的美德的要求。相反,早期中古的作家认为女性和男性一样孝顺;不过,与男性不同,女性必须做得更极端,才能让自己的孝道引人注目。

就像早期中古的孝子一样,孝女供养父母的事迹总是会被记载,无论他们是亲生父母还是公婆。考虑到刘向《列女传》中仅仅关注了一个供养的故事,这是一个值得注意的变化。到了晋朝,妻子供养公婆这一现象似乎成了士族阶层的共识。例如,在密谋反叛桓温(312—373)时,孟昶(卒于410)曾劝妻子周氏携财出逃,她回答说:"君父母在堂,欲建非常之谋,岂妇人所谏!事之不成,当于奚官中奉养大家,义无归志也。"② 不同于刘向《列女传》中的描述,此时的儿媳不仅仅是在她的丈夫或丈夫的兄弟不在的情况下供养婆婆;只要公婆

---

① 关于五代、宋朝列女传记作品的内容,参见 Andersen Chiu, "Changing Virtues? The Lienü of the Old and the New History of the Tang," *East Asian Forum* 4 (1995): 28–62; Richard L. Davis (戴仁柱), "Chaste and Filial Women in Chinese Historical Writings of the Eleventh Century," *Journal of the American Oriental Society* 121.2 (2001): 204–218。

② 《晋书》卷九六《列女·孟昶妻周氏传》,第2518页。

在世，她就有义务赡养他们。

早期中古的作家经常通过表现孝子忍受可怕的困难、在物质上满足他们的父母来强调供养的重要性。类似地，早期中古的故事也讲述了妇女承受牺牲或从事卑微的劳动，来供养他们的父母或公婆。乐羊子（东汉）的妻子总是亲自给婆婆做饭，她甚至为远在他乡的丈夫做好吃的。[1] 屠氏女"昼樵采，夜纺绩，以供养"[2]。著名孝子姜诗的妻子庞氏，是供养公婆的孝媳的典型代表：

> 广汉姜诗妻者，同郡庞盛之女也。诗事母至孝，妻奉顺尤笃。母好饮江水，水去舍六七里，妻常泝流而汲。后值风，不时得还，母渴，诗责而遣之。妻乃寄止邻舍，昼夜纺绩，市珍羞，使邻母以意自遗其姑。如是者久之，姑怪问邻母，邻母具对。姑感惭呼还，恩养愈谨。[3]

庞氏离开姜诗家后，每天都要跋涉去河边，如果这还不算太糟的话，她仍然觉得自己必须夜以继日地为婆婆操劳，为她准备美味的食物。尽管有这些巨大的孝行，《后汉书·列女传》中关于她的传记甚至没有给她一个名字，幸运的是，《华阳国志》卷十中《广汉士女》补充了这一细节，言"庞行，姜诗妻也"。

然而，即使这样的牺牲也不足以使一个女人成为一个孝顺的英雄。无论是身体上的还是社会上的，死亡通常都是伴随着自我牺牲而来，使之变得值得称赞。那些使庞行孝道难以忘怀的行为不是她供给婆婆以美食，即使她被赶出了家门仍这样做，而是这样一个事实，即她的儿子为祖母去江中取水而溺死，庞行并没有把这个噩耗告诉婆婆，而是将此消息隐瞒下来，只告诉婆婆他出远门游学了；只是经常做好冬

---

[1] 《后汉书》卷八四《列女·河南乐羊子之妻》，第2793页。
[2] 《南齐书》卷五五《孝义·屠氏女传》，第960页。
[3] 《后汉书》卷卷八四《列女·广汉姜诗妻传》，第2783页。

衣夏裳投入水中祭奠儿子而欺骗婆婆说寄给远方的儿子。① 换句话说,庞行牺牲了自己的儿子来供养婆婆,也从来没有向婆婆透露过自己的内心的悲痛。②

然而,更常见的情况是,想要供养父母或公婆的孝女典范会遭遇某种形式的社交死亡。如果单身,她们不结婚;如果守寡,她们就不再婚。毫无疑问,这是早期中古孝女故事中最普遍的主题。许多早期中古的记载都是关于放弃结婚的年轻女性,这样她们就可以把一生奉献给自己的生身父母。例如,《战国策·齐策》赵威后问齐王使者,曰"北宫之女婴儿子无恙耶?彻其环瑱,至老不嫁,以养父母。是皆率民而出于孝情者也,胡为至今不朝也?"③ 其中提及的没有兄弟而父母年事已高的北宫之女婴儿子,便是至老不嫁,以养父母。《太平御览》卷四一五《人事部·孝女》载会稽寒人陈氏三女,"祖父母年八九十,老无所知,又笃癃病。母不安其室,遇寒饥,女相率于西湖采菱",以供养祖父母,祖父母死后,三女决定不嫁,"自营殡葬,为庵舍屋墓侧"④。屠氏女"昼彩樵,夜纺绩,以供养。父母俱卒,亲营殡葬,负土成坟",山神被她的孝行所感动,赐给她治病的能力。这使她的家庭变得非常富有,很多人都想娶她。然而,她"以无兄弟"发誓永不结婚,这样她就可以永远守护她父母的坟墓。⑤

考虑到女性通常在婚姻伴侣上不能选择、可能有专横的婆婆、被

---

① 《华阳国志》卷一〇中《广汉士女》,"子汲江溺水死,秘,言遣诣学。常作冬、夏衣投水中,诧言寄与子",第768页。

② 同样,郭巨的妻子同意郭巨提出的杀死她尚在襁褓中的儿子,以确保他们能继续为婆婆提供美食的要求。

③ 《战国策逐字索引》138 中简要地提到北宫氏的女儿及其不愿再嫁的问题。然而,似乎只有在六朝时期,她才被从这段文字中提取出来,并围绕她撰写了传记。(译者注:《战国策》中为赵威后问齐国使者事,而《太平御览》卷四一五《人事部·孝女》引师觉授《孝子传》则变为齐国使者所答之事。另外,英文原文中,"and (she) did not relent even when the Duke of Zhao asked for her hand in marriage",即"即使赵王向她求婚,她也不松口",但查《战国策》和《太平御览》并无此意。)

④ 《太平御览》,415.1b—2a。

⑤ 《南齐书》卷五五《孝义·屠氏女传》,第960页。

第七章　孝女或儿子的替身

当作外人对待、冒着生命危险生育等事实，放弃婚姻听起来可能不是一件坏事。但是不结婚，女人就没有希望生孩子——这是任何女人长期幸福的关键。随着年龄的增长，她的孩子们变得必不可少，因为他们将成为她主要的支持和安慰手段；在她死后，他们会通过祭祀来确保她死后的福利。因此，一个女人拒绝结婚，就是放弃了她晚年和来世的幸福。也许同样悲惨的是，一个女人不结婚，就永远把自己推向一种边缘的生活，在这种生活中，她既不能成为一个完整的人，也不能成为社会的正式成员。韩献博（Hinsch）指出，在中国汉朝，作为一个完整的女性意味着成功地完成了一些被社会积极看待的女性角色。这样，一个女人通过做一个好女儿、好姐妹、好妻子、好儿媳、好母亲来获得她的身份。[①] 在所有这些社会角色中，最重要的是妻子的角色，因为它对妇女生活的改变比其他任何角色都更引人注目，而且对于承担儿媳妇和母亲的角色是必要的。因此，所有的女人都期待结婚。孔子云，"女知莫如妇，男知莫如夫"[②]。一个孝顺的女儿通过牺牲婚姻，心甘情愿地延缓了自己的生命周期，剥夺了自己作为妻子和母亲的责任和回报。在某种程度上，她永远把自己当作一个孩子。

关于寡妇为了供养公公婆婆而拒绝再婚的故事表明，她们冒着肉体死亡的风险来获得社会死亡。这些故事的特点都是关于一个没有孩子的年轻寡妇，她拒绝再婚，这样她就可以供养她的公婆。然而，出于怜悯，她的父母或公婆总是试图让她再婚，而她只能通过试图或威胁自杀来避免再婚。下面的记载为我们提供了一个女性付出高代价来供养公婆的例子：

> 杜慈，涪杜季女，巴郡虞显妻也。十八适显。显亡，无子。季欲改嫁与同县杨上。慈曰："受命虞氏。虞氏早亡，妾之不幸。

[①] Bret Hinsch（韩献博），*Women in Early Imperial China*, Lanham, Md.: Rowman & Littlefield Publishers, Inc., 2002, 7-9。

[②] 《古列女传逐字索引》, 1.10, Albert Richard O'hara（郝继隆）译, *The Position of Women in Early China*, 36。

211

当生事贤姑，死就成室。但欲在终供养，亡不有恨。愿不易图。"季知不可言而夺也，乃密谋与强逼迫之。慈缢而死。①

显然，对杜慈来说，没有什么责任比供养婆婆更重要了，这种承诺甚至在婆婆去世后依然存在。在被逼迫再嫁时，杜慈不想再嫁，于是通过自杀来强调供养婆婆的重要性。在如徐元妻、张洪初妻刘氏的故事中，孝顺的儿媳会威胁或试图自杀，以避免再婚。② 而在陕妇人、公乘氏张两个故事中，孝顺的儿媳用毁面、断发割耳等方式自残，以便她们能够继续供养丈夫的亲戚。③

在一些故事中，甚至连公婆也承认，孝顺的儿媳妇由于拒绝再婚而做出了巨大的牺牲。这种认可来自于东海节女、上虞寡妇、周青、陕妇人等故事，它们讲述的都是一个嫉妒的小姑子虐待孝顺的儿媳的轶事。④ 在这类故事中，为了供养公婆，一个年轻的女人在她的丈夫早逝后拒绝再婚。出于同情，公婆劝她再婚，但她不听。因此，父母或公婆决定自杀，以扫清她再婚的道路。《说苑》卷五《贵德》所载古

---

① 《华阳国志校注》，10c. 826。
② 《宋书》卷九一《孝义·新蔡徐元妻许传》，第 2257 页："新蔡徐元妻许，年二十一，丧夫，子甄年三岁。父揽愍其年少，以更适同县张买。许自誓不行，父逼载送买，许自经气绝，家人奔赴，良久乃苏。买知不可夺，夜送还揽。许归徐氏，养已父季。"《魏书》卷九二《列女·张洪初妻刘氏传》第 1982 页："荥阳京县人张洪初妻刘氏，年十七，夫亡，遗腹生子，三岁又没。其舅姑年老，朝夕奉养，率礼无违。兄矜其少寡，欲夺而嫁之。刘氏自誓弗许，以终其身。"
③ 关于侍奉丈夫叔母而牺牲自己的陕妇人故事，参见《晋书》卷九六《列女·陕妇人》，第 2520—2521 页："陕妇人，不知姓字，年十九。刘曜时蓥居陕县，事叔姑甚谨，其家欲嫁之，此妇毁面自誓。后叔姑病死，其叔姑有女在夫家，先从此妇乞假不得，因而诬杀其母，有司不能察而诛之。时有群鸟悲鸣尸上，其声甚哀，盛夏暴尸十日，不腐，亦不为虫兽所败，其境月经岁不雨。曜遣呼延谟为太守，既知其冤，乃斩此女，设少牢以祭其墓，谥曰孝烈贞妇，其日大雨。"关于为了拒绝改嫁而断发割耳、之后终身服侍婆婆和抚养丈夫族子的张氏，详见《华阳国志校注》卷一〇上《先贤士女总赞论》，第 734 页："公乘会妻，广都张氏女也。夫早亡，无子。姑及兄弟欲改嫁之。张誓不许，而言之不止，乃断发割耳。养会族子，事姑终身。"
④ 东海节女的故事参见《说苑逐字索引》5.23，《汉书》71.3041，《搜神记》11.290；上虞寡妇的故事参见《后汉书》66.2473；周青的故事参见《太平御览》415.3b；陕妇人的故事参见《晋书》96.2520—2521。

第七章 孝女或儿子的替身

老的东海孝妇故事中,婆婆道出了让媳妇改嫁的原因,"孝妇养我甚谨,我哀其无子,守寡日久,我老累丁壮奈何?"① 因为媳妇没有孩子,从而使她未来的福利处于危险之中,也因为她自愿承担寡妇的艰难角色,婆婆首先可怜她。年轻的寡妇可能是前现代中国社会中女性最棘手的社会角色之一。② 正如王符在《潜夫论》中指出:"又贞洁寡妇,或男女备具,财货富饶,欲守一醮之礼,成同穴之义,执节坚固,齐怀必死,终无更许之虑。遭值不仁世叔,无义兄弟,或利其娉币,或贪其财贿,或私其儿子,则彊中欺嫁,处迫胁遣送,人有自缢房中,饮药车上,绝命丧躯,孤捐童孩。"③ 这似乎是为了强调寡妇的脆弱。在以上讨论的故事中,公婆死后,一个嫉妒或复仇心重的小姑子指控孝顺的儿媳谋杀了她的父母。由于年轻的寡妇没有人保护她,官府没有调查指控,错误地处决了她。简而言之,这些作品的作者承认并强调了孝顺的儿媳为供养公婆做出的巨大牺牲。而他们被不公正地指控和处决,这是雪上加霜,因为他们应该得到奖赏,而不是因为他们的善良行为受到惩罚。上天降下奇迹证实了寡妇的清白,从而补偿了冤屈。值得注意的是,使他们更孝顺的是他们放弃自己的生命,供养她们的公婆,而不是她们的亲生父母。

为了供养他们的父母,儿子们也必须做出巨大的牺牲——他们剥夺自己享用精美的食物和衣服,甚至在社交上羞辱自己。然而,当我们看到那些为了赡养父母或公婆而拒绝结婚的女人的故事时,就会承认女性的牺牲要大得多。为了完成供养,这些妇女拒绝再婚,从而放弃了对幸福未来的任何希望。不像孝子只遭受暂时的贫

---

① 《说苑逐字索引》5.23;《汉书》卷七一《于定国传》,第 3041 页。
② 韩献博强调了寡妇在社会和经济上的边缘化,而伊佩霞大量记录了欺凌者和亲属如何利用寡妇。参见 Bret Hinsch, *Women in Early Imperial China*, 41; Patricia Ebrey, *Inner Quarters: Marriage and the Lives of Chinese Women in the Sung Period*, Berkeley: University of California Press, 1993, 190–194。
③ 《潜夫论逐字索引》, 19.39; Jack Dull(杜敬轲), "Marriage and Divorce in Han China: A Glimpse at 'Pre-Confucian' Society," 34。

困，孝女放弃了孕育后代的机会，从而永远剥夺了自己在这个世界和下一个世界的满足感。发誓永远不再婚的、没有子女的孝媳也做同样的事。有儿女的寡妇，也没有什么指望，因为她们的亲属再三地催促她们再嫁。简而言之，与孝子不同，孝女仅仅通过剥夺自己的精美食物或衣服，或从事低贱劳动来表现孝顺是远远不够的。这可能是她孝顺的一个方面，但她必须做出更大的牺牲，以获得社会对她美德的承认。

第三节　孝女的危险

看早期中古孝女和儿媳的其他类型故事，我们发现没有什么不同——一个孝女楷模可以为了她的父母或公婆而舍弃她自己的生命。这类故事中最著名的例子无疑是十四岁的杨香。在收割谷物的时候，一只老虎抓住了她的父亲。尽管杨香手上没有武器，但她还是勇敢地抓住了老虎的脖子。她那渴切的孝行让野兽都退却了，这才使她的父亲逃了出来。① 这种女子孝行的故事众所周知，后来被纳入流传广泛的《二十四孝》之中。

其他孝顺的女儿通过替代，从而把父母从刑罚或外人的暴力中解救出来。然而，与刘向《列女传》中的女性不同的是，孝女拯救父母，不是靠她们雄辩的口才，而是靠她们果敢的行动。虽然下面的故事是关于救哥哥而不是父母的，但它和许多挽救父母的早期中古故事相同。吕军早年丧夫，无子女。她唯一的弟弟被指控犯有死罪。她请求代替他去死，然后在县衙门口上吊自杀。县官被她的正义所感动，释放了

---

① 《太平御览》，415.4a，892.1b。同样的故事，参见管瑶（《太平御览》415.3a—b；《梁书》47.648）的记载。也许这些故事的灵感来自于冯昭仪的记载，冯昭仪的故事在《续列女传》中，参见《列女传校注》，8.5b；Albert Richard O'hara（郝继隆）译，*The Position of Women in Early China*，228。

她的兄弟。① 在这个作品中，左右县官的不是吕军所说的话，而是她的自杀。若在刘向《列女传》的记载中，吕军本可以用她令人信服的逻辑说服县官，但这个早期中古的故事只能用她的死来解决。

为了强调女性孝行的高代价，让我们来比较一下有相似背景的故事中的孝女和孝子。皇甫谧（215—282）《列女后传》中有这样一个故事："颍川公孙何者，公孙氏之女，年十三，怨家报其父，父走得免。何与母俱亡，母先得见仇人，甚悦，争欲取心。何便驰出，叩头涕泣曰：'老母常有笃疾，垂没之人安足残戮以塞忿哉！我是其儿，父母所怜，不如杀我。'遂杀之，而舍其母。"② 另一个故事是关于赵孝的："赵孝，字长平，沛国蕲人。王莽时，天下乱，人相食，孝弟礼为饿贼所得，孝闻，即自缚诣贼，曰：'礼久饿羸瘦，不如孝肥。'饿贼大惊，并放之。"③ 这两个故事在结构上是相似的：近亲受到外人的死亡威胁而处境危险，这促使孝顺的女儿或正直的兄弟认为，外人杀死她或他会获得更多的满足感。然而，这两个故事的结局却截然不同。因为赵孝自愿替代弟弟而牺牲自己，盗贼被这一行为所感动，于是释放了他们兄弟俩，而复仇者放过了公孙何的母亲，把公孙何杀死了。

此外，孝顺的女儿不仅为活着的父母牺牲自己的生命，也为死去的父母牺牲自己的生命。这类故事通常有两种形式。第一个是孝女牺牲自己的生命来保全死去父母的尸体。也许这类故事中最著名的是曹娥（卒于143）的故事。她的父亲盱为巫祝，"汉安二年五月五日，于县江泝涛婆娑神，溺死，不得尸骸。娥年十四，乃沿江号哭，昼夜不绝声，旬有七日，遂投江而死"，其结果正如碑文所述，"经五日抱父

---

① 《艺文类聚》，21.388，《太平御览》，422.8a—8b。这两部作品都说这个故事来自《列女传》，而编者所说的无疑是指刘向的文章。然而，由于许多早期中古时期的文本都带有《列女传》的标题，它很容易就来自那些后出的文本。这个故事的形式和它强调的她和她丈夫的家庭没有紧密的联系——因为丈夫已经死了，而她没有孩子，这让笔者觉得很像来自后来六朝时期撰写的《列女传》。顺便说一下，这一记载，并没有出现在现存的刘向《列女传》中。

② 《太平御览》，415.5a。

③ 《东观汉记》，17.23；《后汉书》，39.1299。

尸出"①。这种类型的记载表明，父母的尸体比她鲜活的生命更有价值。值得注意的是，这类轶事通常与生身父母有关，而与姻亲无关。因此，这些故事表明，对一个女人来说，血亲仍然比姻亲更重要。② 还有一个类似的故事："黄帛，鄚道人，张贞妻也。贞受《易》于韩子方。去家三十里，船覆死。贞弟求丧，经月不得。帛乃自往没处躬访，不得，遂自投水中。大小惊眈。积十四日，持夫手浮出。"③ 黄帛为了求得丈夫的尸体自投水中的故事说明了同样的道理，女儿为父亲的尸体牺牲自己，妻子也应该为丈夫的尸体牺牲自己。

在这些故事中，通过时间的介入，神灵世界证实了孝女的生命远不如孝男的生命有价值。只有在孝女死后才为她制造出奇迹。如果神灵世界能让曹娥抱着她父亲的尸体浮出水面，为什么不能在她自杀之前就把他的尸体找出来呢？这不是一个毫无意义的观点，可以在一个类似的孝子故事中看到。"廉范字叔度，京兆人也。父客死蜀。范乃出，负丧归。至葭萌，船触石破没。范持棺枢，遂俱沉溺。众伤其义，钩求得之，仅免于死。"④ 廉范抱着他父亲的棺材一起落入水中，众人用钩子把他们一起打捞上来。廉范的幸存无疑是个孝感奇迹。在故事中神灵选择救廉范，却救不了曹娥。其原因很可能是他们的性别。要证实这一点，只需记住，上天也赐予了奇迹给东海孝妻和其他像她一样的孝女英雄，不过这种奇迹发生在死后，而不是在死前。显然，道

---

① 曹娥的故事，参见邯郸淳《孝女曹娥碑》，《全上古三代秦汉三国六朝文》，26.4a—4b。还可参见《后汉书》84.2794，《孝子传注解》116—117，《太平御览》415.5a。对此故事的讨论，参见 David Johnson, "The Wu Tzu-hsu Pien Wen and Its Sources: Part II," *Harvard Journal of Asiatic Studies* 40.2 (1980.12): 474–475。同样的故事，参见叔先雄《华阳国志校注》3293、《搜神记》11.291、《后汉书》84.2799—2800、《太平御览》415.5a、《孝子传注解》162—163。

② 这种儿媳不为死去的婆婆牺牲自己的倾向有两个例外，在贾恩（《宋书》91.2243）和刘殷（《晋书》88.2289）的妻子的记载中可以看到。在这两种情况下，儿媳们冒着生命危险去救她们婆婆的尸体。可能这种例外的原因是张氏和贾恩的妻子都是与丈夫一起完成孝行的。如果她们的丈夫不在场，人们不知道她们会不会如此匆忙地去救婆婆的尸体。

③ 《华阳国志校注》卷一〇中，第 788 页。

④ 《后汉书》30.1101；《陶渊明集校笺》，321。

第七章 孝女或儿子的替身

德伦理世界认为她们必须先死去才会有价值。

最后一个主题表明孝女楷模应该愿意为父母而死，那就是那些在给父母服丧时死去的女儿。像孝顺的儿子一样，孝顺的女儿听到父母的死讯，几天不吃不喝，骨瘦如柴，几次因过度悲伤而停止呼吸。然而，与孝子不同的是，在大多数情况下，孝女的悲伤更加极端，以至于她死于悲伤。如 15 岁的河东姚女胜，在母亲死后，"哭泣不绝声，水浆不入口者数日，不胜哀，遂死"；如《颜氏家训》载张建女，见到已故母亲的遗物悲痛伤心肠断而死。① 卢元礼的妻子李氏（卒于518年），"父卒，号恸几绝者数四，赖母崔氏慰勉之，得全。三年之中，形骸销瘠，非人扶不起。及归夫氏，与母分隔，便饮食日损，涕泣不绝，日就羸笃。卢氏合家慰喻，不解，乃遣归宁。还家乃复故，如此者八九焉。后元礼卒，李追亡抚存，礼无违者，事姑以孝谨著。母崔，以神龟元年终于洛阳，凶问初到，举声恸绝，一宿乃苏，水浆不入口者六日。其姑虑其不济，亲送奔丧。而气力危殆，自范阳向洛，八旬方达，攀榇号踊，遂卒"②。李氏的父亲去世时，她悲痛欲绝而短暂停止呼吸四次。她母亲的安慰使她活了下来。在她为父亲哀悼的三年里，她变得非常瘦弱，只有在别人的帮助下才能站起来。后来，她在范阳，得知母亲在洛阳去世的消息后，悲痛万分，整整六天不吃不喝。看到母亲的棺材后，悲痛而卒。很显然在父亲死后李氏幸存下来，因为她的母亲还活着。而母亲去世后，她没有理由继续活下去。

值得注意的是，孝顺的女性是在为她的亲生父母服丧时死去的，这再次强调了她对生身父母的感情要比她的姻亲父母——也就是她的公公婆婆——深得多。值得注意的是，一个典型的孝顺女性唯一为外人服丧的期间可能死去，这人便是她的丈夫。③ 霍姆格伦推测，《魏

---

① 姚女胜的故事参见《魏书》92.1985；张建女的故事参见《太平御览》415.3a、《颜氏家训逐字索引》6.19。
② 《魏书》92.1984；《北史》91.3001。
③ 可参见董景起的妻子张氏（《魏书》92.1982）、封卓的妻子刘氏（《魏书》92.1978）的故事。

217

书》中关于女性在服丧中死去的故事，只不过是用来弥补女性自杀以保持贞节的这类记载不足的替代品。① 因为有很多孝子死于服丧，我认为编者们只是沉迷于最新流行的孝道故事。这个主题是独特的，因为在许多故事中，男性也是服丧时死于悲伤。然而，尽管许多以极端的方式践行服丧之礼的男性都挺过了难关，但最值得注意的是，以同样方式践行服丧之礼的女性却没有能避免死亡。

当然，为了父母的利益而危及自身生命并不是孝女故事所独有的；孝子们也冒着生命危险把父母从官府的惩罚、强盗、野兽和敌军士兵中拯救出来。然而，男性孝顺楷模为了父母而危及他们自身生命的记载相对较少。更常见的是孝子们为了父母的利益而做出令他们自身不舒服行为的故事。如裸身躺在冰上求鱼，在暴风雨中保护树木，或者让蚊子叮咬裸露的皮肤，这些确实都是让人不快和不健康的行为，但它们并不太危险。另一方面，女性故事中，冲进燃烧的建筑物，面对残忍的复仇者，不会游泳但跳进河里，赤手空拳对付凶恶饥渴的野兽，这些却是要面临生命危险的。换句话说，总的来说，孝女们为孝道所要做的行为比孝子的更危险。此外，当孝顺的女性遭到危险时，她们比男性更有可能死亡。

为什么孝女楷模如此频繁地死亡？为什么神灵在拯救她们的生命时这么慢，而拯救孝子楷模的生命时却那么快？最明显的是，由于女性不是父系的延续，她们是可以牺牲的，因此可以用来教授重要的道德教训。《魏书》卷九二《列女·卢元礼妻李氏》载皇帝关于李氏之死的诏书似乎也说明了这一点：

> 诏曰："孔子称毁不灭性，盖为其废养绝类也。李既非嫡子，而孝不胜哀，虽乖俯就，而志厉义远，若不加旌异，则无以劝引浇浮。可追号曰'贞孝女宗'，易其里为孝德里，标李卢二门，以

---

① Holmgren, "Widow Chastity in the Northern Dynasties: The Lieh-nü Biographies in the Wei-shu," 179 – 180.

悖风俗。"①

由于李氏既不需要赡养年迈的父母，也不需要通过生男嗣来延续父系，她的死是可以接受的，因为她可以作为一个很好的道德榜样。简而言之，由于女性在社会地位上不如男性重要，她们可以自由地在道德上做出引人注目的行为。事实上，一些学者可能会认为，既然女儿和儿媳妇应该顺从，她们就应该自觉地履行孝道的正常职责；因此，为了突出自己，她们不得不践行惊人的壮举。另一方面，男性则更容易反叛，因此他们的孝顺程度较低，也应该受到表扬。虽然这个论点听起来很有道理，但我认为早期中古的人不是这样想的。人们认为女儿可能没有儿子孝顺，因为她们嫁到外面去了，这等于抛弃了娘家；与此同时，在结婚时，她们作为外人进入丈夫的家庭，对家庭的福利几乎没有什么风险。年轻妇女总是受到怀疑，因为她们可能抛弃或破坏家庭，为了证明她们的孝顺，她们必须付出更大的努力来表现她们的忠诚。因此，妇女经常在这些作品中死亡，正是因为她们愿意这样做，而为证明自己的孝道提供的无可辩驳的证据。

第四节　儿子的替身

孝女危及生命的最后一个主题是为父母报仇。这项任务可能是致命的，不仅因为这种行为本身是危险的，而且因为对复仇的惩罚是死刑。② 我把这个母题与其他自我危害的母题分开来考虑，以确定妇女常常只是因为没有男性亲属才做这样的孝行。孝女复仇的故事几乎总是明确地说明了这一点。例如，《后汉书·列女传》所载赵娥的故事中，赵娥的父亲被同县人所杀，"娥兄弟三人，时俱病物故，仇乃喜而自

---

① 《魏书》卷九二《列女·卢元礼妻李氏》，第1984页。
② Jen-Der Lee（李贞德），"Conflicts and Compromise between Legal Authority and Ethical Ideas: From the Perspectives of Revenge in Han Times,"《人文及社会科学集刊》1.1 (1988): 380–382.

贺,以为莫已报也"①。在《华阳国志·广汉士女》所载的敬杨故事中,也有同样的假设,认为复仇是男人的事。杨氏女八岁时,一个叫盛的男人谋杀了她的父亲。她没有父亲这一族的亲戚,所以她的外祖父把她抚养成人,并把她嫁给了孟。而恰巧孟与杀害她父亲的凶手盛是朋友,杨氏涕泣告诉孟说:

>盛凶恶。薄命为女,无男昆。恶仇未报,未尝一日忘也。虽妇人拘制,然父子恩深,恐卒狂惑,益君祸患。君宜疏之。②

杨氏说,她之所以不幸,正是因为她是个女人没有兄弟。这意味着,从理论上讲,她没有办法纠正对她父亲所做的错事。然而,由于亲子关系的深度,她采取不同寻常的步骤,成为她家的复仇者。这种对男性角色的篡夺正是她所说的"狂惑"。在另一个故事中,王舜(约580)只有七岁的时候,她的父亲被堂兄杀死了,她抚养两个妹妹长大。到了适婚年龄,三姐妹都不愿意结婚。这时,王舜与妹妹们密谋,"我无兄弟,致使父仇不复,吾辈虽女子,何用生为!我欲共汝报复,汝竟何如?"③ 由于家里没有幸存的男性,王舜觉得自己别无选择,只能为父亲报仇。为了强调对父母的承诺,女儿们也放弃了婚姻——也就是说,她们选择了社交死亡。

一旦这些女性接管了复仇者的男性角色,她们的行为就完全不是女性的了。为了报仇雪恨,赵娥坐在一辆拉着窗帘的马车里,在杀害她父亲的凶手家附近等着。然而,十年来他设法避开她。最后,有一天,她在都亭前把他杀了。换句话说,她埋伏了十年等着她的猎物,就像一个盲人猎人一样。④ 杨氏警告丈夫她会杀了他的朋友后,她冷血

---

① 《后汉书》卷八四《列女·酒泉庞淯母传》,第2796—2797页。
② 《华阳国志校注》卷一〇下《广汉士女》,第827页。
③ 《北史》卷九一《列女·孝女王舜传》,第3009页。
④ 杀死仇人之后,赵娥到县衙自首并请求惩罚,福禄县长嘉赞她的行为,并解印绶想与赵娥一起逃亡,但是赵娥拒绝逃亡来逃避对她的惩罚,详见《后汉书》卷八四《列女·酒泉庞淯母传》,第2796—2797页。

地用一根长棍把盛打死了。① 王舜和她的妹妹们每人拿着一把匕首，翻过她们父亲堂兄家的墙，杀死了他和他的妻子。② 当官府逮捕了杀害她丈夫许升的强盗时，吕荣亲自割下他的头，送到她丈夫的墓前。③ 由于男人通常承担所有的公众和军事角色，以上这些几乎不是女人的行为。这些女人之所以表现得像男人，正是因为她们扮演了通常由兄弟来扮演的角色。这最后一点在《晋书》卷九六《列女传》记载的王广女儿复仇的故事中得到了明确的体现。王广是前赵刘聪的西扬州刺史，王广的女儿十五岁时，蛮帅梅芳攻陷扬州杀王广并迎娶了王广女。王广女儿准备在暗室中击杀梅芳，失败后自杀。由于她的行为，作者描述她为"慷慨有丈夫之节"④。

　　这种行为的男子气概在少数几篇描写孝顺的女性替父从军的作品中变得更加明显。因为她的兄弟们还太小，不能代替父亲去当兵，花木兰就穿上了男人的盔甲，以男人的身份，在边疆上光荣地服役了十多年。《晋书·列女传》中记载了一个不太为人所知但却引人注目的故事，"荀崧小女灌，幼有奇节。崧为襄城太守，为杜曾所围，力弱食尽，欲求救于故吏平南将军石览，计无从出。灌时年十三，乃率勇士数十人，踰城突围夜出。贼追甚急，灌督厉将士，且战且前，得入鲁阳山获免。自诣览乞师，又为崧书与南中郎将周访请援，仍结为兄弟，访即遣子抚率三千人会石览俱救崧。贼闻兵至，散走，灌之力也"⑤。这个故事引人注目的，不仅是荀灌成功地承担了军事将领这一男性角色，而且其他男人折服于她的能力，这一点在另外一位将领南中郎将周访愿意和她结拜兄弟上表现得再明显不过了。此外，与花木兰不同的是，这个故事并没有表明荀灌隐瞒自己的性别。显然，当一个家庭没有兄弟来承担男性角色时，女儿承担男性角色是完全可以接受的。

---

　　① 《华阳国志校注》卷一〇下《广汉士女》，第827页。
　　② 《北史》卷九一《列女·孝女王舜传》，第3009页。
　　③ 《后汉书》卷八四《列女·吴许升妻吕荣传》，第2795页。
　　④ 《晋书》卷九六《列女·王广女》，第2520页。
　　⑤ 《晋书》卷九六《列女·荀崧小女灌传》，第2515页。

简而言之，就像女儿在没有兄弟的情况下可以继承家族财产的男性角色一样，她也可以履行本来是儿子的其他职责。

这类故事与早期关于孝女以及复仇的故事截然不同。在刘向《列女传》一书中，只有"合阳友娣"是关于复仇的孝道故事，它以道德困境的形式出现。在被赦免了所有的罪行后，季儿的丈夫任延寿告诉她，他是参与谋杀她哥哥的凶手之一。这使季儿陷入道德困境，因为无论是她与杀兄凶手的丈夫生活，还是她杀死她的丈夫，都是不义的。她要避免在娘家和丈夫之间做出选择的唯一办法，就是自杀。① 值得注意的是，在这种情况下，孝顺的女儿是整个社会环境的受害者，她不能采取积极的措施纠正错误。事实上，季儿为丈夫的行为而自责。当她的丈夫催促她离开他时，她回答说："吾当安之？兄死而仇不报，与子同枕席而使杀吾兄，内不能和夫家，又纵兄之仇，何面目以生而戴天履地乎！"简而言之，季儿是无能为力的。她唯一能取走的生命只有她自己的。相比之下，早期中古的女性孝行楷模们，用其兄弟的责任和武器武装自己，绝不是无能为力的。

到目前为止我已经提到的只有复仇的故事，因为它们如此明确地论证了这个论点，但事实上许多关于女儿为了自己的父母而危及自身生命的故事，以及一些关于供养的故事，明确提到那些没有兄弟或其他男性亲属的女人来履行作为子女所必需的孝行。这在女儿自愿代替她的父亲接受惩罚的故事中尤其如此。在这方面，淳于缇萦的故事极为生动。当缇萦的父亲太仓令淳于公因犯罪被逮捕时，他甚至抱怨女儿说，"生子不生男，缓急非有益"②。换句话说，父母通常会依靠儿子把他们从这种困境中解救出来。在这些为了赡养亲生父母，女儿们放弃了婚姻的故事中，经常提到孝顺的女儿没有兄弟。换句话说，女儿们做出这种牺牲是为了填补她们缺失的兄弟的位置。简而言之，在

---

① 《古列女传逐字索引》，5.14。
② 《古列女传逐字索引》，6.15。

许多这样的作品中，人们得到的印象是，没有明显的女性孝道，孝顺的女儿实际上只是儿子的替身或代理。正如韩献博（Hinsch）所指出的，"当没有男人能够在家庭中扮演典型的男性社会角色时，女性扮演这样的角色被认为是可以接受的，甚至是令人钦佩的"①。也许这就是为什么孝女楷模刘长卿的妻子在割掉耳朵以保贞操后，说："男以忠孝显，女以贞顺称。"②也就是说，忠诚、孝顺主要是男人的事，而女人主要是贞洁、顺从。因此，我相信在中国早期，按性别划分的美德的确以孝道的方式存在，而孝道在当时被视为一种明显的男性美德。

第五节 顺从或不顺从？

如果刘长卿妻子的故事说明在女人顺从比孝敬更重要这一点是对的，那么在早期中古的孝女故事中，顺从这个主题有多突出呢？与孝子的记载相似，虽然数量不多，但也有不少作品中女性表现出了显著的顺从。像孝子楷模一样，早期中古的孝女们，在大多数情况下，绝对顺从父母或公婆。这种信息在那些孝女默默忍受着长辈施以痛苦的故事中表现得尤为明显。儿媳忍受婆婆折磨是迄今为止最常见的主题。例如，尽管礼脩的婆婆对她"酷恶无道，遇之不以礼"，但礼脩从来没有说过一句抗议或不满的话。即使回到娘家去，她也不说婆婆的坏话，而把自己受到的任何惩罚都归罪于自己的行为不当。她这些令人钦佩的行为改变了她的婆婆，使她开始爱她的儿媳妇。当婆婆年老体衰时，她拒绝了亲生女儿的帮助，而宁愿在她睿智的儿媳妇的照顾下度过余生。③ 这个故事传递的信息是，无论她可能受到婆婆什么类型的虐待，儿媳应该逆来顺受，希望她积极的态度会影响她的婆婆。女儿也应该愿意忍受父母或长辈施以的痛苦。④ 有趣的是，这是唯一一个女儿比儿

---

① Bret Hinsch（韩献博），*Women in Early Imperial China*，62.
② 《后汉书》卷八四《列女·沛刘长卿妻传》，第 2797 页。
③ 《华阳国志校注》卷一○下《广汉士女》。
④ 可以参见和熹邓太后的故事，《太平御览》415.1b。

子得到稍好待遇的主题。因为在继母虐待毫无怨言的继子的故事中，这样的女人通常真的想要杀了继子，而且往往成功了。在这类故事的女性版本中，婆婆通常只会折磨她们的儿媳妇。

然而，邓元义的妻子（约 90）却不是这样，她的故事为我们提供了一个有趣的变化，"华仲妻本是汝南邓元义前妻也。元义父伯考为尚书仆射，元义还乡里，妻留事姑甚谨，姑憎之，幽闭空室，节其食饮，羸露日困，妻终无怨言。后伯考怪而问之。时义子朗年数岁，言母不病，但苦饥耳。伯考流涕曰：'何意亲姑反为此祸！'因遣归家。更嫁为华仲妻。仲为将作大匠，妻乘朝车出，元义于路傍观之，谓人曰：'此我故妇，非有它过，家夫人遇之实酷，本自相贵。'其子朗时为郎，母与书皆不答，与衣裳辄烧之。母不以介意，意欲见之，乃至亲家李氏堂上，令人以它词请朗。朗至，见母，再拜涕泣，因起出。母追谓之曰：'我几死，自为汝家所弃，我何罪过，乃如此邪？'因此遂绝也。"① 她的儿子拒绝和她说话，显然是因为她允许自己再婚。然而，这个故事的作者认为，她已经履行了自己的孝道，从未抱怨过自己受到的虐待，因此，即使她再婚了，作者也把她描述成一个善良的人，有充分的理由与她不讲理的儿子断绝关系。② 有趣的是，这个故事的传播者认为邓元义前妻的行为没有错，当然也没有敌意地看待再婚。当她在前公婆家里时，她服从每一个命令，从不违背婆婆的意愿。此外，她只有在她公公的命令下才离开公公家，只有在她父亲的命令下才再婚。因此，她确实是顺从的女儿和儿媳的缩影。

事实上，邓元义前妻是个例外。在大多数早期中古的记载中，当一个孝女被命令再婚时，她是不服从的。虽然我们通常认为孝顺是强调服从，但这些作品好似鼓励不服从。如前一章对供养的论述中可见，无论再婚的命令来自谁，其生身父母或公婆，孝女楷模都坚决不服从。

---

① 《搜神记》，11.297；《后汉书》卷四八《应奉传》注引《汝南记》，第 1607 页。
② 这一记载显然是众所周知的，它最初出现在一本地方地理著作中。后来，华峤的《后汉书》和干宝的《搜神记》都引用到了它。

拒绝听从父母再婚甚至可以导致惨剧的发生,连续拒绝再婚的孝媳,如东海孝妇和周青导致他们的公婆自杀相胁,这样他们可以最终迫使守寡的孝媳改嫁。既然儿媳妇被要求培养顺从这样的美德,她们怎么能如此明目张胆地反抗父母的命令,还能被称为孝顺呢?

有两种可能的答案。纪伯伦(Gipoulon)间接地提出了第一种:正如刘向《列女传》所设想的那样,女性有正当理由不服从任何人,包括她的丈夫和公婆,只要她们做的是为了遵守"礼"。① 这是符合荀子的观点的,即有些时候服从父母命令是孝顺的,有时候服从父母的命令是不孝的,《荀子·子道》所云"从道不从君,从义不从父,人之大行也"②。另一种可能的解释是,如果儿媳拒绝再婚,她可以不听从父母和公婆的话,因为她表现得像一个忠臣。纪伯伦(Gipoulon)认为,在刘向《列女传》中,妻子的角色与国家宰相的角色非常相似,她认为这项工作是为了促进宰相的利益,而不是对女性的进行指导的作品。③ 早期的儒家思想认为,君臣和夫妻的关系在结构上是相同的,所以一个忠诚的妻子应该和一个忠诚的臣子做同样的事情。例如,一个人一旦把自己交托给他的主君,他就必须为他的主君而死,即使这样做会妨碍他赡养他的父母。同样,一个女人一旦结婚,她必须全心全意地侍奉她的丈夫,即使这意味着违背她的父母和公婆的意愿。④ 换句话说,一旦她结了婚,她对丈夫的忠诚就超过了对父母的孝心,延伸开来还有对公婆的孝心。还有一点要注意,正如我们在故事中看到的,一个已婚的女人牺牲自己来拯救一具尸体,她是代表她的丈夫死去的,而不是代表她的公婆。已婚妇女的丈夫——不是她的生身父母或

---

① Catherine Gipoulon(凯瑟琳·纪伯伦),"L'Image de L'épouse dans le Lienü zhuan," in *En Suivant la Voie Royale Melanges Offerts en Hommage à Léon Vandermeersch*, ed. Jacques Gernet, Marc Kalinowski, and Jean-Pierre Diény, Paris: École Française d'Extrême-Orient, 1997, 108.
② 《荀子逐字索引》,29.141—142。
③ Catherine Gipoulon, "L'Image de L'épouse dans le Lienü zhuan".
④ 儒教关于庄之善的故事提供了一个基本原理,即为什么一个人即使他的父母还活着,也必须为他的主人放弃自己的生命,"楚白公之难,有庄之善者,辞其母,将死君,其母曰:'弃母而死君可乎?'曰:'吾闻事君者,内其禄而外其身,今之所以养母者,君之禄也,请往死之。'"参见《韩氏外传逐字索引》1.21,《新序逐字索引》8.9。

公婆——是她的天堂。这也许可以解释为什么在早期的孝女楷模中，贞洁的妻子远远多于孝顺的儿媳妇。

小　结

　　本章的重点之一是，在早期中古，人们对孝女的关注日益浓厚。早期关于孝女楷模的故事，如在刘向《孝女传》中所看到的，对孝顺的谈论相对较少，通常只是把它与其他美德一起宣传。他们也可能宣传仆人的孝顺，就像他们可能宣传女儿或儿媳妇的孝顺一样。早期故事中的女性也往往是受害者，她们往往陷入困境，只能通过自杀来解决，这可能就是为什么刘向作品中的孝道故事大多以道德困境的形式呈现。

　　不过，在早期中古的孝道故事中，女性的角色要突出得多。在这些故事里，女人践行了各种各样的孝行。此外，大多数故事都集中在那些主动而不是被动地行孝的孝顺女儿或儿媳妇身上。换句话说，她们不是对强加给她们的困境做出反应，而是自己做决定，自己处理。她们遵从自己主观想法，自己决定抵制婚姻以赡养父母；为被杀的亲人报仇；代替近亲接受处罚；或者为了救父母而把自己置于危险之中。

　　然而，除了为了供养公婆而不再婚以外，女性所做的孝行与男性并没有太大的不同。因此，很难说女性孝道有其独特的表现形式。我认为这表明，早期中古的中国人将孝道主要解释为一种男性的美德。女性也可以表现出孝道，但只是一种衍生的形式。这一点在她们没有兄弟的情况下履行孝道的事实中得到了强调。如果她们有兄弟，孝顺的女性就不必赡养她们的父母、为父母报仇，或者代替父母受到惩罚。因此，女人只有男性缺失的情况下才能孝顺，也就是说，只有当她们是儿子的代理时才能孝顺。由于中国早期中古社会非常重视以"孝顺"来衡量一个人的能力和道德品质，这必然对女性的整体社会地位产生负面影响。

第七章 孝女或儿子的替身

孝女与孝子不同的一个重要区别是，孝女必须付出更多的努力来证明自己的孝顺。这种证明通常采用死亡的形式，无论是比喻的还是字面上的：一个孝顺的女儿自杀，不结婚而导致社交上的自杀，或者牺牲自己的孩子。虽然孝子也会威胁到自己，但作品中描述他们这样做的次数较少，而且往往被明显偏袒男性的神灵所拯救。由于她们抛弃了娘家，以外人的身份进入夫家，女性最终被视为没有男性那么孝顺。因此，她们不得不付出更大的努力来建构自己的孝道。

显然，孝女的故事在早期中古比在刘向的时代更重要。早期中古的作家更积极地强调女儿和儿媳的孝顺，这可能表明他们又一次试图增加扩展大家庭的名望。扩展家庭或直系家庭是指儿媳和公婆住在一起的家庭。因此，强调儿媳对公婆的孝顺，可以增强公婆的权威，减轻生活在如此复杂家庭中的负担。

然而，这并不会误导人们以为孝女故事总体上要么是突出的，要么是数量众多的。即使在早期中古，孝女的故事也很少。陶渊明《孝传》的15个孝顺的孩子中，没有一个是女性。在日本现存的六朝后期的阳明本《孝子传》45篇孝道故事中，只有5篇是关于孝女的。换句话说，这个数目不到其总数的12%。说到孝行图像，情况也好不到哪里去。由于工匠们只绘制了一小部分孝道故事，而且可能是最受欢迎的孝道故事，所以他们所创作的图像应该能告诉我们很多关于孝女楷模的流行情况。值得注意的是，东汉关于忠诚的后代的图像中并没有将孝女与孝男放在一起，北朝有关孝顺孩子的形象中仅仅只有一个女性（凉高行，但其实很难将其归类为孝女）。相比之下，宋元时期在中国流传的《二十四孝》中，有6个是女性，占其总数的四分之一。尽管如此，当孝女楷模被集体描绘时，许多孝顺的女儿和正直的姐妹也被包括在内。① 然而，所描绘的孝女和姐妹都是取自于刘向《列女

---

① 在武梁祠画像石上描绘的八个典范列女中，有四个是孝女或义姐妹。她们是鲁义姑姐、梁节姑姐、齐义继母和京师节女。在和林格尔壁画墓中，描绘了鲁义姑姐和周主忠妾的图像。

传》，以及包括了表现其他的美德的女性作品中。总而言之，在早期中古，孝顺的女儿似乎并没有在大众的想象中占据重要地位。

　　为什么会这样，笔者目前没有确切的答案。基于纯粹的推测，这一现象可能与士族家庭成员数量仍然偏少、结构简单有关。[①] 如果扩展大家族是常态，女人一生中大部分时间都生活在一个家庭里，儒家思想的作品可能会强调儿媳妇孝顺的重要性。然而，由于再婚很普遍，扩展大家庭持续的时间也不长，家长们可能会认为妻子保持贞洁——也就是和公婆待在一起——比媳妇的孝顺更重要，因为如果她再婚，就没有孝顺的机会了。也许这就是为什么早期中古列女故事中最常见的主题之一是丧夫的妻子拒绝再婚的原因。在帝制晚期的中国，扩展大家庭更加普遍，再婚的情况也不那么常见，我认为儿媳妇的孝顺会更加受到重视。

　　[①] 参见杨际平《五—十世纪敦煌的家庭与家庭关系》，第12—61页。

结　　论

当学术思想史家研究早期中古中国时,他们准确地指出了伟大的儒家思想家的缺乏——对中国思想的调查通常记录了儒家思想在汉朝的兴衰,然后只提到了它在中唐的复兴。在早期中古,吸引他们注意力的是玄学、道教和佛教对中国思想的最初贡献。因此,历史学家认为这一时期是这些新的、待世界的非传统方式的全盛时期,也是儒家思想及其影响的最低点。简单地说,他们实际上相信,在早期中古,儒家思想进入了沉睡状态,直到唐朝的后半段才逐渐被唤醒。

这种方法的缺点是过于重视思想层面的创造力和原创性。早期中古没有产生任何值得注意的儒家思想的理论支持者,无疑说明了儒学缺乏学术活力,但这并不一定意味着儒学在思想、政治或社会层面缺乏潜力。事实上,如果我们停止寻找深刻的思想家,而是"降低"我们的关注至那些说教文学,比如孝道故事,我们就会发现儒家思想对文学精英有着巨大的吸引力。这种吸引力不是基于其思想上的新颖性或独创性;相反,它是基于这样一个事实,即它强调等级、家庭和亲属团结的首要地位,这有助于精英士族处理其面临的分裂和危险。这就是为什么虽然儒家思想可能已经跌到了其思想层面的最低点,但正是在这个时期,儒家思想成为中国士族阶层的价值观和践礼的一部分。与此形成鲜明对比的是元朝建立的新儒学体制,在程朱学派丧失了大量的学术活力之后,这种新儒学体系成为了科举考试的基础。元朝的统治者们之所以将程朱学派奉为正统，并不是因为他们是最新的，而是因为它们对经典的诠释最能满足他们的政治和社会需要。

这本书表明，儒家思想并没有在早期中古处于其命运的最低谷，而是在此时首次获得了压倒性的政治和社会意义。也就是说，正是在这个时代，士族的价值观和礼仪行为变得"儒家化"。这是因为，在一个政治日益分散的世界里，中央政府软弱无力，个体家庭的重要性迄今未被预见，地方世家大族发现儒家价值观和礼仪是创建强大、有凝聚力、团结合作的大家庭的必要文化工具。这种士族的儒家化现象，最明显的表现是在其对艰苦和严格的三年服丧之礼的忠实践行上。儒家的丧葬仪式变得比以往任何时候都重要，因为它有效地为家庭提供了团结感和认同感。尽管早期中古的士族为了寻求学术上的刺激和宗教上的满足，转向了玄学、道教和佛教，但为了确保他们的家庭在时代的变迁中生存下来，继续保持并使他们的特权地位合法化，他们转向了儒学。因此，笔者认为，在唐朝后半期开始出现的儒家思想的复兴是建立在早期中古确立的儒家政治和社会基础之上的。

然而，与此同时，尽管最前卫的思想家们不再认为阴阳儒学有吸引力，但孝子故事表明，大多数人仍然认为其假设和世界观令人信服。这可能是因为在早期中古，阴阳儒学思想已经成为人们常识的一部分。如果人是自然有机整体的一部分，那么有机体的一部分怎么可能不对其他部分的行为做出反应呢？因为大多数人，无论是平民还是士族，都认为天地是美好的，所以神灵世界会奖励坚守"孝"这一最基本和最重要的社会美德的人，而严厉惩罚那些违反这一神圣原则的人。因此，孝道故事轻松地表达了人们最基本的期望，重申了他们对血缘关系的美好和等级制度的自然属性的假设。因此，孝道故事可能告诉我们更多关于早期中古大多数人的想法，而不是谈论那些玄学支持者的来源。他们还指出，阴阳儒学思想远未消亡——它仍然在大多数人的常识中蓬勃发展，无论他们的社会阶层如何。

饱受诽谤和误解的孝道故事是奠定早期中古儒家思想基础的重要

工具。在一个重视通过模仿前贤的行为来磨炼道德品行的时代，这些故事为成年人提供了历史典范，它们表明儒家艰难的礼仪可以在当下成功被践行。因此，与隐士一样，孝子成为早期中古社会受尊敬的最重要的两类人之一。这种道教隐士和儒家孝子的配对是有启发性的，因为这两个完全不同的楷模群体都有很多共同之处。首先，孝子和隐士都对政府官职不感兴趣：隐士刻意回避在政府任职，而孝子则把政府官职视为次要问题，只有在父母双亡之后才会考虑。无论对隐士还是孝子来说，中央政府都不是他们关注的焦点，他们都更加重视当地社会的福利。而且，这两类人都生活在农村，与朝廷没有联系。第二，这两类人都对人们通常渴望的东西，如财富、权力和名誉不感兴趣。两者在本质上都非利己者——他们试图让别人受益，而不是利用他人。第三，他们自身利益的缺乏使得这两类人经常成为帝国征召的目标。由于早期中古政府权力的个人化使得个人利益的实现被视为一种可怕的腐败影响，社会和官员们认为，最能治理国家的人是那些没有个人利益的人。由于这些共性，不少孝子也过着隐士的生活就不足为奇了。

值得注意的是，孝道故事也表明了儒家思想成功制度化所付出的代价。商伟对18世纪的小说《儒林外史》进行了深入研究，他富有洞见地指出，儒家仪式的核心问题之一就是它是二元论的：它同时试图实现宇宙和世俗的目标。然而，为了在世俗世界中实现神圣的秩序，世俗的利益很可能会污染一个人的意图。因此，一个人越是通过拒绝政府的辟召来显示他的无私，他收到的辟召就越多。因此，一个人是否真的对政府官职不感兴趣，或者一个人是否仅仅是为了获得更高的职位而拒绝低等官职的辟召，就变得不清楚了。换句话说，这些被不带感情地践行的礼仪只是成了提升的工具。[①] 孝道故事很好地理解了这种危险，因此他们调强践行孝道必须是真诚的；换句话说，践行者必

---

① Shang Wei, *Rulin Waishi and Cultural Transformation in Late Imperial China*, Cambridge, Mass.：Harvard University Asia Center, 2003, 58 - 71.

须在他/她的表现中倾注情感。一个人这样做的方式是通过在仪式中剥夺自己的一些东西。这种剥夺可以从一些相对次要的东西，如个人舒适，到一些重要的东西，如一个人真正的生命。孝顺的孩子愿意为他/她的父母牺牲一些宝贵的东西，显示了他/她的真诚。因此，几乎所有的孝道故事都强调了孝顺的孩子为了赡养父母而不得不忍受的艰辛。这些故事强调了经历苦难的需要和亲自侍奉父母的需要，这本身就很好地证明了儒家礼仪在早期中古已经受到制度化的影响。

总而言之，这种对孝道故事的原始语境的持续探索表明，它们绝不是为孩子们写的简单的、一维的原始漫画。相反，它们是复杂的、充满意识形态的宣传工具，直接触及成年精英最直接的关切。虽然它们没有提供一个复杂和微妙的哲学，但它们具有深刻的意义，唤起了它们的观众。尽管它们可能是早期中古"中国历史奇观·嘉年华的附带表演"，但它们表明，即使看起来陈腐、怪诞和荒谬的东西，对我们也有重要的借鉴意义。

附录　丁兰故事的不同版本

　　从早期中古流传至今的丁兰故事有十个版本。然而，没有两个版本是完全相同的。时间上相近的文本版本通常具有相同的情节元素，但在细节上有所不同；时间上彼此距离较远的文本的版本，除了有不同的细节外，通常还有不同的情节元素。这个附录的目的是说明丁兰的故事每个版本实际上是不同的，并且随着时间的推移而改变。

　　这个故事的所有版本都一致认为，丁兰年少时失去父母其中的一位后，丁为他/她雕刻了一个木制雕像，就好像他/她是活着的一样。这个故事最早的版本来自武梁祠。画像石的榜题如下："丁兰：二亲终殁，立木为父，邻人假物，（报）乃借与。"① 另一个描绘丁兰故事的泰安大汶口东汉画像石证实了他所雕刻的雕像是他的父亲。② 丁兰故事的第一个文学版本是曹植的《灵芝篇》，其中对雕像的性别描述模棱两可，并为这个故事增加了一个前所未见的元素："丁兰少失母，自伤蚤孤茕，刻木当严亲，朝夕致三牲。暴子见陵侮，犯罪以亡形，丈人为泣血，免戾全其名。"③ 值得注意的是，虽然曹植一开始就提到了丁兰母

---

　　① Wu Hung（巫鸿），*the Wu Liang Shrine*, 282.
　　② 和林格尔和乐浪出土的丁兰图像中，木雕像是男性形象。参见《和林格尔汉墓壁画》139、《乐浪彩箧塚》卷一。大汶口东汉墓画像石中，丁兰故事的图像旁边有两处榜题，分别为"孝子丁兰父""此丁兰父"，参见王恩田《泰安大汶口东汉画像石历史故事考》，《文物》1992年第12期，第77—78页，第74页，图一。
　　③ 《曹植集逐字索引》，11.6.2。

亲去世，但他用了"孤茕"来描述丁兰，这个词意为"失去父亲的孤儿"；另外使用"严亲"和"丈人"这两个词来描述木制雕像，而这两个词通常都用来指代"父亲"。因此，曹植似乎也把这座雕像假定成丁兰父亲的形象。武梁祠画像石榜题中提到丁兰失去了双亲，但他按照父亲的形象塑造了这座雕像，这一事实告诉我们曹植的解释并非牵强附会。而值得注意的是，在后来的作品中，这个木制雕像始终是她的母亲。

接下来的两个故事几乎是同时代的。孙盛（约301—373）《逸人传》曰："丁兰者，河内人也。少丧考妣，不及供养，乃刻木为人，仿佛亲形，事之若生，朝夕定省。其后邻人张叔妻从兰妻有所借，兰妻跪报木人，木人不悦，不以借之。叔醉疾来诟骂木人，以杖敲其头。兰还，见木人色不怿，乃问其妻。妻具以告之，即奋剑杀张叔。吏捕兰，兰辞木人去。木人见兰，为之垂泪。郡县嘉其至孝，通于神明，图其形像于云台也。"① 这个版本暗示了木雕像是丁兰母亲的肖像，另外还给雕像的攻击者取了一个名字，并解释了他为什么要伤害木雕像。干宝《搜神记》的版本与《逸人传》相似，但也有明显的不同。《搜神记》载："丁兰，河内野王人。年十五丧母，乃刻木作母事之，供养如生。邻人有所借木母，颜和则与，不和不与。后邻人忿兰，盗斫木母，应刀血出。兰乃殡殓报仇。汉宣帝嘉之，拜中大夫。"② 在《搜神记》这个版本中，这个邻居偷走了这个木像再砍伤了它，而丁兰在为这个木像举行殡殓仪式之后才杀死了邻居。

虽然这两个版本都很相似，但是它们仍然有重要的不同。《逸人传》版本在故事里增加了丁兰妻和张淑妻，她们从没有出现在以前的书面记载或图像描绘中。③ 然而，《搜神记》的版本既没有提到这些女

---

① 《初学记》17.422，《太平御览》414.2a—b。
② 这个故事，在现存的《搜神记》版本中没有出现，但是《太平御览》（482.4a）中引用的却是《搜神记》。（译者注：下一句英文原文直译为"这个邻居偷走了这个木像而不是攻击它"，但从《搜神记》的记载来看，邻居"盗斫木母"，有先偷走再砍伤木像之意）
③ 丁兰妻和张叔妻，出现在北魏宁懋石棺上。参见郭建邦《北魏宁懋石室线刻画》，第32—33页。

人，也没有提到邻居的名字。在《逸人传》中，张淑用杖敲打木像的头；在《搜神记》中，他偷走了这个木像并用刀将其斩首。在《逸人传》版本的记载中，木像经受住了攻击，传达了它的不快，并流下了眼泪；而在《搜神记》中，木像流血了，也可以说死了。在每个版本中，政府为丁兰提供了不同的奖赏。

接下来的三个版本为这个故事增添了另一个元素：丁兰的妻子损坏了这个木雕像。据5世纪郑缉之《孝子记》记载："兰妻误烧母面，即梦见母痛。人有求索许不先白母。邻人曰：'枯木何知？'遂用刀斫木母流血。兰还悲号，造服行丧。廷尉以木感死。宣帝嘉之，拜太中大夫者也。"根据6、7世纪时刘向《孝子传（图）》："兰妻夜火灼母面，母面发疮，经二日，妻头发自落，如刀锯截，然后谢过。兰移母大道，使妻从服三年拜伏，一夜忽如风雨而母自还。"① 在敦煌出土的句道兴本《搜神记》中，明确了丁兰妻子攻击木像的理由："遂乃刻木为母，供养过于所生之母。其妻曰：'木母有何所之，今我辛勤，日夜侍奉。'见夫不在，以火烧之。兰即夜中梦见亡母语兰曰：'新妇烧我面痛。'寝寐心惶，往走来归家，至木母前，倒卧在地，面被火烧之处。兰即泣泪悲啼，究问不知事由。妻当巨讳，抵死不招。其妻面上疮出，状如火烧，疼痛非常，后乃求哀伏首，始得差也。"②

在后来的三篇作品中，攻击木像者的身份从邻居变成了丁兰的妻子。在郑缉之《孝子传》版本中，丁兰妻子和邻居都损害了木像，但前者是无意的。然而，（可能在其后的）刘向《孝子图》以及句道兴本《搜神记》中都根本没有提到邻居；相反，两者都记载丁兰的妻子是故意攻击了这个木像。尽管这些作品有相似之处，但它们也有很大的不同。在刘向《孝子传（图）》版本中，丁兰的妻子为婆婆的木像哀悼了三年后，这一木像奇迹般地回归了。在这个版本中，疮出现在

---

① 这两个文本均引自于《法苑珠林》49.361。
② 《敦煌变文》，2：886。

木像的脸上,而在句道兴本《搜神记》中,疮出现在妻子的脸上。在刘向《孝子传(图)》中,梦见母亲的是丁兰,而不是他的妻子。①

宋朝以前的最后一个关于丁兰故事的作品来自于阳明本和船桥本《孝子传》。阳明本《孝子传》载,"河内人丁兰者至孝也。幼失母,年至十五,思慕不已。乃刻木为母,而供养之如事生母不异、兰妇不孝,以火烧木母面。兰即夜梦语木母。言:'汝妇烧吾面。'兰乃笞治其妇,然后遣之。有邻人借斧,兰即启木母,母颜色不悦,便不借之。邻人嗔恨而去。伺兰不在,以刀斫木母一臂。流血满地。兰还见之,悲号叫恸,即往斩邻人头以祭母。官不问罪,加禄位其身。"② 这个版本的故事似乎结合了两个传统版本的因素——丁兰妻子故意攻击他母亲的木像以及邻人张叔的攻击。因此船桥本、阳明本《孝子传》的记载可能比以前所讨论的版本都要晚。这一版本还增加了丁兰与妻子离婚的新细节,以及木像鲜血流满地的孝感奇迹。

综上所述,从这十个故事我们可以看到,没有一个版本是完全相同的。版本中较大的变化通常与性别有关。在故事的早期版本中,丁兰侍奉的木像是他父亲的肖像,但在后来的版本中,变成了他母亲的。此外,很多后来的故事记载攻击木像的人是丁兰的妻子,而不是他的男性邻人。面对这种转变,阳明本《孝子传》的编撰者决定将这两种版本都包括在内。我们似乎不可避免地得出这样的结论:这个故事后来的传播者显然认为,婆媳关系中自然产生的摩擦会在一个木制的"母亲"无法做出反应的情况下表现出来。换句话说,后来作品的基调将家庭的危险定位于不是来自外部,而是来自内部,以叛逆的儿媳妇的形式表现出来。

---

① 除了刘向的《孝子图传》,全部的这些记载都可以在乐浪出土的彩箧中找到,详见吉川幸次郎《乐浪出土箧图像考证》,第3—4页。吉川幸次郎还认为,文本之间的差异在于这个故事口头版本的来源。

② 《孝子传注解》,第80—82页。

词汇表

Aijing 爱敬 133
An, Emperor of the Han 汉安帝
baikou 百口 6
Ban Gu 班固 25, 46, 62, 81, 172, 173
banlan 班兰
banlian 班连
Bao Ang 鲍昂 141, 179
Baoen 报恩 109, 134
Baopuzi 抱朴子 108, 116, 194, 195
Bao Yong 鲍永 29, 38
Beigong shi nü 北宫氏女
Biqiuni zhuan 比丘尼传 86
Bian Zhuangzi 卞庄子 136
bianwen 变文 27, 29, 49, 51, 57, 58, 68, 113, 114, 118, 120, 123, 149, 153, 159, 181, 235
Bielu 别录 46
biezhuan 别传 12, 40, 41, 42, 43, 44, 47, 59, 82, 83, 111, 147
Bing Yuan 邴原 12, 38

Bo Yi 伯夷 81
bozang 薄葬 99
Cai Shun 蔡顺 27, 64, 65, 110, 142, 185
Cai Yong 蔡邕 4, 37, 38, 41, 62, 141, 154
Cao E 曹娥 215, 216
Cao Zhi 曹植 60, 61, 80, 85, 87, 88, 144, 233, 234
Chen Gua Xiaofu 陈寡孝妇 203
Chenliu shenxian zhuan 陈留神仙传
Chen Shi 陈寔 38, 41, 188
Chen shi san nü 陈氏三女 179, 210
chenwei 谶纬 15, 93, 94, 100, 103, 119, 128, 129
chengfu 承负 37
Cheng Jian 程坚 144
Chongwen congmu 崇文总目 69
Chu Liao 楚寮 27
Chuxue ji 初学记 27, 29, 66, 67, 138, 139, 140, 142, 176, 179,

237

180，234

Chunqiu 春秋 15，92，93，103，121，134，137，149，154

Chunqiu fanlu 春秋繁露 92，93，121

Chunyu Gong 淳于恭 111

Chunyu Tiying 淳于缇萦 202，222

Cui Shi 崔寔 4

Datong 大同 75

daxing 大姓 38，42，76

Dai Liang 戴良 38，197

daitianfa 代田法 5

danjia 单家 12

danmen 单门 12

danwei 单微 12

Daoshi 道世 46，53

Deng Tong 邓通 142

Deng Yuanyi 邓元义 224

Deng Zhan 邓展 27

Ding Lan 丁兰 30，31，55，60，61，120，157，160，184，233，234，235，236

Ding Mao 丁茂

Ding Mi 丁密 115

dingxing 定省 132，133，234

Dongguan Han ji 东观汉记 29，62，63，99，111，112，113，116，140，146，177，185，193，215

Donghai Xiaofu 东海孝妇 213，225

Dong Jingqi 董景起 217

Dong Yong 董永 30，31，34，49，55，56，57，60，61，108，118，121，144，160

Dong Zhongshu 董仲舒 92，93，121

Dou Fu 窦傅

Du Ci 杜慈 211，212

Du Xiao 杜孝 139

Du Ya 杜牙 115

Duke Zhuang 庄公 134

Dun Qi 顿琦 115

E-huang 娥皇 122

ershisi xiao 二十四孝 45，49，68，69，99，113，128，214，227

Ershisi xiao shi 二十四孝诗 45，99，128

Er Ziming 儿子明 97

Fa Xian 法显 132

Fayuan zhulin 法苑珠林 46，47，49，50，53，57，66，97，108，118，159，177，235

Fan Chong 樊重 19，20

Fan Hong 樊宏 20

Fan Liao 樊鯈 27，141，142

Fan Yan 范晏 37

Fan Ye 范晔 26，37，63，64，65

fanyong 凡庸 83

Fang Chu 方储 115，116

fangnei zhi shi 方内之士

fangshi 方士 2，7，68，75，89，95，96，126，150，151

Feng 奉 14，19，20，22，24，59，70，74，89，91，101，109，110，113，130，132，133，136，141，

238

142, 146, 147, 151, 160, 163, 180, 184, 185, 186, 203, 204, 205, 206, 207, 208, 209, 210, 212, 224, 225, 230, 232, 235, 236

Feng Yanbo 封延伯 7

Feng Zhaoyi 冯昭仪 214

Feng Zhuo 封卓 217

fu 符 4, 13, 28, 35, 53, 73, 83, 113, 126, 127, 170, 213, 225

Fu Gong 伏恭 38

fumu 父母 3, 4, 5, 7, 10, 11, 17, 18, 19, 20, 23, 24, 25, 27, 30, 41, 50, 51, 52, 53, 60, 61, 63, 79, 88, 94, 95, 97, 98, 101, 102, 105, 106, 107, 109, 112, 113, 115, 118, 119, 120, 121, 122, 130, 131, 132, 133, 134, 135, 136, 138, 139, 140, 141, 142, 143, 144, 145, 146, 147, 148, 149, 151, 152, 153, 154, 155, 156, 158, 159, 160, 161, 162, 163, 164, 165, 166, 167, 168, 169, 170, 172, 173, 174, 175, 176, 177, 179, 180, 181, 182, 183, 184, 185, 186, 187, 188, 189, 191, 194, 195, 196, 199, 203, 204, 208, 209, 210, 211, 212, 213, 214, 215, 216, 217, 218, 219, 220, 222, 223, 224, 225, 226, 231, 232, 233

Funabashi Xiaozi zhuan 船桥孝子传

Fuzi 傅子 110

fuzi 父子 6, 11, 20, 121, 131, 155, 159, 162, 173, 200, 220

gan 感 12, 18, 21, 22, 25, 30, 50, 53, 54, 60, 62, 64, 77, 83, 84, 85, 87, 88, 89, 91, 92, 93, 94, 95, 96, 97, 98, 99, 100, 101, 102, 103, 104, 105, 106, 107, 108, 109, 110, 111, 112, 113, 114, 115, 116, 117, 118, 119, 121, 122, 123, 124, 125, 126, 127, 128, 129, 130, 136, 137, 142, 146, 149, 150, 152, 154, 157, 159, 163, 167, 168, 169, 170, 175, 176, 179, 180, 181, 182, 186, 189, 190, 194, 197, 203, 209, 210, 214, 215, 216, 217, 230, 231, 235, 236

Gan Bao 干宝 27, 83, 87, 224, 234

gan tiandi 感天地 105

gantong zhi zhi 感通之至

gan wu tong ling 感物通灵

Gao Chai 高柴 88, 167, 169, 170

Gaoshi zhuan 高士传 80, 81, 83, 85, 87

Gaozong, Emperor of the Tang 唐高宗

Ge Hong 葛洪 68, 108, 194, 195

gong 公 45, 46, 48, 52, 54, 55, 56, 60, 62, 63, 68, 73, 75, 78, 79, 80, 88, 90, 91, 92, 93, 94,

239

95, 96, 97, 98, 99, 100, 101, 103, 104, 107, 108, 109, 113, 115, 116, 119, 120, 121, 122, 127, 133, 134, 137, 145, 146, 148, 149, 150, 151, 154, 164, 165, 167, 168, 169, 171, 172, 173, 181, 182, 187, 188, 189, 190, 191, 192, 193, 194, 198, 201, 202, 206, 208, 209, 210, 211, 212, 213, 214, 215, 217, 221, 222, 223, 224, 225, 226, 227, 228

gong 供 2, 9, 11, 17, 19, 20, 21, 24, 28, 33, 36, 39, 43, 46, 60, 61, 68, 69, 70, 73, 83, 84, 86, 95, 102, 105, 107, 108, 109, 115, 116, 126, 130, 131, 132, 133, 134, 135, 136, 137, 138, 139, 140, 141, 143, 144, 145, 146, 147, 148, 149, 150, 151, 152, 153, 154, 155, 157, 158, 159, 160, 161, 162, 163, 164, 172, 178, 180, 185, 188, 189, 192, 193, 202, 205, 206, 207, 208, 209, 210, 211, 212, 213, 219, 222, 224, 225, 226, 230, 231, 232, 234, 235, 236

gong 恭 8, 38, 48, 49, 62, 63, 79, 111, 131, 132, 133, 141, 147, 161, 169, 206, 207

Gongsun He 公孙何 215

Gongsun Hong 公孙弘 62, 171

Gongsun Sengyuan 公孙僧远

gongyang 供养 60, 61, 130, 131, 132, 133, 134, 135, 136, 137, 138, 139, 140, 141, 143, 144, 145, 147, 148, 149, 150, 151, 152, 153, 155, 157, 158, 159, 160, 161, 162, 163, 164, 172, 180, 185, 205, 206, 207, 208, 209, 210, 211, 212, 213, 222, 224, 226, 234, 235, 236

gongyi 公义 137

Gou Daoxing Soushen ji 句道兴搜神记 27

Gu Chu 古初 99, 110, 185, 193

Gu Huan 顾欢 88

gumen 孤门 12

guqiong 孤茕 60, 233, 234

Gusou 瞽瞍 51, 52, 53

guwei 孤微 12

guwen 古文 81, 93, 180, 183

Gu Yuan Jian dashi ershisi xiao yazuowen 故圆鉴大师二十四孝押座文

Guan Ning 管宁 38, 41, 110, 111, 118

Guan Yao 管瑶

Guanshiyin yingyan ji 观世音应验记 110, 112

Guanyin jing 观音经 110

Guangwu, Emperor of the Han 汉光武帝 16, 142

Gui Hao 妫皓 142

Guo Bolin 郭伯林 36

Guo Ju 郭巨 30，31，34，77，108，109，121，132，144，148，149，150，210

Guo Jujing 郭居敬 45

Guo Shidao 郭世道 36，148，175，180

Guo Tai 郭汰

Guo Wen 郭文 41，109，179

Guo Yi 郭奕 79

Guo Yuanping 郭元平

Han Boyu 韩伯瑜 25

Han Chong 韩崇 65

Han Feizi 韩非子 52，102，121，132，133，136，137，152

Han hou shu 汉后书

Han Huaiming 韩怀明 70，176

Han ji 汉纪 38，143

Han Lingmin 韩灵敏 7，122

Han Lingzhen 韩灵珍 122

hanmen 寒门 12，36

Hanshi waizhuan 韩诗外传 9，25，28，136，149，170

Han shu 汉书 4，14，15，19，20，25，26，29，38，46，48，59，62，63，64，65，79，80，81，93，97，111，112，115，116，135，136，140，142，143，144，145，146，148，149，150，151，164，165，171，172，173，175，177，178，179，185，187，188，189，190，193，194，197，209，212，213，215，216，219，220，221，223，224

Han Xianzong 韩显宗 66，67，69，125

Han Ying 韩婴 9，25

Hantan Chun 邯郸淳 80，216

He Ziping 何子平 139，149，175，180

housheng 后生 84

Houtu 后土 118，141

Hou Yu 猴玉

Hua Qiao 华峤 63，64，65，224

Huayang guozhi 华阳国志 38，107，140，209，210，212，216，220，221，223

Huainanzi 淮南子 133，169

Huan, Emperor of the Han 汉桓帝

Huan Wen 桓温 208

Huang Bo 黄帛 216

Huangchu 黄初 60

Huangfu Mi 皇甫谧 52，85，89，215

Huanglao 黄老 92

Huangtian 皇天 118，141

Huang Xian 黄宪 79

Huang Xiang 黄香 29，38，140，193

Ji'er 季儿 222

Ji Kang 嵇康 80，83，85

Ji Mai 纪迈 108，118，144，176

Ji Shao 嵇绍 143，188

241

Ji Yun 纪昀 31

Ji Zha 季札 80, 86

jia 家 20, 21, 22, 24, 25, 28, 29, 31, 32, 33, 34, 35, 36, 37, 38, 39, 40, 41, 42, 43, 44, 45, 47, 50, 52, 53, 55, 59, 60, 61, 62, 63, 64, 65, 67, 69, 70, 72, 73, 74, 75, 76, 77, 78, 79, 82, 83, 88, 89, 91, 92, 93, 94, 95, 98, 100, 101, 102, 103, 104, 106, 107, 108, 110, 112, 113, 117, 119, 120, 121, 122, 123, 124, 125, 126, 127, 128, 130, 131, 133, 134, 135, 136, 137, 138, 139, 141, 142, 143, 145, 146, 147, 148, 149, 150, 151, 152, 154, 156, 158, 161, 162, 164, 165, 166, 167, 168, 169, 170, 171, 172, 173, 174, 176, 178, 180, 181, 183, 184, 187, 190, 191, 192, 193, 194, 196, 197, 198, 199, 200, 203, 204, 205, 206, 207, 208, 209, 210, 212, 215, 216, 217, 219, 220, 221, 222, 223, 224, 225, 227, 228, 229, 230, 231, 232, 235, 236

Jia En 贾恩 175, 185, 216

jia pin qin lao zhe bu ze guan er shi 家贫亲老者不择官而仕 136

jiaxue 家学 15, 17, 18, 24, 93, 173

jiaxun 家训 6, 9, 10, 78, 79, 94, 124, 145, 170, 217

jiazhuan 家传 40, 41, 42, 44, 92

Jiangbiao zhuan 江表传 86

Jiang Ge 江革 63, 112, 143, 144

Jiang Gong 姜肱 111

Jiang Shi 姜诗 38, 99, 107, 140, 144, 160, 209

Jiang Xu 蒋诩 113

jin 堇 118, 119, 140, 141

Jin Juan 津娟

jing 敬 4, 13, 19, 24, 45, 71, 72, 79, 86, 97, 103, 105, 109, 111, 115, 118, 130, 131, 132, 133, 141, 143, 144, 145, 146, 147, 148, 152, 159, 162, 163, 168, 169, 174, 183, 203, 205, 206, 207, 213, 220, 223, 231, 237, 239

Jing Dan 井丹 80, 81

Jing Jiang 敬姜 146

jingqi xiangdong 精气相动 98

Jingshi Jienü 京师节女 207, 227

Jing Yang 敬杨 220

Jingzhao qilao zhuan 京兆耆老传

Jiu Tang shu 旧唐书 8, 65, 66, 67, 69, 71, 72

Junzhai dushuzhi 郡斋读书志 69

kairan 慨然 28, 85

kangkai 慷慨 84, 85, 147, 221

Kuai Shen 哙参 109

Kuang Sengan 匡僧安 76

Langye Wang 瑯邪王

Langyu Ling 朗馀令

Lao Laizi 老莱子 54, 57, 58, 77, 180, 181, 182, 183

leishi tongju 累世同居 4, 6, 7

li 礼 13, 15, 16, 17, 18, 19, 20, 22, 25, 28, 29, 33, 36, 75, 78, 109, 111, 115, 116, 131, 133, 135, 136, 140, 142, 145, 153, 155, 163, 164, 165, 166, 167, 168, 169, 170, 171, 172, 173, 174, 175, 176, 177, 178, 179, 180, 181, 183, 184, 185, 186, 187, 188, 189, 190, 191, 192, 193, 194, 195, 196, 197, 198, 199, 202, 204, 212, 213, 215, 217, 218, 219, 223, 225, 229, 230, 231, 232

Li Du 李笃 144, 146

Li Hong 李弘 71

Li ji 礼记 28, 29, 33, 131, 133, 135, 140, 142, 145, 153, 163, 165, 167, 168, 169, 170, 174, 175, 176, 179, 180, 183, 184, 195

Liji 骊姬 137

Li, Lady 李氏 18, 176, 217, 218, 219, 224

Li Lingchen 李令琛 47

Li Mi 李密 12, 141

Li Qijun 李栖筠 67

Li Shan 李善 55, 99

Li Shun 李顺 76

Li Tan 李昙 38

Li Tao 李陶 107

Li Xi 李翕 127

Li Xiyu 李袭誉 46

Li Xian 李贤 63, 71, 72, 190

Li Xiu 礼修

Li Yanshou 李延寿 21, 48, 49

Lian Fan 廉范 38, 147, 185, 193, 216

Liang Hong 梁鸿 47, 62, 80, 82

Liang shu 梁书 70, 79, 84, 85, 88, 142, 175, 176, 179, 214

Lienü houzhuan 列女后传 67, 215

Lienü zhuan 列女传 25, 45, 48, 50, 51, 59, 62, 63, 72, 83, 87, 95, 122, 133, 136, 137, 146, 147, 152, 201, 202, 203, 204, 205, 206, 207, 208, 209, 211, 214, 215, 219, 221, 222, 225

Lieshi zhuan 列士传 48

Liexian tu 列仙图 47, 59, 81

Liexian zhuan 列仙传 59, 83

Lin Tong 林同 128

Ling Zhe 灵辄 134, 139

"Lingzhi pian" 灵芝篇 60, 61, 87, 88, 144, 233

Liu Changqing 刘长卿 233

Liu Jun 刘峻 27, 41, 42

243

Liu, Lady 刘氏　38, 69, 178, 212, 217
Liu Lingzhe 刘灵哲　141
Liu Mingda 刘明达　68
Liu Nayan 刘讷言
Liu Qiu 刘虬　66, 69, 70, 88
Liu Shao 刘邵　145, 146
Liu Xia 柳遐　142
Liu Xiang 刘向　25, 45, 46, 47, 48, 49, 50, 51, 53, 54, 57, 59, 62, 66, 69, 81, 82, 83, 89, 95, 96, 97, 201, 206, 207, 208, 214, 215, 222, 225, 226, 227, 235, 236
Liu Xiang Xiaozi tu 刘向孝子图　45, 46
Liu Xiang Xiaozi zhuan 刘向孝子传　46
Liu Xin 刘歆　46
Liu Yigong 刘义恭　48
Liu Yin 刘殷　118, 140, 141, 160, 176, 185, 216
Liu Zheng 刘整　11
Liu Zhiji 刘知几　40, 41, 42, 47, 63, 67, 82, 83, 84, 95
lu 籙
"Lu-e" 蓼莪　88, 152
Lu Ji 陆绩　38
Lu Jia 陆贾　92
Lu Xiaoyi Bao 鲁孝义保　206
Lu Xun 鲁迅
Lu Yigu 鲁义姑　137, 138, 227
Lu Yuanli 卢元礼　217, 218, 219

Lü Jun 吕军　214, 215
Lü Rong 吕荣　221
luan 鸾　80, 116, 117, 197
Lunheng 论衡　32, 52, 97, 98, 99, 120, 133
Luo Wei 罗威　29
Mao Rong 茅容　147
Mao Yi 毛义　63
Meng Chang 孟昶　208
Meng'er 萌儿
Mengqiu 蒙求
Meng Zong 孟宗　27, 41, 106, 160, 191
Mengzi 孟子　9, 51, 63, 95, 149, 182, 183
Miao Fei 缪斐　106, 107, 118, 141
Ming, Emperor of the Han 汉明帝　62, 116, 188
Mingbao ji 冥报记　32
Nankang ji 南康记　67
Nan shi 南史　21, 48, 49, 66, 67, 69, 70, 87, 88, 147, 150, 175, 176, 177, 179
Nanyang Liu 南阳刘　69
niaogong 鸟工　95
Nie Zheng 聂政　133
Ning Mao 宁懋　76, 234
Nüying 女英　123, 216
Pan Zong 潘综　36, 70, 111, 129
Pang Xing 庞行　209, 210
Pi Yan 皮延　115

qi 奇　18，22，23，26，28，30，32，33，34，40，41，43，45，48，51，52，53，57，64，65，70，71，81，83，87，88，90，91，92，93，94，95，96，97，98，99，100，101，103，104，105，106，107，109，110，111，112，113，114，115，116，117，118，119，121，122，123，125，126，127，128，129，135，139，144，147，170，185，186，193，213，216，221，231，232，235，236

qi 气　18，30，48，98，104，106，112，119，122，142，153，176，181，183，197，212，217，221

Qibi Ming 契苾明　77

Qi Yi Jimu 齐义继母　227

Qian-Han 前汉　49

Qiansheng 千乘　30，49，57

Qin 秦　6，9，12，24，25，39，59，62，63，76，101，115，171，179，206，216

Qin Hong 秦弘　76

Qin Shihuang 秦始皇　101

qing 顷　6，110，124

qingxing 情性　104

Qiu Huzi 秋胡子　204，205

Qiu Jie 丘杰　21，23，33，39

"Quli" 曲礼　29，174，179

Reishūkai 令集解

ren 认　3，4，5，6，7，8，9，10，11，13，14，15，16，17，18，20，21，22，24，25，26，27，28，30，31，33，38，39，45，46，47，48，49，50，51，52，55，57，59，60，63，67，73，75，76，77，78，79，80，81，82，83，84，85，86，87，88，92，93，94，95，98，100，101，102，103，106，108，109，110，116，118，119，120，121，122，125，127，128，129，131，135，138，142，145，146，148，149，150，151，153，154，155，156，158，160，161，162，163，165，166，167，168，169，171，172，173，174，175，176，177，180，181，182，183，186，188，190，192，195，197，199，200，201，203，204，205，207，208，212，213，214，215，217，218，219，220，223，224，225，226，228，229，230，231，233，236

ren 仁　2，12，41，60，62，63，67，85，92，93，104，108，126，127，129，154，159，188，203，208，213

Ren Fang 任昉　11

Ren Yanshou 任延寿　222

renyi 仁义　63，92，93

Ru 儒　1，2，3，5，6，7，9，11，13，14，15，16，17，18，19，20，22，24，25，28，29，33，35，38，

245

46, 52, 62, 72, 89, 91, 92, 93, 94, 95, 97, 99, 100, 101, 102, 103, 104, 105, 107, 109, 111, 113, 115, 117, 119, 120, 121, 123, 125, 126, 127, 128, 129, 130, 131, 133, 135, 136, 138, 142, 145, 149, 151, 152, 154, 158, 165, 166, 167, 169, 170, 171, 172, 173, 174, 178, 180, 183, 184, 187, 189, 190, 191, 192, 193, 196, 197, 198, 200, 225, 228, 229, 230, 231, 232, 235

Ru Yu 汝郁 33
ruzong 儒宗 15
Ruan Cang 阮仓 47, 59, 81
Sancai 三才 102
Sanfu juelu 三辅决录 81, 87
Sangang 三纲 121
Shaan Furen 陕妇人 212
Shanhai jing 山海经 116
Shanzi 闪子
Shang Chang 尚长 85
Shanghuai Jing 伤槐婧
Shang shu 尚书 15, 51, 75, 148, 154, 224
Shen Ming 申鸣 25, 136
Shentu Fan 申屠蟠 115, 144, 178
Shentu Xun 申屠勋 27, 144
Shen Xiu 申秀 66, 67
Shen Yue 沈约 6, 63, 64, 87, 88

Shengxian gaoshi zhuan 圣贤高士传 80
shi 士 1, 2, 3, 4, 5, 6, 7, 8, 11, 13, 14, 15, 17, 18, 22, 24, 25, 31, 32, 35, 36, 37, 43, 47, 48, 49, 60, 61, 62, 63, 68, 72, 74, 75, 76, 77, 79, 80, 81, 82, 83, 84, 85, 86, 87, 89, 94, 95, 96, 99, 125, 126, 134, 145, 148, 150, 151, 166, 172, 173, 187, 188, 189, 190, 191, 192, 193, 194, 195, 196, 198, 199, 203, 208, 209, 210, 212, 218, 220, 221, 223, 228, 229, 230, 231

Shi Daoan 释道安 142
Shi Fen 石奋 62
Shi Jian 石建 62, 142
Shi jing 诗经 88, 152
Shi Jueshou 师觉授 58, 66, 70, 87, 88, 117, 138, 210
Shi, Lady 师氏 70
Shishuo Xinyu 世说新语 20, 27, 41, 65, 78, 79, 80, 81, 113, 140, 195, 196, 197
Shi Yan 施延 38, 144
shu 庶 11, 84, 103, 104, 145, 148, 172
Shuren 庶人 11, 103, 104, 172
Shu Qi 叔齐 81
Shu Xianxiong 叔先雄 216
Shu Xiang 叔向 80, 86
Shun 舜 25, 30, 50, 51, 52, 53,

54，55，60，95，96，99，113，114，118，120，122，123，154，158，159，160，182，220，221

Shun, Emperor of the Han 汉顺帝 16

Shunzi bian 舜子变 51，114

Shuo yuan 说苑 9，19，23，25，47，48，96，134，135，136，149，168，170，212，213

si 私 16，35，43，61，62，68，74，81，109，111，137，149，151，161，178，192，202，213，231

siai 私爱 137

Siku quanshu tiyao 四库全书提要

Sima Qian 司马迁 52，81，173

Sima Xiangru 司马相如 80

Song Gong 宋躬 21，66

Song Jun 宋均 104，106

Song shu 宋书 6，7，11，20，37，60，63，67，69，70，88，111，129，139，144，148，149，175，176，177，178，179，180，185，186，191，212，216

Soushen ji 搜神记 27，30，39，49，87，97，108，109，122，142，212，216，224，234，235，236

Su Cangshu 宿仓舒 144，176

Suguan 素冠

suan 算 80，105，140，204，209

Sui shu 隋书 47，48，66，67，69，82，103

Sun Quan 孙权 75，191

Sun Sheng 孙盛 234

Sun Shu-ao 孙叔敖 79

Tai Tong 台佟 85

Tang Lin 唐临 32，33

Tang Song 唐颂 115，177

Tao Kan 陶侃 27，147

Tao Qian ji 陶潜集

Tao Tazi 陶荅子 205

Tao Yuanming 陶渊明 29，33，65，84，140，144，146，160，163，185，216，227

Teng Tangong 滕昙恭 79

Tian Yu 田豫 80

Tian yu zhi xiaoxing 天与之孝行 105

Tianchang 天常 118，141，185

Tiandi 天帝 118

Tianhuang dadi 天皇大帝 114

tianren ganying 天人感应 92

Tianshen 天神 104，118，119，141，148

tongju 同居 3，4，6，7，8

tongru 通儒 14，15

tu 图 12，14，16，17，18，24，30，31，33，39，40，42，45，46，47，48，49，50，51，52，53，54，55，56，57，58，59，60，61，66，67，68，69，70，71，72，73，74，75，77，78，80，81，83，85，88，89，99，100，101，102，104，109，110，113，114，116，120，122，123，124，126，127，129，143，

247

148, 149, 150, 155, 156, 157, 158, 159, 160, 162, 165, 174, 181, 182, 185, 189, 190, 191, 195, 198, 200, 202, 206, 208, 211, 212, 227, 231, 233, 234, 235, 236

Tushi nü 屠氏女 108, 179, 185, 209, 210

Wang Chong 王充 32, 33, 92, 97, 98, 120, 133

Wang Ci 王慈 48, 49

Wang Fu 王符 4, 35, 213

Wang Guang 王广 221

Wang Huizhi 王徽之 80, 81

Wang, Lady 王氏 38, 69, 118, 140, 144

Wang Lin 王琳 111, 185, 244

Wang Mang 王莽 16, 93, 100, 172, 187, 190, 215

Wang Pou 王裒 27, 88, 89, 143, 179, 186

Wang Shaozhi 王韶之 66, 67, 69

Wang Shun 王舜 220, 221,

Wang Xiang 王祥 27, 36, 38, 41, 113, 140, 160

Wang Xinzhi 王歆之 66, 67, 69, 70

Wang Wuzi 王武子 68

Wang Yan 王延 27, 140, 176, 179

Wang Yin 王阴

Wang Yue 王悦 76

Wei Ba 魏霸 4

Wei Biao 韦彪 38, 175

Wei Da 魏达 142

Wei Jun 韦俊 38, 111

Wei Tan 魏谭 112

Wei Tong 隗通 38, 107

Wei Xiang 隗相 107

Wei Zheng 魏徵 47, 81, 82

Wen, Emperor of the Han 汉文帝 135, 141, 143, 173, 202

Wen, King of the Zhou 周文王 135

Wen Rang 文让 107

Widow of Shangyu 上虞寡妇 212

Wu, Emperor of the Han 汉武帝 5, 14

Wu, Emperor of the Liang 梁武帝 61, 66, 71, 88

Wu, King of the Zhou 周武王 33, 135

Wu Ban 武斑 73, 74

Wu Dazhi 吴达之 7

Wu Meng 吴猛 27, 41, 185

Wujing 五经 14, 15, 17, 48, 100, 173

Wu Kui 吴逵 36, 70

Wu Liang 武梁 31, 48, 54, 55, 56, 57, 58, 59, 60, 61, 73, 74, 108, 111, 127, 155, 160, 181, 227, 233, 234

Wu Rong 武荣 74

Wu Shuhe 吴叔和 117

Wu Shun 吴顺 38

Wu Xi 伍袭 185

wuxing 五行 47, 92, 116

Wu You 吴祐　145

Wu Zitian 吴则天

xijia 细家　12

Ximen Bao 西门豹　80

xia 下　1，3，7，11，12，14，17，21，23，24，25，26，27，28，29，31，32，33，34，35，36，42，43，44，45，46，47，51，55，56，59，60，61，63，69，71，72，73，75，76，77，78，79，80，81，83，85，87，88，91，94，95，96，97，99，101，102，103，104，107，108，109，110，111，112，113，114，115，116，117，118，120，121，122，127，128，131，132，133，135，137，138，140，142，144，145，146，147，149，150，152，153，156，158，161，163，167，171，172，173，174，175，176，177，178，179，181，183，185，186，187，188，189，190，191，192，193，195，196，197，200，201，204，205，206，207，208，209，211，213，214，215，216，217，220，221，222，223，224，226，227，230，231，233，234，235，236

Xia Fang 夏方　7，115

Xiang Sheng 向生　120

xiao 孝　1，2，7，8，9，12，17，18，20，21，22，23，24，25，26，27，28，29，30，31，33，34，35，36，37，38，39，40，41，42，43，44，45，46，47，48，49，50，51，52，53，54，55，56，57，58，59，60，61，62，63，64，65，66，67，68，69，70，71，72，73，74，75，76，77，78，79，81，82，83，84，85，86，87，88，89，90，91，92，94，95，96，97，98，99，100，101，102，103，104，105，106，107，108，109，110，111，112，113，114，115，116，117，118，119，120，121，122，123，124，125，126，127，128，129，130，131，133，134，135，136，137，138，139，140，141，142，143，144，145，146，147，148，149，150，151，152，153，154，155，156，157，158，159，160，161，162，163，164，165，166，167，168，169，170，171，172，173，174，175，176，177，178，179，180，181，182，183，184，185，186，187，188，189，190，192，193，195，196，197，198，200，201，202，203，204，205，206，207，208，209，210，211，212，213，214，215，216，217，218，219，220，221，222，223，224，225，226，227，228，229，230，231，232，233，234，235，236

Xiaode zhuan 孝德传　66，68，71，88，101，109

Xiao Feng 萧锋　48，49

"Xiaogan fu" 孝感赋

Xiao Guangji 萧广济　29，65

Xiao Guo 萧国　115

Xiao jing 孝经　70，76，89，91，100，102，103，104，105，106，107，109，117，124，131，174

Xiao jing goumingjue 孝经钩命决　103，104，105

Xiao jing youqi 孝经右契　104

Xiao jing yuanshenqi 孝经援神契　103，104，105，106，107，117

Xiao jing zuoqi 孝经左契　105

xiaolian 孝廉　12，34，35，36，38，39，52，65，70，74，102，147，186

"Xiaonü Cao E bei" 孝女曹娥碑　216

Xiaonü zhuan 孝女传　66，72，87，226

Xiao Ruiming 萧叡明　141，147

Xiaoshi 孝诗　45，99，128

xiao shuai yu qizi 孝衰于妻子　9，149

Xiaosi fu 孝思赋　61，67，68

Xiaotangshan 孝堂山　30

xiaoti 孝悌　7，62，63，98，103，105

xiaoti zhi zhi tong yu shen ming 孝悌之至通与神明

Xiao Tong 萧统　11

Xiaoxing zhi 孝行志　67，68

Xiao Yan 萧衍　61，66，67，88，89

Xiao Yi 萧绎　29，66，67，70，71，88，89，101，109

Xiao Yili 萧义理　85

Xiaoyou zhuan 孝友传　66，67，68，101，109，119

Xiao Zhi 萧芝　115

Xiaozhi 孝治　101，103

Xiao zhuan 孝传　65，67，84，160，163，227

xiaozi 孝子　1，2，12，20，21，22，24，25，26，27，28，29，30，31，33，35，36，38，41，42，43，44，45，46，47，48，49，50，51，52，53，55，56，57，58，59，60，61，62，63，64，65，66，67，68，69，70，71，72，73，74，75，76，77，81，82，83，84，85，86，87，88，89，90，91，94，96，97，98，99，101，102，104，105，106，107，108，109，110，111，112，113，114，115，116，117，118，119，121，122，123，124，125，126，127，128，129，130，131，133，134，135，136，137，138，139，140，141，142，143，144，145，146，147，148，149，150，151，153，154，155，157，158，159，160，161，163，165，166，167，168，170，172，174，175，176，177，178，179，180，181，183，

184, 185, 186, 187, 188, 190, 193, 195, 196, 197, 198, 207, 208, 209, 210, 213, 214, 215, 216, 217, 218, 223, 226, 227, 230, 231, 233, 235, 236

Xiaozi houzhuan 孝子后传　66, 71

Xiao Ziliang 萧子良　87

Xiaozi tu 孝子图　45, 46, 48, 49, 50, 51, 52, 53, 57, 58, 59, 66, 69, 75, 89, 155, 235, 236

Xiao Zixian 萧子显　6, 48, 49

Xiaozi zhuan 孝子传　21, 23, 24, 25, 27, 29, 30, 31, 43, 45, 46, 47, 48, 49, 51, 53, 54, 55, 57, 58, 59, 60, 61, 63, 64, 65, 66, 68, 69, 70, 71, 72, 73, 75, 76, 77, 79, 81, 83, 84, 85, 86, 87, 88, 89, 90, 91, 98, 101, 109, 110, 113, 115, 117, 118, 119, 123, 125, 127, 138, 139, 144, 145, 154, 155, 157, 159, 160, 161, 163, 175, 179, 181, 210, 216, 227, 235, 236

Xiaozi zhuanlüe 孝子传略　66

Xiaozi zhuanzan 孝子传赞　65, 66

Xie Lingyun 谢灵运

Xin 新

Xin Shan 辛缮　116

Xin Tang shu 新唐书　61, 66, 67, 69, 71, 72

Xinxu 新序　25, 47, 48, 50, 51, 133, 136, 170, 225

xingluren 行路人　11

Xing Qu 邢渠　31, 55, 122, 144, 154, 155, 158, 160

xing zhixiao 性至孝　22, 29, 153

xingzhuang 行状　35, 39, 40, 41, 43

Xu Guang 徐广　47, 65, 67, 69, 82

Xu Lienü zhuan 续列女传　214

Xu Nanrong 许南容　47

Xu Xian 徐宪　115

Xu Yuan 徐元　212

Xu Zi 许孜　36, 175, 179, 186

Xuanxue 玄学　94, 129, 230

Xue Bao 薛包　63, 146, 177

Xun Guan 荀灌　221

Xun Yue 荀悦　38

Yan Ding 颜丁　28, 29, 167

Yan Han 颜含　7, 38, 41

Yan Hui 颜回　35, 79

yanqin 严亲　60, 177, 233, 234

Yan Sui 严遂　133

Yan Wu 颜乌　107

Yan Ying 晏婴　80, 86

Yan Zhitui 颜之推　6, 9, 10, 78, 79, 124, 145

yang 阳　8, 18, 19, 22, 30, 36, 37, 38, 39, 41, 52, 55, 57, 58, 66, 69, 73, 75, 83, 84, 86, 91, 92, 93, 94, 99, 101, 102, 104, 107, 108, 109, 112, 119, 120, 121, 125, 127, 128, 129, 132,

140，147，153，154，160，171，
175，178，179，188，204，206，
209，211，212，215，216，217，
219，220，221，222，223，227，
230，236

yang 养 14，17，25，31，33，44，
47，51，60，61，62，72，79，88，
92，96，97，104，108，112，119，
121，124，125，130，131，136，
138，139，140，141，142，143，
144，145，147，148，149，150，
151，152，153，154，155，156，
158，159，160，161，163，164，
165，171，172，176，179，180，
185，186，194，203，204，205，
206，207，208，209，210，211，
212，213，218，219，220，222，
224，225，226，232，234，235，
236

Yang Boyong 杨伯雍

Yang Gong 羊公 55，79，107，108，
109

Yang Hu 羊祜 79

Yang Shang 杨上 211

Yang Weng 阳翁 108

Yang Wangsun 杨王孙 81

Yang Wei 杨威

Yang Xiang 杨香 112，214

Yang Xiuzhi 阳休之

Yang Yong 阳雍 39，41，108，109

Yang Zhen 杨震 38，143，186

Yao, Lady 姚氏 7

Yao Li 要离 80

Yao Nüsheng 姚女胜 217

yi 义 2，4，7，8，12，13，14，15，
16，20，24，25，27，34，36，38，
44，47，48，50，57，59，63，64，
69，70，71，73，79，80，81，83，
84，85，87，88，89，92，94，97，
99，101，102，106，107，108，
109，121，122，126，127，129，
130，131，132，137，138，139，
141，144，147，149，150，152，
153，163，169，171，174，175，
176，180，183，184，185，186，
188，190，192，195，196，197，
202，203，204，205，206，208，
209，210，212，213，214，216，
218，222，224，225，227，230，
232

yi 异 6，8，11，26，30，32，39，
40，42，47，48，49，52，57，58，
70，78，81，83，85，91，92，93，
97，111，117，120，123，128，
139，144，147，154，175，194，
218，236

Yi jing 易经 15

yi men shu zao 一门数灶 11

Yimin zhuan 逸民传 62，63，90

Yiren ji 逸人记

Yiren zhuan 逸人传 234，235

yi shengde suo zhi 以圣德所至

yiwei xiaogan suo zhi 以为孝感所至

yiwei xiaogan suo zhi yun 以为孝感所至云

yin 阴 18, 19, 36, 37, 38, 39, 40, 43, 91, 92, 93, 94, 95, 99, 102, 116, 120, 121, 122, 123, 125, 128, 129, 132, 149, 159, 189, 230

yinde 阴德 37, 38, 41, 43

Yinde zhuan 阴德传 37

Yin Tao 殷陶 38, 185

Yin Yun 殷恽

Yin Zifang 阴子方 39

ying 应 2, 3, 4, 6, 7, 12, 13, 19, 20, 26, 28, 36, 39, 48, 50, 58, 59, 63, 64, 67, 68, 75, 76, 84, 85, 86, 89, 92, 93, 94, 95, 96, 97, 98, 99, 101, 102, 103, 105, 106, 107, 108, 110, 111, 112, 113, 116, 117, 120, 121, 124, 125, 126, 127, 128, 129, 130, 132, 135, 136, 139, 142, 143, 144, 153, 154, 159, 161, 163, 167, 169, 172, 173, 174, 176, 180, 181, 182, 184, 185, 187, 188, 189, 190, 191, 192, 194, 195, 196, 197, 203, 204, 205, 213, 216, 217, 219, 223, 224, 225, 226, 227, 230, 234, 236

Yingerzi 婴儿子 179, 210

Ying Kaoshu 颖考叔

Ying Shao 应劭 188, 189

Ying Shu 应枢 39

Ying Shun 应顺 58, 59

Yômei bunkô Xiaozi zhuan 阳明文库孝子传

yong 佣 60, 80, 144, 145, 206

yongren 佣赁 144

yongzuo 佣作 60, 80, 144

you 友 8, 9, 12, 21, 22, 31, 32, 33, 34, 35, 36, 40, 43, 48, 66, 67, 68, 75, 80, 81, 88, 92, 93, 101, 109, 115, 119, 121, 133, 140, 141, 143, 145, 146, 150, 172, 175, 186, 220, 222

you zhi zhi shi 有志之士 86

Yu 禹 9, 99, 124, 134

Yu Dingguo 于定国 95, 171, 213

Yu Gun 庾衮

Yu Guo 虞国 91, 115

Yu Liang 庾亮 79

Yu Panyou 虞盘右

Yu Pu 虞溥 86

Yu Qimin 余齐民 36, 37, 176

Yu Qianlou 庾黔娄 142

Yu Shun 虞舜 60

Yu Xian 虞显 211

Yu zi Yan deng shu 与子俨等疏

Yuan, Emperor of the Han 汉元帝 15

Yuan, Emperor of the Liang 梁元帝 29, 66, 67, 70, 71, 88

Yuan Ang 爰盎 135, 143

253

Yuan Gu 原谷　31，55，57，156，157，158

Yuan Hong 袁宏　63

Yuan Mi 元谧　76

Yuan Shu 袁术

Yue Hui 乐恢　38

Yue jue shu 越绝书　52

Yue Yangzi 乐羊子　209

Yue Yi 乐颐　147

Za Xiaozi zhuan 杂孝子传　67

Zazhuan 杂传　35，40，47，81，82

Zeng Gong 曾巩　95

Zeng Shen 曾参　24，54，98，135，136，139

Zengzi 曾子　24，25，54，55，58，64，79，98，106，112，167，175

Zhanguo ce 战国策　24，133，210

Zhan, Lady 湛氏　147

Zhan Qin 展勤　27，144，186

Zhang, Emperor of the Han 汉章帝

Zhang Ba 张霸　79

zhangfu zhi jie 丈夫之节　221

Zhang Gongyi 张公艺　8

Zhang Hongchu 张洪初　176，212

Zhang Jian 张建　176，217

Zhang Kai 张楷　38，88，144

Zhang, Lady 张氏　185，212，216，217

zhangren 丈人　60，233，234

Zhang Shu 张叔　234

Zhang Zhan 张湛

Zhao Chong 赵琉　67，68

Zhao Dun 赵遁

Zhao E 赵娥　219，220

Zhao Gou 赵狗　138，155，156

Zhao Jianzi 赵简子　201

Zhao Qi 赵岐　80，81，86，87，183

Zhao Xiao 赵孝　111，215

Zhao Xun 赵循　139，155

Zhao Zi 赵咨　111，148

Zheng Hong 郑弘　115

Zheng Jizhi 郑缉之　57，65，235

Zheng Xuan 郑玄　100，133

zhiguai 志怪　48，49

zhixiao 至孝　22，23，29，50，53，58，63，88，98，106，110，111，115，118，139，143，153，209，234，236

zhixiao zhi suo zhigan 至孝之所致感　106

Zhizhai shulu jieti 直斋书录解题　69

Zhizu zhuan 知足传

zhong 忠　14，19，20，24，25，40，47，48，50，59，63，71，82，84，85，101，102，121，136，137，138，150，151，162，166，172，184，190，192，204，206，207，219，223，225，227，230

Zhongchen zhuan 忠臣传　71

Zhongxiao 忠孝　25，50，101，102，121，172，223

Zhongxiao tuzhuan 忠孝图传

Zhou Jingshi 周景式　66，110，111

Zhou Lang 周朗　11

Zhou Pan 周磐　64，65，179

Zhou Qing 周青　97，212，225

Zhouzhu zhong qie 周主忠妾　206，227

Zhu Changshu 竺长舒　110

Zhu Chu 珠初　207

zhufu 主父　206

Zhu Mi 竺弥　27，115，176

zhumu 主母　206

Zhu Ran 朱然　75

Zhu Xu 朱绪　147

Zhuang ren ji 状人纪　59

Zhuang Zhishan 庄之善　136，225

Zhuangzi 庄子　25，136

Zichan 子产　80，86

Zilu 子路　136，163，167，170

zimai 自卖　144

Ziyou 子游

zong 宗　2，8，15，18，27，41，52，59，66，67，69，70，71，72，74，100，101，102，106，107，125，128，147，156，160，171，179，183，186，191，205，206，207，218，230

Zong Bing 宗炳　70

Zong Cheng 宗承　107，186

zunzhe 尊者　132

Zuo zhuan 左传　134，137，139，149

参考文献

中国基本文献

安居香山、中村璋八：《纬书集成》，河北人民出版社 1994 年重印。

班固：《汉书》，台北宏业书局 1978 年版。

常璩撰、刘琳校注：《华阳国志校注》，巴蜀书社 1984 年版。

陈梦雷：《钦定古今图书集成》，鼎文书局 1977 年重印版。

道玄：《续高僧传》，《高僧传合集》，上海古籍出版社 1991 年版。

范晔：《后汉书》，宏业书局 1977 年版。

房玄龄：《晋书》，鼎文书局 1987 年版。

干宝撰、汪绍楹辑：《搜神记》，立人书局 1982 年重印。

葛洪：《抱朴子》，《诸子集成》八卷本，上海书店 1986 年版。

顾野王撰：《原本玉篇残卷》，中华书局 1985 年版。

韩非子撰、刘殿爵编：《韩非子逐字索引》，商务印书馆 2000 年版。

韩婴撰、刘殿爵编：《韩诗外传逐字索引》，商务印书馆 1992 年版。

皇甫谧：《高士传》，《四部备要》，台湾中华 1987 年版。

皇甫谧著、徐宗元辑：《帝王世纪辑存》，中华书局 1964 年版。

黄任恒：《古孝汇传》，聚珍印务局1925年版。

黄奭撰：《黄氏逸书考》，怀荃室藏板1865年版。

李昉等：《文苑英华》，中华书局1966年版。

李昉等撰：《太平御览》，台湾商务印书馆1986年版。

李昉撰：《太平广记》，台湾商务印书馆1980年版。

李延寿：《北史》，鼎文书局1980年版。

李延寿：《南史》，鼎文书局1980年版。

郦道元撰，段熙仲、陈桥驿疏：《水经注疏》，江苏古籍出版社1989年版。

梁端编：《列女传校注》，《四部备要》，台湾商务印书馆1983年版。

令狐德棻撰：《周书》，鼎文书局1980年版。

刘安撰、刘殿爵编：《淮南子逐字索引》，台湾商务印书馆1992年版。

刘殿爵、陈方正、何志华编：《周易逐字索引》，香港商务印书馆1995年版。

刘殿爵、陈方正、何志华主编：《曹植集逐字索引》，香港商务印书馆2001年版。

刘殿爵、陈方正编：《孔子家语逐字索引》，香港商务印书馆1992年版。

刘殿爵、陈方正编：《礼记逐字索引》，台湾商务印书馆1992年版。

刘殿爵、陈方正编：《梁武帝萧衍集逐字索引》，香港中文大学出版社2001年版。

刘殿爵、陈方正主编：《蔡中郎集逐字索引》，香港商务印书馆1998年版。

刘殿爵、陈方正主编：《春秋左传逐字索引》，香港商务印书馆1995年版。

刘殿爵编：《越绝书逐字索引》，台湾商务印书馆1994年版。

刘殿爵主编：《春秋繁露逐字索引》，台北商务印书馆1994年版。

刘殿爵主编：《东观汉记逐字索引》，香港商务印书馆1994年版。

刘邵撰：《人物志》，台湾中华书局1983年版。

刘向：《列仙传》，《诸子百家丛书》，上海古籍出版社1990年版。

刘向编纂，刘殿爵、陈方正编：《战国策逐字索引》，台湾商务印书馆1992年版。

刘向著、刘殿爵编：《古列女传逐字索引》，台北商务印书馆1994年版。

刘向撰、刘殿爵、陈方正编：《新序逐字索引》，台湾商务印书馆1992年版。

刘向撰、刘殿爵编：《说苑逐字索引》，香港商务印书馆1992年版。

刘勰撰，刘殿爵、陈方正、何志华编：《文心雕龙逐字索引》，香港中文大学出版社2001年版。

刘义庆撰、余嘉锡笺疏：《世说新语笺疏》，上海古籍出版社1993年版。

刘知几撰、浦起龙通释：《史通通释》，立人书局1980年版。

茆泮林：《古孝子传》，商务印书馆1936年重印。

墨翟撰、哈佛燕京学社引得处编纂：《墨子引得》，上海古籍出版社1986年版。

欧阳修：《新唐书》，鼎文书局1979年版。

欧阳询撰：《艺文类聚》，中文出版社1980年再版。

阮元注疏：《十三经注疏》，（1764－1849），艺文印书馆1993年版。

沈约：《宋书》，鼎文书局1980年版。

释道世：《法苑珠林》，上海古籍出版社1991年版。

司马光：《新校资治通鉴》，世界书局1987年版。

参考文献

司马迁撰、泷川资言考证：《史记会注考证》，洪氏出版社 1986 年版。

孙昌武编：《观世音应验记（三种）》，中华书局 1994 年版。

陶潜撰、杨勇校笺：《陶渊明集校笺》，正文书局 1987 年重印。

汪文台辑：《七家后汉书》，京都：中文出版社 1979 年再刊版。

王充撰，刘殿爵、陈方正编：《论衡逐字索引》，香港商务印书馆 1996 年版。

王符撰，刘殿爵、陈方正编：《潜夫论逐字索引》，香港商务印书馆 1995 年版。

王先谦：《后汉书集解》，中华书局 1984 年版。

王重民编：《敦煌变文》，中华书局两卷本，世界书局 1980 年版。

魏收：《魏书》，鼎文书局 1980 年版。

萧统撰：《文选》，华正书局 1986 年版。

萧绎：《金楼子》，世界书局 1975 年版。

萧子显：《南齐书》，鼎文书局 1980 年版。

许慎：《说文解字注》，上海古籍出版社 1981 年版。

荀况撰、刘殿爵编：《荀子逐字索引》，香港商务印书馆 1996 年版。

严可均：《全上古秦汉三国六朝文》，中华书局 1958 年版。

颜之推撰，刘殿爵、陈方正、何志华编：《颜氏家训逐字索引》，香港中文大学出版社 2000 年版。

姚察、姚思廉：《梁书》，鼎文书局 1980 年版。

姚思廉：《陈书》，鼎文书局 1980 年版。

应劭著、王利器校注：《风俗通义校注》，汉京文化事业 1983 年重印。

虞世南：《北堂书钞》，天津古籍出版社 1988 年版。

袁宏：《后汉记》，台湾商务印书馆 1975 年版。

张彦：远《历代名画记》，京华出版社 2000 年版。

中华书局编辑部：《汉魏古注十三经》，中华书局1998年版。

中文论文、著作

安徽省文物考古研究所、马鞍山文化局：《安徽马鞍山东吴朱然墓发觉简报》，《文物》1986年第3期。

曹仕邦：《僧史所在中国僧徒对父母师尊行孝的一些实例》，《文史研究论集》，徐复观先生纪念论文集编辑委员会，台湾学生书局1986年版。

陈铁凡：《孝经学源流》，台国立编译馆1986年版。

陈铁凡：《孝经郑注校证》，台国立编译馆1987年版。

程继林：《泰安大汶口汉画像石墓》，《文物》1989年第1期。

程树德：《九朝律考》，中华书局1988年版。

冻国栋：《北朝时期的家庭规模结构及相关问题论述》，《魏晋南北朝隋唐史》第八辑，1990年版。

杜正胜：《编户齐民：传统的家族与家庭》，杜正胜、刘岱主编《吾土与吾民》，台北联经出版事业有限公司1982年版。

杜正胜：《古代社会与国家》，允晨文化实业股份有限公司1992年版。

方北辰：《魏晋南朝江东世家大族述论》，文津出版社1991年版。

甘怀真：《中国中古时期君臣关系初探》，《台大历史学报》21，1997年版。

甘怀真：《魏晋时期官人间的丧服礼》，《中国历史学会史学季刊》27，1995年版。

郭建邦：《北魏宁懋石室线刻画》，人民美术出版社，1987年版。

郭沫若：《乌还哺母石刻的补充考释》，《文物》1965年第4期。

韩孔乐、罗丰：《固原北魏墓漆棺的发现》，《美术研究》1984年第2期。

侯外庐编：《中国思想通史》第五卷，人民出版社1957年版。

熊秉贞：《幼幼：传统中国的襁褓之道》，联经出版事业有限公司1995年版。

许倬云：《汉代家庭的大小》，《求古篇》，联经出版事业有限公司1982年版。

胡适：《三年丧服的逐渐推行》，《胡适学术文集：中国哲学史》第 2 卷，中华书局 1991 年版。

黄金山：《论汉代家庭的自然构成与等级构成》，《中国史研究》1987 年第 4 期。

伊藤清司著、林庆旺译：《尧舜禅让传说的真相》，王孝廉主编《神与神话》，联经出版事业公司 1988 年版。

蒋清翊：《纬学源流与兴废考》，研文出版 1979 年重印。

蒋英炬、吴文琪：《汉代武氏墓群石刻研究》，山东美术出版社1995 年版。

解峰、马先登：《唐契苾明墓发掘记》，《文博》1998 年第 5 期。

康乐：《从西郊至南郊》，稻禾出版社 1995 年版。

雷巧玲：《唐人的居住方式与孝悌之道》，《陕西师范大学学报》1993 年第 1 期。

雷侨云：《敦煌儿童文学》，学生书局 1985 年版。

李秉怀：《南朝一门数灶风俗的历史文化沿源》，《民间文艺季刊》第 28 卷第 41 期，1990 年。

李发林：《山东汉画像石研究》，齐鲁书社 1982 年版。

李银德：《徐州汉画像石墓墓主身份考》，《中原文物》1993 年第2 期。

刘永华：《唐中后期敦煌的家庭变迁和社邑》，《敦煌研究》1991年第 3 期。

鲁迅：《朝花夕拾》，人民文学出版社 1973 年版。

逯耀东：《魏晋杂传与中正品状之关系》，《中国学人》第 1 卷第 2期，1970 年。

逯耀东：《魏晋史学的思想与社会基础》，东大图书公司 2000 年版。

逯耀东：《别传在魏晋史学中的地位》，《幼狮学志》第 12 卷第 1 期，1974 年。

罗彤华《汉代分家原因初探》，《汉学研究》第 11 卷第 1 期，1993 年。

罗新本：《两晋南朝的秀才举孝廉察举》，《历史研究》1987 年第 3 期。

内蒙古自治区博物馆：《和林格尔汉墓壁画》，文物出版社 1978 年版。

宁夏固原博物馆：《固原北魏漆棺画》，宁夏人民出版社 1988 年。

钱穆：《略论魏晋南北朝学术文化与当时门第之关系》，《新亚学报》第 5 卷第 2 期，1963 年版。

瞿宣颖：《中国社会史料丛钞》，全 2 卷本，上海书店 985 年版。

容庚：《汉武梁祠画像录》，燕京大学考古学社 1936 年版。

山西省大同市博物馆、山西省文物工作委员会：《山西大同石家寨北魏司马金龙墓》，《文物》1972 年第 3 期。

孙机：《固原北魏漆棺画研究》，《文物》1989 年第 9 期。

孙筱：《汉代"孝"的观念的变化》，《孔子研究》1988 年第 3 期。

唐长孺：《魏晋南北朝史论拾遗》，中华书局 1983 年版。

唐长孺：《魏晋南北朝史论丛》，生活·读书·新知三联书店 1955 年版。

唐长孺：《三至六世纪江南大土地所有制的发展》，布帛出版社 1957 年版。

王步贵：《神秘文化》，中国社会科学出版社 1993 年版。

王重民：《敦煌变文》，世界书局 1980 年重印。

王重民：《敦煌本〈董永变文〉跋》，周绍良、白化文编《敦煌变文论文录》第二卷，上海古籍出版社 1986 年版。

王恩田：《泰安大汶口汉画像石历史故事考》，《文物》1992 年第 12 期。

王建伟：《汉画"董永故事"源流考》，《四川文物》1995 年第 4 期。

王三庆：《〈敦煌变文集〉中的〈孝子传〉新探》，《敦煌学》第 14 辑，新丰文公司出版印行 1989 年版。

王三庆：《敦煌类书》，丽文文化事业 1993 年版。

王晓平：《佛典·志怪·物语》，江西人民出版社 1990 年版。

吴树平：《秦汉文献研究》，齐鲁书社 1988 年版。

夏超雄：《汉墓壁画、画像石题材内容试探》，《北京大学学报（哲学社科版）》1984 年第 1 期。

邢义田：《秦汉史论稿》，东大图书 1987 年版。

熊铁基：《以敦煌资料证传统家庭》，《敦煌研究》1993 年第 3 期。

徐端荣：《二十四孝图》，台湾文化大学硕士论文 1981 年版。

徐复观：《两汉思想史》，学生书局 1979 年版。

徐梓：《蒙学读物的历史透视》，湖北教育出版社 1996 年版。

许文山：《四川汉代石阙》，文物出版社 1992 年版。

郑阿才：《敦煌孝道文学研究》，石门图书公司 1982 年版。

杨爱国：《汉代的忠孝观念及其对汉画艺术的影响》，《中原文物》1993 年第 2 期。

日文论文、著作

榎本あゆち：《〈南史〉の説話的要素について：梁諸王伝を手がかりとして》，《東洋学報》70.3，4，1989 年。

藤川正数：《魏晋時代における喪服礼の研究》，敬文社 1961 年版。

藤川正数：《漢代におけ禮樂の研究》，風間書房 1968 年版。

福井重雅：《後漢の選擧科目"至孝"と"有道"》，《史觀》111，

1984 年。

东晋次：《後漢時代の政治と社会》，名古屋大学出版会，1995 年版。

平井正士：《汉代における儒家官僚の公卿層への浸潤》，《歴史における民眾と文化 酒井忠夫先生古稀紀念論集》，国书刊行会 1982 年版。

堀敏一：《中国古代の家と集落》，汲古书院 1996 年版。

饭尾秀幸：《中国古代の家族研究をめぐる諸問題》，《历史评论》283，1985 年。

池田温：《中国古代籍帐研究》，东东京大学出版会 1979 年版。

稻叶一朗：《汉代の家族形态と经济变动》，《东洋史研究》43.1，1984 年。

渡边信一郎：《中国古代社会论》，青木书店 1986 年版。

渡边信一郎：《孝経と国家論—孝経と漢王朝》，川胜义雄、礪波護编：《中国贵族制社会の研究》，京都大学人文科学研究所，1987 年。

渡边信一郎：《孝経の成立とその背景》，《史林》69.1，1986 年。

渡边义浩：《後漢國家の支配と儒教》，雄山阁出版 1991 年版。

加地伸行：《儒教とは何か》，中央公论社 1990 年版。

神矢法子《後漢時代における過禮おめぐって》，《東洋史論究》，7，1979 年。

神矢法子：《漢晉間における喪服禮の規範的展開》，《東洋學報》63.1‐2，1981 年。

神矢法子：《禮の規範的位相と風俗》，《史報》15，1982 年。

神矢法子：《晋时代における违礼审议》，《东洋学报》67.3‐4，1986 年。

金冈照光：《敦煌の民眾その生活と思想》，评论社 1972 年版。

加藤直子：《ひらかれた汉墓‐孝廉の'孝子'たちの戦略》，

《美术史研究》35，1997年。

加藤直子：《魏晋南北朝における孝子伝図について》，《东洋美术史论丛》，吉村怜博士古稀纪念会，雄山阁1999年版。

川口久雄：《孝養譚の発達と変遷》，《書誌學》15.5，1940年。

木岛史雄：《六朝前期の孝と喪服—礼学の目的・機能・手法》，小南一郎編：《中國古代禮制研究》，京都大學人文科學研究所1995年版。

道端良秀：《唐朝仏教史の研究》，法藏館1957年版。

道端良秀：《仏教と儒教倫理》，平樂寺書店，1968年版。

黑田彰：《重华赘语》，长谷川端编：《论集 太平记的时代》，新典社2004年版。

黑田彰：《孝子传图と孝子传—林圣智氏の说をめぐつて—》，《京都语文》10，2003年。

黑田彰：《曾参赘语—孝子図と孝子伝》，《说话论集第十三集 中国と日本の说话—》，说话と说话文学の会编，清文堂2003年版。

黑田彰：《申生赘语—孝子図と孝子伝》，《密教図像》22，2003年。

黑田彰：《孝子伝の研究》，思文阁出版2001年版。

黑田彰《孝子伝図と孝子伝——羊公贅語》，《孝子伝注解》，汲古书院2003年版。

桑原骘藏：《支那の孝道》，《殊に法律上よりたる支那の孝道》，《桑原骘藏全集》第六卷，岩波书店1968年版。

林圣智：《北朝时代における葬具の机能—石棺床屏风肖像と孝子传图お例として》，《美术史》52.2，2003年。

板野长八：《儒教成立史の研究》，岩波书店1995年版。

板野长八：《儒教の成立》，《世界历史4 古代4》，岩波书店1970年版。

板野长八：《圖讖と儒教の成立》，《东洋文库回忆录》，36，

1978 年。

牧野巽：《支那家族研究》，生活社 1946 年版。

道端良秀：《唐朝仏教史の研究》，法藏館 1957 年版。

道端良秀：《仏教と儒教倫理》，平樂寺書店 1968 年版。

宮崎市定：《中国古代史論》，平凡社 1988 年版。

守屋美都雄：《中国古代の家族と国家》，东洋史研究会 1968 年版。

守屋美都雄：《累世同居起源考》，《东亚经济研究》26.3，1942 年。

守屋美都雄：《六朝門閥の一研究》，日本出版 1951 年版。

西嶋定生：《皇帝支配の成立》，《世界历史 4 古代 4》，岩波书店 1970 年版。

西村富美子：《韓詩外傳の一考察》，《中國文學報》19，1963 年。

西野貞治：《董永伝説について》，《人文研究》6.6，1955 年。

西野貞治：《陽明本孝子傳の性格並びに清家本との關係について》，《人文研究》7.6，1956 年。

越智重明：《累世同居家族のを出現めぐって》，《史苑》100，1963 年。

越智重明：《汉代の家をめぐって》，《史学杂志》86.6，1977 年。

越智重明：《魏晋における"昇子の科"》，《东方学》22，1961 年。

越智重明：《两晋南朝秀才、孝廉》，《史苑》66，1979 年。

越智重明：《秦时代の孝》，《战国秦汉史研究》，中国书店 1989 年版。

佐竹靖彦《中国古代の家族と家族的社會秩序》，《人文学报》141，1980 年。

下见隆雄：《孝と母性のメカニズム》，研文出版 1997 年版。

下见隆雄：《儒教社会と母性》，研文出版 1994 年版。

下见隆雄：《老莱子孝行説話における孝の真意》，《東方學》92，1996年。

下见隆雄：《劉向列女伝の研究》，东海大学出版会1989年版。

高桥盛孝：《弃老说话考》，《国语国文》7.9，1938年。

高桥稔《中國説話文學の誕生》，东方书店1988年版。

田中麻纱巳：《両汉思想の研究》，研文出版1986年版。

谷川道雄：《中国中世社会共同体》，国书刊行会1976年版。

德田进：《孝子説話の研究—二十四孝を中心に—》，第三卷1：36－40，井上书房1963年版。

东野治之：《律令と孝子传—汉籍の直接引用と间接引用—》，《万叶集研究》，24，2000年。

鹤间和幸：《汉代豪族の地域的性格》，《史学杂志》137.12，1978年。

宇野茂彦：《長躬説話の成立》，《東方學》60，1980年。

宇都宫清吉：《汉代社会经济史研究》，弘文堂1967年版。

宇都宫清吉：《中国古代中世史研究》，创文社1977年版。

渡边信一郎：《中国古代社会论》，青木书店1986年版。

渡边信一郎：《孝経と国家論—孝経と漢王朝》，川胜义雄、礪波護编：《中国贵族制社会の研究》，京都大学人文科学研究所1987年版。

渡边信一郎：《孝経の成立とその背景》，《史林》69.1，1986年。

渡边义浩：《後漢國家の支配と儒教》，雄山阁出版1991年版。

山川诚治：《曽参と閔損、村上英二氏汉代孝子传图画象镜について》，《佛教大学大学院纪要》31，2003年。

吉川幸次郎：《孝子传》，京都大学附属图书馆1959年版。

幼学会编：《孝子伝注解》，汲古书院2003年版。

李瀚撰、冈白驹笺注：《笺注蒙求校本》，京都中文出版，1984年重印版。

西文论文、著作

Arbuckle, Gary. "Five Divine Lords or One." *Journal of the American Oriental Society*113. 2, 1993.

Baker, Hugh D. R. *Chinese Family and Kinship.* New York: Columbia UniversityPress, 1979.

Beck, B. J. Mansvelt. T*he Treatises of Later Han.* Leiden: E. J. Brill, 1990.

Berkowitz, Alan J. "*Patterns of Reclusion in Early and Early Medieval China: A Study of Reclusion in China and its Portrayal.*" Ph. D. dissertaton, University of Washington, 1989.

Bielenstein, Hans. "Later Han Inscriptions and Dynastic Biographies." I,《中央研究院国际汉学会议论文集:历史考古组》,国际汉学会议委员会,台北,"中央研究所",1980.

Bielenstein, Hans. "The Restoration of the Han Dynasty: With Prolegomena on the Historiography of the Hou Han Shu." *Bulletin of the Museum of Far Eastern Antiquities* 26, 1954.

Bottigheimer, Ruth B. Grimms. *Bad Girls and Bold Boys: The Moral and Social Vision of the Tales.* New Haven, Conn. : Yale University Press, 1987.

Bremond, Claude, et al. *L' "Exemplum."* Brepols, Belgium: Institut d'études médiévales, 1982.

Brown, Peter. "*The Rise and Function of the Holy Man in Late Antiquity.*" In Brown, Society and the Holy in Late Antiquity. Berkeley: University of California Press, 1982.

Brown, Peter. "*The Saint as Exemplar in Late Anitquity*," Representations 1. 2, 1983.

Bulling, Anneliese Gutkind. "The Eastern Han Tomb at Ho‐lin‐ko - erh (Holingol)." *Archives of Asian Art* 31, 1977 - 1978.

Bush, Susan, and Hsio - yen Shih. *Early Chinese Texts on Painting* Cambridge, Mass.: Harvard University Press, 1985.

Bynum, Caroline Walker. H*oly Feast and Holy Fast: The Religious Signi¤cance of Food to Medieval Women.* Berkeley: University of California Press, 1987.

Campany, Robert Ford. *Strange Writing: Anomaly Accounts in Early Medieval China.* Albany: State University of New York Press, 1996.

Chan, Leo Tak - hung. *Discourse on Foxes and Ghosts: Ji Yun and Eighteenth - Century Literati Storytelling.* Honolulu: University of Hawai'i Press, 1998.

Chang, K. C., ed. *Food in Chinese Culture.* New Haven, Conn.: Yale University Press, 1977.

Chavannes, Édouard. *Mission Archéologique dans la Chine Septentrionale: Tome I, LaScuplture à l'époque des Han.* Paris: Ernest Leroux, 1913.

Chen Ch'i - yün. "*Confucian, Legalist, Taoist Thought in Later Han.*" In The CambridgeHistory of China. Vol. 1. The Ch'in and Han Empires 221 B. C. - A. D. 220, ed. Denis Twitchett and Michael Loewe. Cambridge: Cambridge University Press, 1987.

Chen Ch'i - yün. *Hsün Yüeh (A. D. 148 - 209): The Life and Reflections of an Early Medieval Confucian.* Cambridge: Cambridge University Press, 1975.

Chen Ch'i - yün. *Hsün Yüeh and the Mind of Late Han China.* Princeton, N. J.: Princeton University Press, 1980.

Chennault, Cynthia L. "Lofty Gates or Solitary Impoverishment? Xie Family Members of the Southern Dynasties." *T'oung Pao* 85, 1999.

Chittick, Andrew Barclay. "*Pride of Place: The Advent of Local History in Early Medieval China.*" Ph. D. dissertation, University of Michigan, 1997.

Chiu, Andersen. "Changing Virtues? The Lienü of the Old and the New History of the Tang." *East Asian Forum* 4, 1995.

Ch'u T'ung-tsu. *Han Social Structure*, ed. Jack Dull. Seattle: University of WashingtonPress, 1972.

Cole, Alan. *Mothers and Sons in Chinese Buddhism*. Stanford, Calif.: Stanford UniversityPress, 1998.

Confucius. Confucius: *The Analects*. Trans. D. C. Lau. Reprint. New York: Dorset Press, 1986.

Coon, Lynda. *Sacred Fictions: Holy Women and Hagiography in Late Antiquity*. Philadelphia: University of Pennsylvania Press, 1997.

Crump, J. I. *Chan-kuo Ts'e*. Reprint. San Francisco: Chinese Materials Center, Inc., 1979.

Crump, J. I. "The Chan-kuo Ts'e and Its Fiction." *T'oung Pao* 48.4-5, 1960.

Crump, J. I. *Intrigues: Studies of the Chan-kuo Ts'e*. Ann Arbor: The University of Michigan Press, 1964.

Csikszentmihalyi, Mark. "Confucius and the Analects in the Han." In *Confucius and the Analects: New Essays*, ed. Bryan W. Van Norden. Oxford: Oxford University Press, 2002.

Csikszentmihalyi, Mark. "Fivefold Virtue: Reformulating Mencian Moral Psychology in Han Dynasty China." *Religion* 28, 1998.

Cutter, Robert Joe. "Cao Zhi (192-232) and His Poetry." Ph. D. dissertation, University of Washington, 1983.

Davis, Richard L. "Chaste and Filial Women in Chinese Historical Writings of the Eleventh Century." *Journal of the American Oriental Society* 121.2, 2001.

De Crespigny, Rafe. *The Records of the Three Kingdoms: A Study in the Historiography of San-kuo Chih*. Canberra: Centre of Oriental Studies, 1970.

De Groot, J. J. M. *The Religious System of China.* 6 vols. Reprint. Taipei: Southern Materials Center, Inc., 1982.

Demiéville, Paul. "Philosophy and religion from Han to Sui." In *The Cambridge History of China*, ed. Twitchett and Loewe.

DeWoskin, Kenneth J., trans. *Doctors, Diviners, and Magicians of Ancient China: Biographies of Fang-shih.* New York: Columbia University Press, 1983.

Dien, Albert E., ed. *State and Society in Early Medieval China.* Stanford, Calif.: Stanford University Press, 1990.

Dolittle, Justus. *Social Life of the Chinese.* 2 vols. New York: Harper and Brothers, 1865.

Dull, Jack L. "*A Historical Introduction to the Apocryphal (Ch'an-wei) Texts of the Han Dynasty.*" Ph. D. dissertation, University of Washington, 1966.

Dull, Jack L. Marriage and Divorce in Han China: *A Glimpse at 'Pre-Confucian' Society.*" In *Chinese Family Law and Social Change in Historical and Comparative Perspective*, ed. David C. Buxbaum. Seattle: University of Washington Press, 1978.

Eberhard, Wolfram. *Conquerors and Rulers: Social Forces in Medieval China.* Leiden: E. J. Brill, 1965.

Eberhard, Wolfram. *Studies in Taiwanese Folktales.* Taipei: The Orient Cultural Service, 1970.

Ebrey, Patricia Buckley. *The Aristocratic Families of Early Imperial China.* Cambridge: Cambridge University Press, 1978.

Ebrey, Patricia Buckley. "*The Economic and Social History of Later Han.*" In The Cambridge History of China, ed. Twitchett and Loewe.

Ebrey, Patricia Buckley. "Patron-Client Relations in the Later Han." *Journal of the American Oriental Society* 103.3, 1983.

Ebrey, Patricia Buckley. *Inner Quarters: Marriage and the Lives of Chinese Women in the Sung Period.* Berkeley: University of California Press, 1993.

Eno, Robert. *The Confucian Creation of Heaven.* Albany: State University of New York Press, 1990.

Fa Hsien. *A Record of Buddhistic Kingdoms.* Trans. James Legge. New York: Paragon Book Reprint Corp. , 1965.

Furth, Charlotte. "From Birth to Birth: The Growing Body in Chinese Medicine. " *In Chinese Views of Childhood*, ed. Anne Behnke Kinney. Honolulu: University of Hawai'i Press, 1995.

Geary, Patrick J. *Living with the Dead in the Middle Ages.* Ithaca, N. Y. : Cornell University

Press, 1994.

Gipoulon, Catherine. "*L'Image de L'épouse dans le Lienü zhuan.* " In En Suivant laVoie Royale: Melanges Offerts en Hommage à Léon Vandermeersch, ed. Jacques Gernet, Marc Kalinowski, and Jean–Pierre Diény. Paris: École Française d'Extrême–Orient, 1997.

Gjertson, Donald E. Miraculous Retribution: *A Study and Translation of T'ang Lin's Mingpao ji.* Berkeley: Centers for South and Southeast Asia Studies, 1989.

Goodman, Howard L. *Ts'ao P'i Transcendent: The Political Culture of Dynasty–Founding in China at the End of the Han.* Seattle: Scripta Serica, 1998.

Graffiin, Dennis. "The Great Family in Medieval South China. " *Harvard Journal of Asiatic Studies* 41. 1 , 1981.

Graffiin, Dennis. "Reinventing China: Pseudobureaucracy in the Early Southern Dynasties," in *State and Society in Early Medieval China*, ed. Dien.

Granet, Marcel. "Le langage de la douleur d'après le ritual funéraire de la Chine classique. " In *Granet*, *Études sociologiques sur la Chine*. Paris: Presses Universitaires de France, 1953.

Hammond, Charles E. "T'ang Legends: History and Hearsay. " *Tamkang Review* 20. 4 , 1990.

Hammond, Charles E. "Waiting for a Thunderbolt. " *Asian Folklore Studies* 51. 1 , 1992.

Henderson, John B. *The Development and Decline of Chinese Cosmology*. New York: Columbia University Press, 1984.

Hendrischke, Barbara. "The Concept of Inherited Evil in the Taiping Jing. " *East Asian History* 2 , 1991.

Henry, Eric. "Chu – ko Liang in the Eyes of His Contemporaries. " *Harvard Journal of Asiatic Studies* 52. 2 , 1992.

Hightower, James Robert. *Han shi wai chuan: Han Ying's Illustrations of the Didactic Application of the Classic of Songs*. Cambridge, Mass. : Harvard University Press, 1952.

Hinsch, Bret. *Women in Early Imperial China*. Lanham, Md. : Rowman & Littlefield Publishers, Inc. , 2002.

Holcombe, Charles. *In the Shadow of the Han: Literati Thought and Society at the Beginning of the Southern Dynasties*. Honolulu: University of Hawai'i Press, 1994.

Holcombe, Charles. "Ritsuryô Confucianism. " *Harvard Journal of Asiatic Studies* 57. 2 , 1997.

Holmgren, Jennifer. "Family, Marriage and Political Power in Sixth Century China: A Study of the Kao Family of Northern Qi, C. 520 – 550. " *Journal of Asian History* 16. 1 , 1982.

Holmgren, Jennifer. "Lineage Falsification in the Northern Dynasties: Wei Shou's Ancestry. " *Papers on Far Eastern History* 21 , 1980.

Holmgren, Jennifer. "The Making of an Elite: Local Politics and Social

Relations in Northeastern China during the Fifth Century A. D. " *Papers on Far Eastern History* 30, 1984.

Holmgren, Jennifer. "Social Mobility in the Northern Dynasties: A Case Study of the Feng of Northern Yen. " *Monumental Serica* 35, 1981 – 1983.

Holmgren, Jennifer. "Widow Chastity in the Northern Dynasties: The Lieh – nü Biographies in the Wei – shu. " *Papers on Far Eastern History* 23, 1981.

Holzman, Donald. "Les débuts du systéme medieval de choix et de classement des fonctionnaires: Les neuf categories et l'impartial et juste. " *Mélanges Publiés par L'Institut des Hautes Études Chinoises*: Volume 1, 1957.

Holzman, Donald. "The Place of Filial Piety in Ancient China. " *The Journal of the American Oriental Society* 118. 2, 1998.

Holzman, Donald. *Poetry and Politics: The Life and Works of Juan Chi A. D.* 210 – 263. Cambridge: Cambridge University Press, 1976.

Hsieh Yu – wei. "Filial Piety and Chinese Society. " In *The Chinese Mind: Essentials of Chinese Philosophy and Culture*, ed. Charles A. Moore. Honolulu: University of Hawai'i Press, 1967.

Hsiung Ping – chen "To Nurse the Young: Breastfeeding and Infant Feeding in Late Imperial China. " *Journal of Family History* 20. 3, 1995.

Hsu, James C. H. "Unwanted Children and Parents: Archaeology, Epigraphy and the Myths of Filial Piety. " In *Sages and Filial Sons: Mythology and Archaeology in Ancient China*, ed. Julia Ching and R. W. L. Guisso. Hong Kong: The Chinese University Press, 1991.

Ikezawa Masaru. "*The Philosophy of Filiality in Ancient China.* " Ph. D. dissertation, University of British Columbia, 1994.

Johnson, David. *The Medieval Chinese Oligarchy*. Boulder, Colo. : Westview Press, 1977.

Johnson, David. "The Wu Tzu – hsu Pien Wen and Its Sources: Part

II." *Harvard Journal of Asiatic Studies* 40. 2, 1980.

Jordon, David K. "Folk Filial Piety in Taiwan." *The Psycho – Cultural Dynamics of the Confucian Family*, ed. Walter H. Slote. Seoul: International Cultural Society of Korea, 1986.

Juliano, Annette L. *Teng – Hsien: An Important Six Dynasties Tomb*. Ascona, Switzerland: Artibus Asiae publishers, 1980.

Kaltenmark, Max, trans. *Lie – sien tchouan*. Pekin: Universite de Paris, 1953.

Kaji Nobuyuki. "Confucianism, the Forgotten Religion." *Japan Quarterly* 38. 1, 1991.

Karlgren, Bernhard, trans. *Book of Odes*. Stockholm: The Museum of Far Eastern Antiquities, 1974.

Kieckhefer, Richard. "Imitators of Christ: Sainthood in the Christian Tradition." In *Sainthood and Its Manifestations in World Religions*, ed. Richard Kieckhefer and George D. Bond. Berkeley: University of California Press, 1988.

Kieckhefer, Richard. *Unquiet Souls: Fourteenth – Century Saints and Their Religious Milieu*. Chicago: University of Chicago Press, 1984.

Kieschnick, John. *The Eminent Monk: Buddhist Ideals in Medieval Chinese Hagiography*. Honolulu: University of Hawai'i Press, 1997.

Kinney, Anne Behnke. "The Theme of the Precocious Child in Early Chinese Literature." *T'oung Pao* 81, 1995.

Knapp, Keith N. "*Accounts of Filial Sons: Ru Ideology in Early Medieval China*." Ph. D. dissertation, University of California, Berkeley, 1996.

Knapp, Keith N. "Heaven and Death according to Huangfu Mi, a Third – century Confucian." *Early Medieval China* 6, 2000.

Knapp, Keith N. "New Approaches to Teaching Confucianism." *Teaching Theology and Religion* 2. 1, 1999.

Knapp, Keith N. "The Ru Reinterpretation of Xiao." *Early China* 20, 1995.

Knechtges, David R. "Gradually entering the Realm of Delight: Food and Drink in Early Medieval China." *Journal of the American Oriental Society* 117.2, 1997.

Knoblock, John. *Xunzi: A Translation and Study of the Complete Works. Vol. 3. Books 17–32. Stanford*, Calif.: Stanford University Press, 1994.

Kohn, Livia. "Immortal Parents and Universal Kin: Family Values in Medieval Daoism." *Filial Piety in Chinese Thought and History*, ed. Alan K. L. Chan and Sor-hoon Tan. London: Routledgecurzon, 2004.

Kramers, Robert P. *K'ung Tzu Chia Yu: The School Sayings of Confucius*. Leiden: E. J. Brill, 1950.

Kutcher, Norman. *Mourning in Late Imperial China: Filial Piety and the State*. Cambridge: Cambridge University Press, 1999.

Le Blanc, Charles. *Huai-nan zi: Philosophical Synthesis in Early Han Thought*. Hong Kong: Hong Kong University Press, 1985.

Le Goff, Jacques. "Mentalities: A History of Ambiguities." Trans. David Denby. In *Constructing the Past: Essays in Historical Methodology*, ed. Jacques Le Goff and Pierre Nora. Cambridge: Cambridge University Press, 1974.

Jen-der Lee, "Wet Nurses in Early Imperial China," *Nan nü* 2.1, 2000.

Jen-Der Lee, "Conflicts and Compromise between Legal Authority and Ethical Ideas: From the Perspectives [sic] of Revenge in Han Times," *Renwen ji shehui kexue jikan* 1.1, 1988.

Legge, James, trans. *The Sacred Books of China*. The Texts of Confucianism. Part 1: The Hsiao King. Delhi: Motilal Banarsidass, 1899.

Li Chi: Book of Rites, trans. James Legge. 2 vols. New Hyde Park, N. Y.: University Books, 1967.

Li Han (fl 760). *Meng Ch'iu: Famous Episodes from Chinese History and Legend.* Trans. Burton Watson. Tokyo: Kodansha, 1979.

Lim, Lucy. "The Northern Wei Tomb of Ssu–ma Chin–lung and Early Chinese Figure Painting." 2 vols. Ph. D. dissertation, New York University, 1990.

Lindell, Kristina. "Stories of Suicide in Ancient China." *Acta Orientalia* 35, 1973.

Lippiello, Tizianna. *Auspicious Omens and Miracles in Ancient China: Han, Three Kingdoms and Six Dynasties.* Sankt Augustin, Germany: Steyler Verl., 2001.

Liu Xingzhen et al. *Han Dynasty Stone Reliefs.* Beijing: Foreign Languages Press, 1991.

Lu Xun, The Picture–Book of the Twenty–Four Acts of Filial Piety." In *Dawn Blossoms Plucked at Dawn*, trans. Gladys and Hsien–yi Yang. Peking: Foreign Languages Press, 1976.

Lu Zongli. "Heaven's Mandate and Man's Destiny in Early Medieval China: The Role of Prophecy in Politics." Ph. D. dissertation, University of Wisconsin, 1995.

Macgillivray, Donald. "The Twenty–Four Paragons of Filial Piety." *The Chinese Recorder* 31. 8, 1900.

Makeham, John. "Mingchiao in the Eastern Han: Filial Piety, Reputation, and Office." *Hanxue yanjiu* 8. 2, 1990.

McLeod, Katrina C. D. and Robin D. S. Yates. "Forms of Ch'in Law." *Harvard Journal of Asiatic Studies* 41. 1, 1981.

Ming Chiu Lai. "Familial Morphology in Han China: 206 BC – AD 220." Ph. D. dissertation, University of Toronto, 1995.

Miševiā, Dušanka D. "Oligarchy or Social Mobility: A Study of the Great Clans of Early Medieval China." *The Museum of Far Eastern Antiqui-*

ties 65，1993.

Ngo Van Xuyet. *Divination Magie et Politique dans la Chine Ancienne.* Paris：Presses Universitaires de France, 1976.

Nylan, Michael. "Confucian Piety and Individualism in Han China." *Journal of the American Oriental Society* 116.1，1996.

O'hara, Albert Richard, trans. *The Position of Women in Early China：According to the Lieh Nu Chuan "The Biographies of Eminent Chinese Women."* Reprint. Westport, Conn. : Hyperion Press, 1981.

Pan Ku. *The History of the Former Han Dynasty.* Trans. Homer H. Dubs. 3 vols. Baltimore, Md. : Waverly Press, 1938 – 1955.

Pearce, Scott. "Status, Labor, and Law：Special Service Households under the Northern Dynasties." *Harvard Journal of Asiatic Studies* 51.1，1991.

Pearson, Margaret J. *Wang Fu and the Comments of a Recluse.* Tempe, Ariz. : Center for Asian Studies, 1989.

Petersen, Jens Ostergard. "What's in a Name? On the Sources concerning Sun Wu." *Asia Major (Third Series)* 5.1，1992.

Poe, Dison Hsueh – feng. "348 Chinese Emperors—A Statistic – Analytical Study of Imperial Succession." *The Tsing Hua Journal of Chinese Studies* 13.1 – 2，1981.

Powers, Martin J. *Art and Political Expression in Early China.* New Haven, Conn. : Yale University Press, 1991.

Pulleyblank, E. G. "The Origins and Nature of Chattel Slavery in China." *Journal of the Economic and Social History of the Orient* 1，1957 – 1958.

Queen, Sarah A. *From Chronicle to Canon：The Hermeneutics of the Spring and Autumn, According to Tung Chung – shu.* Cambridge：Cambridge University Press, 1996.

Raphals, Lisa. "Reflections on Filiality, Nature and Nurture. " In *Filial Piety in Chinese Thought and History*, ed. Chan and Tan. London: Routledgecurzon, 2004.

Sailey, Jay. *The Master Who Embraces Simplicity: A Study of the Philosopher Ko Hung A. D. 283 – 343.* San Francisco: Chinese Materials Center, Inc. , 1978.

Savage, William. "Archetypes, Model Emulation, and the Confucian Gentleman. " *Early China* 17, 1992.

Seidel, Anna. "Imperial Treasures and Taoist Sacraments—Taoist Roots in the Apocrypha. " In *Tantric and Taoist Studies in Honour of R. A. Stein*, vol. 2, Mélanges Chinois et Bouddhiques 21, ed. Michel Strickmann. Bruxelles: Institut Belge des Hautes Études Chinoises, 1983.

Shih Pao – Chang. *Lives of Nuns: Biographies of Chinese Buddhist Nuns from the Fourth to Sixth Centuries.* Trans. Kathryn Ann Tsai. Honolulu: University of Hawai 'I Press, 1994.

Shryock, John K. *The Origin and Development of the State Cult of Confucius.* New York: Paragon Book Reprint Corp. , 1966.

Shryock, John K. , *The Study of Human Abilities: The Ren wu chih of Liu Shao.* New York: Kraus Reprint Corp. , 1966.

Soper, Alexander C. "Whose Body?" *Asiatische Studien/Études Asitiques* 44. 2, 1990.

Spiro, Audrey. *Contemplating the Ancients: Aesthetic and Social Issues in Early Chinese Portraiture.* Berkeley: University of California Press, 1990.

Swann, Nancy Lee, trans. "The Biography of Empress Teng. " *Journal of the American Oriental Society* 51, 1931.

Tang Changshou. "Shiziwan Cliff Tomb No. 1. " *Orientations* 28. 8, 1997.

Tanigawa Michio. "Prominent Family Control in the Six Dynasties," *Ac-*

ta Asiatica 60, 1991.

Taylor, Rodney L. "The Sage as Saint: The Confucian Tradition." In *Sainthood and Its Manifestations in World Religions*, ed. Kieckhefer and Bond. Berkeley: University of California Press, 1988.

Tonomura Hitomi. "Black Hair and Red Trousers: Gendering the Flesh in Medieval Japan." *The American Historical Review* 99.1, 1994.

Vandermeersch, Léon. "Aspects Rituels de la Popularisation du Confucianisme sous les Han." In *Thought and Law in Qin and Han China*, ed. W. L. Idema and E. Zurcher. Leiden: E. J. Brill, 1990.

Wang, Eugene. "Cof ¤ ns and Confucianism—The Northern Wei Sarcophagus in the Minneapolis Institute of Arts." *Orientations* 30.6, 1999.

Wang Yi-t'ung. "Slaves and Other Comparable Social Groups during the Northern Dynasties (386-618)." *Harvard Journal of Asiatic Studies* 16, 1953.

Watson, Burton, trans. *Courtier and Commoner in Ancient China*. New York: Columbia University Press, 1974.

Watson, Burton, trans. *Hsun Tzu*. New York: Columbia University Press, 1963.

Watson, Burton, trans. *The Tso Chuan*. New York: Columbia University Press, 1989.

Wilbur, C. Martin. *Slavery in China during the Former Han Dynasty*. New York: Klaus Reprint Co., 1968.

Wolf, Arthur. "Chinese Family Size: A Myth Revitalized." In *The Chinese Family and Its Ritual Behavior*, ed. Hsieh Jih-chang and Chuang Ying-chang. Taibei: Institute of Ethnology, Academia Sinica, 1985.

Wolf, Margery. The House of Lim. Englewood Cliffs, N. J. : Prentice Hall, 1968.

Wolf, Margery. Women and the Family in Rural Taiwan. Stanford, Calif. : Stanford University Press, 1972.

Wu Pei – yi. "Childhood Remembered: Parents and Children in China, 800 to 1700. " In *Chinese Views of Childhood*, ed. Kinney. Honolulu: University of Hawai'i Press, 1995.

Yang, L. S. "The Concept of Pao as a Basis for Social Relations in China. " In *Chinese Thought and Institutions*, ed. John K. Fairbank. Chicago: University of Chicago Press, 1957.

译后记

2011年7月14日，通过中国社会科学院文学研究所范子烨研究员，我有幸结识了美国肯恩大学的孔旭荣老师和南卡罗莱纳州堡垒学院的南恺时教授。当时我正着手准备第十届中国魏晋南北朝史学会，出于加强与欧美学者学术交流的目的，便邀请两位老师及更多的美国同仁参会。10月南恺时教授参加了太原年会，代表美国学者致辞，并发表了 Sympathy and Severity: The Father–Son Relationship in Early Medieval China 一文。2013年11月，我写信向南恺时教授表达了想翻译大著 Selfless Offspring: filial children and social order in medieval China 的愿望，得到了他的同意和支持，2016年通过中国社会科学出版社的宋燕鹏先生，与夏威夷大学出版社达成了版权协议，并签订了翻译合同。前三章的翻译很快，但之后我去韩国成均馆大学访学交流一年，研究重心一度也从魏晋南北朝制度史转向东亚出土简牍，翻译工作一拖再拖，每次与南恺时教授的见面和email通信中，总是从"不好意思"四个字开始。2020年我受邀参加庆北大学人文韩国（HK+）"东亚记录文化的源流与地区网络研究"项目，一场突如其来的新冠疫情，打乱了原来的生活、研究节奏。从2月18日起，大邱日日攀升的确诊病例让人忐忑不安，学校里有学生确诊，图书馆、行政楼也封闭了，要求不去办公室坐班，那么我只好自我隔离。因祸得福，正好有一整段的时间来翻译。于是，我把之前翻译的三章找出来修改润色，重开炉灶。大概有 4 个多月的时间，在庆北大学西门租住的 oneroom 斗室中，我完全沉浸在中古孝道故事、孝子传的海洋中。只有外面的救护车呼啸而过、上下午庆北大学播放防疫知识的大喇叭提醒我站起来活动一下，这一段充实的日子也排遣了我疫情期间与家人远隔重洋的互相牵挂和独自一人的孤闷。

在翻译的过程中，我得到了南恺时先生本人的指教，如第四章中的"Correlative Confucianism"，我不确定这个词的中文翻译，南恺时先生来信解释，陈荣捷（Wing-Tsit Chan）在《中国哲学文献选编》（*A Source Book in Chinese Philosophy*，Princeton：Princeton University Press，1969）一书中曾用"Yinyang Confucianism"一词来描述董仲舒的思想。他建议翻译成"阴阳儒学"，"阴阳儒学实际的含义是深受阴阳五行思想影响的儒学"。在翻译欧洲中世纪学者卡罗琳·沃克·拜纳姆（Caroline Walker Bynum）、古代晚期研究学者彼得·布朗（Peter Brown）、中世纪史研究学者帕特里克·吉尔里（Patrick J. Geary）著作中的引文时，我通过中国社会科学院世界宗教研究所赵文洪研究员向首都师范大学刘城教授请教，刘老师是国内欧洲中世纪研究的大家，对译者拙笨的译文，一字一字进行了修改。前辈学者对后学的包容和鼓励，也是译者在蹒跚学步时前行的动力。

翻译、通读全书之后，我对自己的译文并没有太多信心，于是请中央财经大学外语学院的马特副教授对译文进行了校订。马特博士毕业于清华大学比较文学与世界文学专业，她自己已有 5 部译著，由于家世，谙熟魏晋南北朝史事和学术界的掌故，她的校订让译文更加准确。当然，译文中的错误全部由我自己负责。我的电子邮件是 yuqidwh19@163.com，请师友不吝赐教。

在我回国隔离之后的一次朋友聚会上，一位老友说，不知道你的韩语有没有进步，但是你的湘潭话确实比以前流利很多呀。我知道这不是打趣，家中父母已过古稀，在疫情肆虐的一年，他们在小侄儿的帮助下学会使用了微信视频聊天，每天都会不定时地跟我视频，看看我吃了什么，督促我站起来扭扭胳膊、伸伸腿、休息休息眼睛，我也和他们说说好玩好笑的小事，在国内使用频次并不高的家乡话倒成为我每天都使用的语言。《论语·里仁》中，子曰："父母在，不远游，游必有方"，在现代社会，很多孩子都像我一样离开父母、离开故乡，在别的城市读书求学、工作生活，"不远游"变得不那么现实，那么经常拿起电话、拨通视频和父母、长辈聊聊天，有机会便常回家看看，这也是远在外地的儿女能尽的孝道吧。

戴卫红

2021 年 9 月 18 日于美术馆东街